普通高等教育"十一五"国家级规划教材

高等学校电子信息类精品教材

电子科学与技术导论

（第4版）

李哲英　刘　佳　编著

U0268337

电子工业出版社·

Publishing House of Electronics Industry

北京·BEIJING

内 容 简 介

本书为普通高等教育"十一五"国家级规划教材,是为电气、电子等工程专业编写的关于电子科学与技术和应用电子技术的导论课程教材。全书根据电子科学与技术的发展,以工程分析理论和技术概貌作为框架,分别对电子科学与技术和电子技术的学科体系、物理学和数学基础、基本分析理论和技术、工程应用概念、电子技术应用的核心内容等进行了概括性的介绍。可以帮助初学者了解有关专业的知识体系、工程应用技术和基本学习工具,为系统地学习集成电路设计、电气、电子等工程专业中有关的学科知识和技术提供最基本的指南。

本书还可作为其他工科专业和有关工程技术人员、教学管理人员和领导干部了解电子科学与技术和应用电子技术的参考书。

图书在版编目(CIP)数据

电子科学与技术导论 / 李哲英,刘佳编著. —4 版. —北京:电子工业出版社,2021.11

ISBN 978-7-121-42258-4

Ⅰ. ①电… Ⅱ. ①李… ②刘… Ⅲ. ①电子技术-高等学校-教材 Ⅳ. ①TN

中国版本图书馆 CIP 数据核字(2021)第 215579 号

责任编辑:韩同平

印　　刷:北京虎彩文化传播有限公司

装　　订:北京虎彩文化传播有限公司

出版发行:电子工业出版社

　　　　　北京市海淀区万寿路 173 信箱　邮编:100036

开　　本:787×1092　1/16　印张:14.75　字数:472 千字

版　　次:2006 年 2 月第 1 版

　　　　　2021 年 11 月第 4 版

印　　次:2024 年 8 月第 4 次印刷

定　　价:59.90 元

凡所购买电子工业出版社图书有缺损问题,请向购买书店调换。若书店售缺,请与本社发行部联系,联系及邮购电话:(010)88254888,88258888。

质量投诉请发邮件至 zlts@phei.com.cn,盗版侵权举报请发邮件至 dbqq@phei.com.cn。

本书咨询联系方式:010-88254525,hantp@phei.com.cn。

前　　言

　　为了使电子科学与技术相关专业的学生能对专业知识结构和工程应用技术有比较全面的了解，作者在 2001 年编写了"电子科学与技术导论"讲义，并在同年开始在集成电路设计专业的导论课程中使用。作为指导专业学习的教科书，本书面对的读者是仅具有一定物理和数学基础的初学者，所以没有对相关理论知识概念和技术体系做详细的讨论，而是用尽量通俗又不失专业的语言来论述电子科学与技术的学科理论知识结构，以及相关工程应用技术的概况。

　　在编写本书初稿的过程中，正值本世纪初的智能交通、绿色农业、光伏发电、嵌入式系统、SoC（片上系统）、NoC（片上网络）等技术的快速发展，这些为本书基本内容的确定提供了重要的参考。同时，作者从 1994 年开始参与全国大学生电子设计竞赛活动后，发现多数学生对专业知识结构、电子技术应用、低功耗电子系统、硬件和软件协同等并不清楚，存在把专业课程相互割裂的现象，例如电动小车的核心是能量均衡控制，而多数学生仅关注速度、方向控制等问题而导致参赛失败。这些为作者确定本书结构产生了重要影响。

　　通过对学科发展和教学目标的研究和思考，从 2002 年开始，作者对原有专业导论课程讲义逐年充实改进，在 2005 年形成了本书的第 1 版（2006 年 2 月出版）。之后，在教学实践和使用本教材教师的支持下，通过完善、补充和提升，形成了作为普通高等教育"十一五"国家级规划教材的第 2 版（2010 年 10 月出版）、第 3 版（2016 年 1 月出版）。

　　本书第 2 版和第 3 版先后对各章节的相关论述做了仔细修订，使基本概念的叙述更准确贴切，更容易理解。本书第 2 版中增加了数学工具的应用方法、半导体器件的模型概念、电子系统测试技术概念和绿色电子系统设计基本概念、绿色电子系统分析基本概念、SoC 应用设计和第 10 章电子信息系统。为反映第 2 版出版后电子技术应用的快速发展，第 3 版增加了移动设备专用处理器，并对与 4G、云计算、大数据、物联网应用有关的电子技术的论述做了较详细的修订。

　　本次修订处于纳米、5G、AI（人工智能）应用等新技术大发展时期，电子科学与技术和电子技术应用所面临的是更加复杂的、以集成电路-信息技术融合为特征的工程环境。根据近 5 年来作者的科研和工程实践，以及有关院校教师对本书的教学实践经验，本次修订保留了第 3 版的内容体系和结构，在绪论中增加了关于本书学习方法的简单说明，对各章关键概念的论述做了仔细修订，增加了对量子力学基本概念的科普化论述。同时，本次修订大幅度增加了各章之后的练习题，以帮助读者通过思考来了解电子科学与技术和电子技术应用的基本概念。

　　本书在具体论述中：

　　（1）避免所有可能的相关基础理论分析过程，仅就与本学科学习相关的理论内容做简单介绍，目的是让读者简单了解所涉及的相关基础理论，建立基础理论对专业学习的影响和作用的初步概念。这有助于初学者建立完整的电子科学与技术学科和专业体系概念，从而成为后续学习乃至工作的指导性的基础。

　　（2）避免工程应用中的具体分析和设计方法和过程，仅就分析和设计方法的基本内容做简单介绍，目的是帮助读者在学习专业相关课程之前，了解技术应用的基本内容、建立技术应用的基本工程概念。

（3）力求反映电子科学与技术和电子技术应用的发展动态，包括基础理论对学科理论与技术的影响，特别强调电子技术应用的新概念和新方法。

（4）通过对技术内容的描述和练习题目，帮助读者自觉地完成从形象思维到逻辑思维的转变，在实践认知的基础上，建立起科学研究和工程应用中重要的模型概念。

本书的内容安排如下：

（1）绪论对电子科学与技术和电子技术的发展历史、应用领域和知识体系做了简单概括，梳理了相关课程的层次关系。绪论的授课重点是电子科学与技术和电子技术的工程地位、发展历程和方向，以及本学科相关专业的基本课程体系，大约需要 1～2 个课时。

（2）第 1、2、3 章介绍电子科学与技术学科的知识结构和相关数学工具。这 3 章的授课重点是概括地介绍电子科学与技术的知识结构，大约需要 4 课时。

（3）第 4、5 章从建模和模型的角度出发，介绍了电子科学与技术和电子技术的工程应用核心器件、基本分析方法和 EDA 技术的基本概念。这两章的授课重点是电子系统基本器件的技术概念、电子系统分析的相关概念（包括 EDA 技术概念），大约需要 4 课时。

（4）第 6 章在工程模型概念的基础上，介绍电子技术应用设计的基本方法、电路技术和工程应用所涉及的 EDA 工具等。本章的授课重点是电子技术应用设计的相关概念、概括性地介绍电路技术和 EDA 工具，突出电子技术应用的基本概念，引导学生通过观察和思考建立对电子技术应用的初步认识，大约需要 2 课时。

（5）第 7、8 章集中介绍了集成电路的类型、功能和制造工艺流程，以作为进一步学习相关课程、建立电子系统模型分析概念的认知基础。这两章的授课重点是帮助学生建立集成电路的基本技术概念（包括电路集成、分类、技术特点等），大约需要 2 课时。

（6）第 9 章从电子系统信息融合与模型概念出发，专门讨论了 SoC 技术，指出了 SoC 技术在电子系统中的重要作用。授课重点是系统集成的技术概念，大约需要 1～2 课时。

（7）第 10 章从软件硬件融合、系统建模的角度出发，介绍电子信息系统的基本框架和应用概念。本章的授课重点是电子信息系统的基本技术结构，以及电子技术与信息技术融合的基本概念——硬件软件相互关联、协同工作，这大约需要 1～2 课时。

第 4 版由李哲英、刘佳完成，李哲英教授负责绪论、第 1～3 章和各章练习题，刘佳博士负责第 4～10 章和各章练习题的校审，最后由李哲英教授统稿。

由于作者水平有限，书中难免存在一些问题与缺陷，敬请广大同行和读者不吝赐教，批评指正。

作　者

zheying@buu.edu.cn.

目　　录

绪　　论

专门研究电子科学理论与应用技术的学科叫作电子科学与技术。

电子科学与技术的主要研究内容，是基于物理电学和量子力学的电子生成与控制理论、电子元器件结构、电子元器件制造材料、电子元器件制造方法与工艺，以及电子电路系统设计理论与应用技术。电子科学与技术是现代应用科学的重要组成部分，也是实现现代信息技术的基础。

作为电子科学与技术的重要研究内容，电子技术是现代工程技术的重要组成部分，其重要性主要体现在几乎所有的现代工业产品和生产工具都包含有相应的电子电路。因此，电子技术的应用能力，是对现代电子工程师的基本要求。作为一种实用工程技术，电子技术又是其应用领域中各种理论与技术的实现方法之一，也是现代科学与工程技术的主要研究对象。

从应用的角度看，电子科学与技术的突出特点是本身发展速度十分惊人，涉及领域宽广。因此，现代电气、电子等相关专业的人才培养内容之一，就电子科学与技术的相关知识和应用技术。

本章介绍电子科学与技术的基本内容框架，使相关专业的学生能够对电子科学与技术的发展有一个概括的了解，为进一步学习电子技术及其相关的专业课程打下基础。

0.1　电子科学与技术的发展历史

从硅堆整流装置到集成电路，电子科学与技术和应用电子技术的发展已经有 100 多年的历史。从工程应用的角度看，电子科学与技术和电子技术的发展，可以用主要元器件的发明与应用作为里程碑。

电子科学与技术和电子技术是在现代科学技术和社会生活中得到广泛应用的基础技术，更是电子信息、计算机与信息技术等学科与工程技术学习和研究的重要基础。从工程应用的角度看，电子技术也是研究电子器件（Devices）与系统（System）分析、设计、制造的工程实用技术。

电子科学与技术涵盖了电子器件及其应用电路的设计、分析和制造方法与技术。因此，电子技术的基本分析方法是建立在电路理论、信号与系统理论基础之上的。随着电子技术、信息技术的发展，电子技术的应用方法也日趋信息化和数字化。

以元器件为特征划分的电子技术发展历程，可以简单地描述为图 0.1-1。从图中可以看到，从 20 世纪 50 年代后，电子技术以极高的速度发展着，其应用领域不断地扩大。

1. 电子管阶段

电子管阶段是现代电子科学与技术和电子技术的早期应用阶段，大约从 20 世纪初到 20 世纪 60 年代。这个时期中，基本电子元器件是真空电子管（简称电子管），电子科学与技术提供给应用领域的核心器件是电子管以及机电式器件（如继电器、变压器、磁放大器等）。从应用的角度看，这个阶段的电子系统比较笨重，消耗的功率比较大。因此，这一阶段电子技术的应用受到了一定的限制。

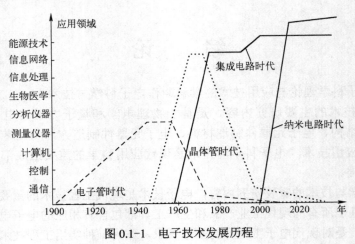

图 0.1-1 电子技术发展历程

2．半导体分立元件阶段

半导体分立元件阶段是现代电子科学与技术和电子技术在不同工程应用领域得到迅速发展的阶段，主要的原因是，与电子管相比较，半导体器件和电子系统的体积大为缩小，从而使得电子系统技术性能大幅度地提高，电子系统所消耗的功率也迅速减少，系统效率得到了很大提高。例如，使用 7 个电子管的收音机所消耗的功率约 50 瓦，而使用 7 个晶体管的半导体台式收音机所消耗的功率仅为 1～3 瓦。由于半导体元器件克服了电子管元器件体积大、效率低、对环境要求比较高、使用不便等缺点，同时，伴随着计算机和智能技术的发展，这一时期的电子技术在不同的工程技术领域得到了广泛的应用，并奠定了电子科学与技术和电子技术在工程应用中的基础地位。特别是在通信系统、计算机、宇航和军事设备中，半导体分立元件更是得到了迅速而广泛的应用。应用领域的扩大，不仅对电子科学与技术和电子技术的发展提供了强大的推动力，同时也向电子科学与技术和电子技术提出了新挑战。

3．集成电路阶段

1958 年，美国 TI 公司工程师 Kilby（Jack Kilby，1924—2005，2000 年诺贝尔物理学奖得主）发明了第一块模拟集成电路，标志着集成电路时代的到来，也标志着电子科学与技术进入了一个飞速发展的全新时代。

集成电路的发明，是电子技术发展的重要里程碑。集成电路技术不仅大大地缩小了电子系统的体积和功率损耗，进一步扩大了电子技术的应用范围，同时还提供了更加简单的应用技术，使得不同工程领域的工程师都能比较容易地使用电子技术完成相应的工程目标。集成电路阶段的电子科学与技术和电子技术的研究和应用方法与半导体分立器件时期有着极大的不同。特别是电子系统的设计方法和技术更加依赖计算机。目前集成电路技术已经进入纳米技术阶段，2018 年最先进的集成电路工艺已经达到了 7 纳米。同

图 0.1-2 集成电路发明者 Jack Kilby

时，集成电路也不再是 60 年前的简单电路集成，而是可以把一个完整的电子系统集成在一个芯片中，构成片上系统（System on a Chip，SoC）。值得指出的是，在信息技术应用促进与电子科学与技术发展支持下，集成电路阶段出现了微处理器芯片，这为现代信息处理和信息网络提供了核心器件；而在纳米集成电路时代，微处理器技术在 SoC 的促进下，开始转向利用片上网络（Network on a Chip）实现的多处理器并行系统器件，这必将成为未来处理器和信息技术的基本支撑技术。

0.2　电子科学与技术的应用领域

从图 0.1-1 可以看出，从第一支双极三极管（Bipolar Junction Transistor，BJT）诞生到现在，现代电子技术已经历了 70 多年的发展历史。这 70 多年可以被看成是一个电子技术飞速发展的时期，也是一个电子技术不断扩大应用领域的时期。从应用角度看，电子科学与技术中的应用电子技术是实现各种工程电子系统设计的基本方法。从学科领域看，电子技术又是现代科学技术研究的对象。随着科学技术的发展和人类的进步，应用电子技术已经成为各种工程技术的核心；特别是进入信息时代以来，应用电子技术更是成了基本技术。

为更好地了解电子科学与技术和电子技术的研究内容、研究对象和研究方法，必须对其应用领域有一个大概的了解。以下是对一些电子科学与技术具体应用领域的简单介绍。

1．通信系统

通信系统是现代社会的基础设施之一，而现代通信系统的基础之一就是电子技术，这是因为现代通信系统本身就是一个复杂的电子信息处理系统，所有通信设备无一例外都是电子产品，如电话机、电视机、寻呼机（俗称 BP 机）、移动电话等。特别是高清晰度数字电视、流媒体通信系统、3G（第三代移动通信）、4G 乃至 5G（第四、五代移动通信）通信系统，完全是一个电子技术支撑下的信息系统。

2．控制系统

控制系统可被看成是"信号处理系统+执行系统"。对控制系统的要求是，在相应控制信号作用下实现系统的设计功能和指标要求。现代控制系统的基本实现技术之一就是"基于信息处理的电子系统"。利用集成电路设计与制造技术，可以把一个控制系统集成在一个单片的集成电路中，实现信息对系统设备运行的智能控制。例如，机床控制、环境温度和湿度控制、铁路机车控制、交通信号控制、机器人控制、无人机控制、无人驾驶车辆控制、家用电器等。随着电子与信息技术的发展，电子技术已经成为现代控制系统的基本实现技术。

3．信息处理系统

随着智能技术、计算机技术与电子技术的发展，信息处理系统已经成为现代工程技术和社会生活的重要基础。信息技术的设备，其核心是软件系统，其基础则是电子技术所提供的硬件，如各种计算机和计算设备、嵌入式系统、显示设备、网络设备等。随着信息化社会发展进程的加快，特别是大数据引领的信息网络技术及其应用领域的不断扩展，信息处理系统必将会对电子技术提出更高的要求，这将促进电子技术的进一步发展。

4．测试系统

测试系统对于工业生产来说是十分重要的系统，其主要作用是对产品质量实施有效控制、监测与监视等。同时，在产品设计和研制过程中，各种测试技术也是必不可少的。由于电子技术的信号处理能力十分强大，特别是电子系统的传感技术和计算功能，使得电子技术在测试系统中占有十分重要的地位。从传感器到测试仪器，几乎所有的测量系统都离不开电子技术。实际上，现代测试系统已经成为现代信息系统的一个重要基础，成为现代信息系统的重要信息来源。同时，测试系统也是现代工业系统的基础。

5．计算机

计算机是现代信息社会的基础设备。计算机由硬件和软件两部分组成，硬件提供软件功能的实现技术和方法，软件在硬件支持下工作。计算机实际上是一个软件控制下的复杂电子系统，在硬件的支持下，通过运行相应的软件，计算机可以完成十分复杂的信号和信息处理任务。同时，随着信息技术的发展，分布式、嵌入式计算系统硬件成为现代各种信息网络的核心设备，各种形式的计算机正在现代工程技术中发挥着系统核心的作用。

6．生物医学电子系统

生物医学工程是第二次世界大战后发展起来的一门现代学科，其中的生物医学电子系统已经成为现代生物医学的重要工具，其基本技术特点是以生物信号、信息处理理论为基础，利用电子技术实现生物医学信号的提取、检测和处理。在生物医学工程中，生物医学电子系统是各种生物医学仪器的基本实现技术，也是现代信息医学和定量医学的重要技术基础。例如，生命信息监视系统、手术设备、医学特征检测设备、物理治疗设备等，都是生物医学电子系统。除此之外，近年来基因技术和生物技术的发展，还引出了生物芯片。

7．绿色能源中的电子系统

绿色能源是人类社会持续发展的基础，是当今科学研究和工程技术研究的重要领域。绿色能源技术包括各种低碳化能源应用技术、太阳能获得技术、风能应用技术等。这些技术中，核心就是根据能源提供与应用之间的关系实现最佳能源配置与利用，这就需要电子技术和信息处理技术作为核心技术。绿色能源中的电子系统主要完成能量转换及能量存储与释放的最佳控制。目前，电子技术在绿色能源中的应用具有极大的发展空间。与此同时，电子系统自身的低碳和低功耗也已经成为现代电子科学与技术的重要研究内容之一。电子科学与技术已经成为为我国减排工程的重要基础。

8．传媒技术中的电子系统

传统的传媒技术中，电子技术仅仅起到了信号传播、装饰、照明等简单功能。在信息技术发展的推动下，传媒技术已经进入了依靠电子技术达到创意目的的时代。例如，利用电子信息技术，可以实现各种不同特技的电子合成，从而可以极大地节省成本、提高制作速度。传媒技术中，电子系统主要的功能包括制作、保存、传播，因此，传媒技术中的电子系统一般都是比较复杂的电子信息处理系统。

9．智能家居中的电子技术

智能家居是近 20 年发展起来的电子技术应用领域，随着信息技术的发展，它已经成为电子技术应用的重要研究领域。智能家居的目的是提供信息化居住环境，实现家居环境的舒适化、安全化和节能化。智能家居实际上是一个智能信息控制网络，这个信息控制网络可以完成对家居环境的监视、各种设备的智能控制、娱乐设备的管理等。智能家居也是一个十分复杂的电子系统，需要电子传感技术、智能控制技术等的支撑。智能家居正在向绿色节能的方向发展，涉及的技术领域广泛，同时，家居环境的信息化还属于一个比较新的研究领域，具有广泛的发展空间。

10. 物联网系统中的电子技术

物联网是一个现代信息技术应用概念。所谓物联，就是把物质世界中人类所关心的物质或物体，通过信息网络连接起来。这种新的网络技术实际上是信息网络和物流网络的合二为一，是一种直接把各种物理实体通过信息网络技术连接在一起并提供智能化的物理实体传输，从而形成一个信息网络支撑下的、物理的巨大仓库。人们可以在物联网中查找有关的物品或商品，并以完全透明的方式通过信息网络和物流网络迅速获得所需要的产品或商品。从电子信息技术的角度看，物联网的数据源来自由各种传感器构成的传感网络，而网络的作用，则是通过智能处理达到满足人类各种需要的目的。物联网是传感器技术、传感网络技术、信息网络技术、智能信息处理技术、物流管理技术的综合应用，是一个新兴的现代信息技术应用概念，为电子技术提出了一个新的、具有巨大发展空间的研究与工程应用领域。可以毫不夸张地说，物联网将会改变传统的经济管理和经济运行观念、方式和方法，为人类架起物质流动的高速公路。

还可以举出许多其他应用领域，如大数据、云计算、机器人系统、可穿戴电子系统、智能家用电器、智能汽车、智慧农业工程、智慧城市等，限于篇幅就不一一列举了。

从信息传输和处理的角度看，所有的工程系统都是一个信号和信息处理系统，而任何信息处理，都可以被看成是对输入信号在指定条件下的某种数学运算。所以，到目前为止实现工程信号和信息处理的最好方法，就是使用电子技术的理论与技术设计出相应的电子系统。通过以上电子技术的应用领域可以看出，在现代工程技术中，只要把任何其他形式的信号转变为电信号（大部分是电压信号），就可以使用电子技术进行处理。

0.3 基本内容与学科体系

对电气、电子及其相关专业的学生来说，为了能够正确应用电子技术，除了必须了解电子科学与技术中电子技术相关的内容外，还应当了解与电子技术相关的学科体系，这对学习和了解电子技术、获得电子技术应用能力来说是十分必要的。而对于电子工程和电子信息工程专业的学生，更是应当了解有关电子科学与技术的学科体系和基本内容，这样才能在学习之初就对学科体系概况有一个基本的了解，使今后的学习具有系统性和方向性。

1. 电子科学与技术的基本内容

作为工程技术，电子科学与技术的基本内容包括电子元器件、电子材料、电子系统分析与设计的基本理论、工程应用技术和方法。

（1）电子元器件

电子元器件是电子系统的基本组成单元。它包括分立形式的元器件（如电阻器、电容器、电感器、半导体元件、继电器、开关、显示器件），以及集成电路器件（如集成运算放大器、专用集成电路、微处理器、单片机、CPLD 等）。由于电子技术的应用领域十分广泛，因此电子元器件的种类十分繁杂。如何设计出满足应用系统要求的电子元器件，是电子科学与技术的重要研究内容。

（2）电子材料

电子材料是指用于制造电子元器件的基本材料。例如，半导体材料、各种金属或非金属材料等。在电子技术应用中，对每一个元件都有相应的技术要求，如对元器件的功能要求、技术指标要求等。采用什么样的材料才能满足工程实际的需要，是电子材料研究的重要内容。制造电子元器件及构成电子系统的主要材料包括制造半导体元件和集成电路的各种半导体材料、制造系统结构和支撑的绝缘材料、连接电路的金属材料、电路的保护材料等。

（3）分析与设计基本理论

分析与设计的基本理论，是电子科学与技术的重要组成部分，其研究对象是电子材料的基本物理和化学性质、元器件的基本工作原理、电路结构及其基本工作原理等。分析与设计基本理论提供了工程应用的基本理论和分析设计方法。在电子科学与技术中，分析理论属于基础理论研究，设计理论则是在分析理论基础之上的应用理论。

（4）工程应用技术与方法

工程应用技术与方法的研究目标，是电子技术在工程实际中的应用，属于应用研究领域。例如，复杂电子系统的分析和设计方法、电路综合技术等。工程应用技术和方法提供了最直接的应用技术，是电子科学与技术理论研究与工程应用技术的纽带，也是电子技术中的重点学习内容。

2. 相关的学科体系

从电子科学与技术角度看，如果仅考虑电子技术的应用，则电子科学与技术的学科体系可以用图 0.3-1 来表示。

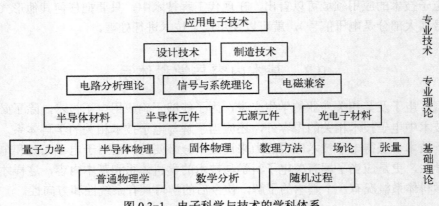

图 0.3-1　电子科学与技术的学科体系

在我国教育部公布的学科体系中，电子科学与技术包括有电路与系统、电磁场与微波技术、固体物理学与微电子学等学科方向。

学科方向是专业的基础，专业是面向工程体系的教学系统，专业学习的任务是学习工程中有关领域的基本理论与技术，以及专业技术的应用方法。在电子信息、集成电路设计等相关专业中，学科知识点和技术点分布在不同的课程中，通过学习这些课程，可以建立完整的专业技术体系。

有关电子科学与技术的课程见表 0.3-1。

表 0.3-1　电子科学与技术专业的课程

课程层次	课程名称	课程功能
基础	数学	分析工具
	物理学	分析概念与方法
	固体物理学	半导体的物理基础
	半导体物理学	电子材料知识
	量子力学	电子科学发展的基础理论知识
技术基础	电路分析	电路的工程分析方法
	信号与系统	系统的工程分析方法
	电磁场与电磁波	电子电路分析基本概念
	模拟电子技术	应用技术基础
	数字电子技术	应用技术基础
	数字信号处理技术	应用技术基础
	集成电路设计基础	应用技术基础
	器件与集成电路制造工艺	应用技术基础
	集成电路建模技术	应用技术基础
应用技术	微机原理	电子系统应用技术
	嵌入式技术	电子系统应用技术
	SoC 设计技术	电子系统应用设计技术
	RF 电路系统设计	电子系统应用设计技术
	DSP 的 VLSI 设计	电子系统应用设计技术
	电子系统建模与仿真	电子系统应用设计技术
	EDA 原理与应用	电子系统应用设计技术
	电子技术中的软件工程	电子系统应用设计技术
	集成电路测试原理与技术	电子系统测试技术
	IP 模块设计与应用	电子系统设计技术

　　注意，表 0.3-1 中的应用技术课程实际上也是电子、电气、计算机、机电一体化等专业的应用技术课程。这些专业学习应用技术课程的目的是结合本专业的应用实际，学习本专业各种理论与技术的工程实现方法。而电子信息、集成电路设计理论与技术专业学习应用课程的目的，除了学习如何应用本专业的理论和技术外，还应当包含有对应用技术本身的研究。

　　必须指出，随着电子技术应用领域的不断扩大，以及集成电路制造技术的飞速发展，电子技术的主要分析和应用设计方法及工具发生了巨大的转变。计算机辅助分析（CAD）和电子系统设计自动化（EDA）已经成为电子技术研究和分析的基本工具。因此，电子科学与技术的理论与技术研究中，基于计算机工具的模型和模型分析技术已经成为重要研究内容。

0.4　集成电路与应用技术的进展

　　在集成电路设计和制造的历史中，由于设计和制造技术发展的限制，传统的集成电路设计技术是为电子技术应用提供相应的通用集成电路或某些专用电路。可以把这种集成电路设计技术看成是电子技术应用中的一项专门技术，也可以把这个阶段的集成电路设计技术看成是电子技术应用中的独立技术。对于一般应用工程师来说，只需要了解集成电路的基本功能和外特性技术指标，就可以使用集成电路，而不需要了解集成电路的内部结构和设计方法。简单地说，这个阶段中电子技术工程师的任务就是学会使用集成电路。所以可以把这个阶段叫作集成电路技术的器件阶段。在该阶段，集成电路设计技术是电子技术应用的支持技术，而不是电子系统的基本设计技术。

随着微电子技术、集成电路制造技术以及 EDA 技术的发展，特别是集成电路制造技术进入亚微米、纳米阶段后，电子技术应用乃至电子工程技术发生了极大的变化，这种变化主要体现在基本的应用设计技术上。这种应用设计技术的主要标志就是 SoC 技术和 IP（具有特定功能的集成电路设计模块，也叫作知识产权模块）复用技术，也可以叫作 SoC 阶段。与器件阶段相比较，SoC 阶段的集成电路设计技术已经成为电子系统的基本应用设计技术，而不仅仅是提供器件的专用技术。这种变化具有里程碑的意义，标志着电子系统设计技术从器件级设计进入了系统集成设计阶段，标志着电子技术的技术基础从器件特性应用进入了电路特性设计阶段。同时，电子技术学习和应用的工具也从线性计算进入仿真分析阶段。

把器件阶段和 SoC 阶段相比较，可以看出明显的区别：

① 器件阶段的设计基础是器件，SoC 阶段的设计基础是系统和电路。

② 器件设计阶段的系统实现技术，是使用器件组成系统，SoC 阶段的系统实现技术则是以基于 IP 应用的系统集成技术为主。

③ 器件设计阶段的基本工具是器件分析和系统仿真，SoC 阶段的基本工具是系统和电路模型的仿真分析。

④ 器件设计阶段对器件的功率损耗关心的较少，同时，要降低功率损耗也比较困难；在 SoC 阶段，低功耗与微功耗的绿色设计，是电路、器件与系统设计的核心要求之一。

尽管器件阶段和 SoC 阶段的系统设计都需要系统设计背景，但二者有严格的区别。器件阶段的应用系统设计要求设计者掌握相应系统知识和电路器件，SoC 阶段的应用系统设计者则应掌握相应系统知识和集成电路设计技术。

由上述讨论可知，集成电路设计之所以成为现代电子技术的基本应用技术，就是因为现代应用电子系统的基本设计方法是集成电路设计技术。

从总体上看，电子技术的应用范围越来越广泛，电子技术也在信息技术的支持下以极高的速度在发展。现代电子技术所关心的已经不再是简单的电路集成，而是关心系统集成，就是把整个系统制作在一个集成电路芯片上（SoC）。因此，现代电子技术的发展趋势可以包括两个方面，一个是硬件系统集成技术，另一个是系统设计软件技术。

系统的硬件集成技术包括电路集成和系统集成。集成电路的基本特点是，实现完整的电路功能，用户不必关心具体的实现技术，只关心器件的功能、使用条件和技术参数。这样就把复杂的电路设计和调试实现工作，变成了简单的模块电路连接设计和调试工作。不仅提高了工作效率，也提高了电路的可靠性和其他技术特性。系统集成，是指把完整的系统功能集成在一起，集成后的系统完全满足系统所有功能和技术指标。

系统集成包括硬件集成、软件集成和固件集成三种。

硬件集成——把系统全部功能集成在一个电路芯片中，用户只要附加少量外部元件，就可以形成完整系统。例如，收音机集成电路、信号发生器集成电路。

软件集成——把系统功能用所有的控制软件集成在一个平台内，可以实现对系统的完整控制。例如，工业控制系统、PC 多媒体系统等（Windows）。

固件集成——固件是指软件控制下的硬件电路器件。由此可知，固件集成实际上就是通过硬件和软件的集成，形成一个完整的系统。例如，数码相机、工业马达控制器、变频调速器、图形加速器、IP 电话等。

必须指出，集成电路功能的应用开发，已经成为电子信息工程的重要组成部分，如何充分发挥集成电路的功能、最大限度地降低电路损耗，是近年来越来越受到重视的工程技术。

另一方面，随着信息网络安全问题日益严重，近年来硬件安全技术重新得到了重视，成为电子技术应用领域新的研究内容。

电子科学与技术和电子技术的另一个重要发展领域，是系统设计软件技术。没有现代系统设计软件技术的发展，就没有现代电子技术。目前软件技术的主要目标就是实现彻底的和真正的电子系统设计自动化。

0.5　本书的学习方法说明

《电子科学与技术导论》提供了电子科学与技术学科体系和电子技术的概貌，使读者能对电子科学与技术学科和电子技术有初步的"感觉"，这个"感觉"还需要通过相关的实践转变为"理解"。在导论课程学习中，实践就是读者能够在已有知识基础之上，利用导论课程介绍的概念对所能想到的身边产品或环境现象做出相应的解释，这对理解相关理论知识和技术概念具有十分重要的意义。所以，建议读者能够对各章后的练习题做认真思考，以加深对电子科学与技术和电子技术的"感觉"。

任何一个应用学科和工程技术都是多年实践的理论总结，而初学者对这些实践往往是一无所知，这就造成了对概念和技术的学习障碍。在电子科学与技术和电子技术的学习过程中，实践和思考永远处于第一位。"读书是学习，使用也是学习，而且是更重要的学习"。

练习题

0-1　电子科学与技术主要研究哪些内容？

0-2　电子技术在哪些工业领域中得到了应用？

0-3　为什么说应用电子技术是现代工程技术的基础？请举例说明。

0-4　举例说明通信技术的应用范围。

0-5　举例说明你所知道的控制系统。

0-6　为什么说电子技术是计算机系统的基本支撑技术？请举例说明。

0-7　通过查找资料，说明某个生物医学电子系统的基本功能。

0-8　测试技术的工程作用是什么？请举例说明。

0-9　为什么说测试技术对电子科学与技术和应用电子技术具有重要意义？

0-10　通过查找资料说明什么是绿色能源技术？我国的绿色能源政策包括什么内容？你所在专业能为绿色能源工程做些什么？

0-11　降低移动通信设备电能消耗的可能措施有哪些？

0-12　通过对生活环境的观察，举例说明智能家居能够包含什么应用内容？

0-13　什么叫作电子元器件？请举例说明。

0-14　电路集成的基本特点是什么？请举例说明。

0-15 系统集成的基本特点是什么？请举例说明。

0-16 通过观察智能手机的外观，说明电子系统对外壳的基本要求。

0-17 举例说明你所知道的电路分析方法（例如电容器两端电压与电流的关系）。

0-18 电子科学与技术学科具有怎样的学科体系？包含哪些分支？

0-19 与电子科学与技术和应用电子技术相关的学科有哪些？根据你所掌握的知识说明物理学对电子科学与技术的基础作用并举例说明。

第1章 电子科学与技术概述

从应用的观点看，电子科学与技术是建立在物理学和数学基础之上的一门应用科学。电子科学与技术的重要作用，是提供工程实际所需要的各种电子元器件和系统的分析、设计、制造与应用的基本理论与技术。

由于电子科学与技术包含了诸如材料、应用原理等多学科的研究和应用内容，因此，电子科学与技术是一个十分庞大的现代科学技术体系。本章的目的是对电子科学与技术的学科研究领域进行简单介绍，使读者能够初步了解电子科学与技术的学科研究内容、领域和方向。

1.1 物理学基础

电子科学与技术的物理基础，是自然界的电磁现象。正如物理学所指出的，电磁现象是一种自然力的表现。所以，说到底，电子科学与技术就是研究电现象及电学参数相互作用的一门科学。与物理学不同，电子科学与技术所研究的是如何把已经发现的物理电磁现象应用到工程实际中，也就是说，如何利用物理电学所提供的各种电现象和电特性。因此，电子科学与技术不属于基础物理的研究领域，而是属于应用技术研究领域。

电子科学与技术中，这些领域的主要研究内容是提供工程实际的应用技术，研究有关物理电学现象的基本应用原理。例如，如何利用半导体物理学和量子力学的基本定律设计制造相应的半导体器件。这些基本定律和工程分析方法主要反映在电路分析和信号与系统理论中。

物理学中与电子科学与技术密切相关的分支包括固体物理学、半导体物理学、纳米电子学及量子力学。

1.1.1 固体物理学

固体物理学所研究的是固态物质的物理学基本规律，包括固态物质的结构、能量规律等。固态物质的基本结构属于晶体结构，这种物质叫作晶态物质。由于半导体材料采用的是固体晶态材料，而在加工制作过程中又需要掺入非晶态结构，因此，固体物理的基本规律对电子科学与技术来说是一个十分重要的研究领域。

在电子科学与技术中，固体物理学的基本定律对集成电路和其他一些电子元器件的制造、加工和应用具有决定性的指导意义，因此，固体物理学是电子科学与技术的基础。特别是在建立元器件的电路模型时，必须根据固体物理学所提供的基本概念和参数，才能建立正确的分析模型。由于计算机辅助分析与设计已经成为电子科学与技术和应用电子技术的基本工具，所以，固体物理学的基本概念与参数已经成为电子技术应用分析的基础。

作为电子科学与技术的基础，应当十分注意固体晶态结构的描述和分析方法，以及非晶态结构的描述和分析方法。这些是分析电子元器件结构、物理特性和工程参数的重要基础。

固体物理学是研究固体物质的物理性质、微观结构、构成物质的各种粒子的运动形态，及其相互关系的科学。固体通常指在承受切应力时具有一定程度刚性的物质，包括晶体和非晶态的固体。

固体物理学的基本问题包括：

- 固体的组成成分。
- 固体中的原子是如何排列与结合的。
- 固体结构的形成原因。
- 特定固体中的电子和原子所具有的运动形态。
- 固态物质的宏观性质与其内部微观运动形态之间的关系。
- 固体的工程应用。
- 研制用于工程实际的新固体。

1. 晶体

在较长的时间里，固体物理学的主要研究对象是晶体。晶体的结构及其物理、化学性质同晶体键合的基本形式有密切关系。从结构上看，通常晶体结合的基本形式可分成离子键、金属键、共价键、分子键和氢键等。例如，主要半导体材料中的单晶硅就具有共价键基本结构，如图 1.1-1 所示，图中双线"="代表晶体结构中的键。

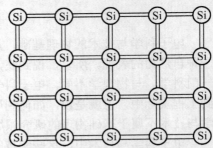

图 1.1-1　单晶硅的共价键结构

键实际上反映了原子之间的结构关系。根据原子核理论，这种键合是通过电子形成的。因此，固体中电子的状态和行为，是了解固体的物理、化学性质的基础。固体中每立方厘米内有大约 10^{22} 个粒子，这些粒子之间靠电磁相互作用联系。在固体中，粒子之间不同的耦合方式，导致粒子具有特定的集体运动形式和个体运动形式，从而形成了固体在物理性质上的差别。这些固体的物理性质差别，就是工程中材料的应用和分析基础。

如果在晶体中存在杂质和缺陷，则对固体材料的技术性能产生较大的影响。在工程实际中，纯净的固体往往不能满足工程对材料的特性要求，因此，需要根据具体的需要，对纯净晶体有控制地掺入杂质，工程上叫作掺杂。半导体材料的电学、发光学等特性，就是依赖于其中掺入杂质来实现的。在电子器件的制造材料中，特别是大规模集成电路的制造工艺中，控制和利用杂质是极为重要的。

2. 非晶体

非晶态固体的物理性质同晶体有很大差别，这同非晶态固体的原子结构、电子态及各种微观过程有密切联系。从结构上看，非晶态固体有成分无序和结构无序两类。成分无序是指在具有周期性的固态晶体点阵位置上，随机分布着其他原子。结构无序是指晶体键的周期性被完全破坏，晶格点阵失去意义，但相邻原子间还存在有一定的类似于晶体的配位关系，即存在短晶链（类似于晶体的情形）。

与晶体相比较，非晶体具有特殊的物理性质。例如，非晶体的电阻率一般较晶体要大。非晶体的特点在电子元器件及集成电路制造中有着重要的应用，如用来制造集成电阻、集成电路的连接点等。

1.1.2 半导体物理学

半导体物理学对于从事有关半导体材料研制和集成电路加工制作，以及对半导体元器件进行模型分析，是十分重要的基础。

现有的半导体材料都属于晶态固体物质，就是所谓的单晶材料。单晶材料的基本特征和物理学特性及参数，对器件的加工制造十分重要。因此，从半导体元器件设计和制造的角度对半导体材料的各种物理特性进行研究，形成了半导体物理学。半导体物理学是现代电子技术的基础之一。研究半导体物理学的目的，是提供材料加工和集成电路制造的基本规律和分析理论。

半导体物理学的主要研究对象包括：
- 半导体的晶格结构和电子状态。
- 杂质和缺陷能级。
- 载流子的统计分布。
- 载流子的散射及电导问题。
- 非平衡载流子的产生、复合及其运动规律。
- 半导体的表面和界面——包括 PN 结、金属半导体接触、半导体表面及 MIS 结构、半导体异质结。
- 半导体的光、热、磁、压阻等物理现象。
- 非晶半导体。

1.1.3 纳米电子学

在拉丁文中，Nano 是"矮小、侏儒"的意思。纳米（nanometer，nm）是一个长度的数量级单位，1nm=10^{-9}m，大约是一至十几个原子直径的长度，是非常微小的空间尺度。

如果材料的最小直径尺寸为 0.1～100nm，则就把这种材料定义为纳米材料。如果集成电路的加工尺寸（最细的加工线条宽度）处于 0.1～100nm 之间，则称为纳米级集成电路。

纳米技术涵盖了微型化技术、光刻技术、电光学技术、激光技术、分子生物学等工程技术领域。同时，纳米技术的主要研究领域包括纳米物理学、纳米化学、纳米材料学、纳米生物学、纳米电子学、纳米加工学，以及纳米力学等。

随着集成电路制造技术的发展，纳米电子学已成为近年来电子科学与技术的一个重要研究领域。之所以需要研究纳米电子学，主要是如下几个方面的原因：

1. 纳米技术研究的必要性

（1）纳米尺寸下的强电场作用。根据物理电学，不同电极之间的电场强度与电极之间的距离有关。当电极之间的距离进入纳米尺寸后，电场强度会迅速增加。例如，如果集成电路中的两个不同电极相距 1μm，电极之间的电压为 1V，则电极之间绝缘材料中的电场强度为 $1/10^{-6}=10^{6}$ V/m。如果两电极间的间距为 10nm，则电极之间绝缘材料中的电场强度为 10^{8}V/m。由此可知，进入纳米尺寸后，电子元器件的内部将出现强电场。这种强电场对元器件的结构有什么影响，以及如何解决纳米尺寸下电子元器件、特别是集成电路内部的电路结构，是电子科学与技术中的关键问题之一。

（2）纳米尺寸下电子元件的热耗散。与强电场问题相类似，纳米尺寸下的集成电路中，元件的密度非常高。由于每个元器件都消耗一定的能量，因此，会在纳米尺寸的电路中引起热能的集中，从而形成热耗散问题。如果不解决热耗散问题，纳米尺寸下的集成电路器件就无法正常工作。

（3）纳米尺寸下半导体加工结果的非均匀性。根据半导体材料加工的基本特点，材料的加工及半导体元器件的加工过程中不可避免地存在非均匀性，也就是不可能完全按照设计要求对材料进行加工。例如，在集成电路制作过程中需要对一些部分通过扩散掺入杂质，由于纳米尺寸接近杂质的原子尺寸，因此会出现扩散的不均匀性。这种不均匀性对所加工的集成电路会形成怎样的影响，是集成电路设计和制造中的关键问题之一。

2．纳米技术下，集成电路设计的相关问题

从电路设计制造的角度看，微米及深亚微米的集成电路在工程和理论上存在如下的差别，这些是在集成电路设计和相关电路设计中需要考虑的：

（1）低电压工作条件下的电路结构。微米及深亚微米（100～180nm）工艺条件中，所使用的电源电压可以在 1.2V 以上，集成电路中的绝缘层或不同的功能区域之间的电场强度还处于可以容忍和安全的范围内。但使用纳米技术时，正如上述所述，会出现极高的场强，这会形成不同区域之间的绝缘层遭到破坏，同时，还会引起相应的泄漏电流。这些都要求纳米技术制造的集成电路必须使用超低电压（如 0.7V 或更低）。目前，超低电压条件下的电路结构设计，是基于纳米工艺的集成电路设计中的重点研究对象。

（2）电源波动抑制。由于绝大多数电子设备使用的是直流电源，并且对直流电源的波动比较敏感，因此电子器件或电子设备的电源波动抑制能力一直是工程中的一个重要设计参数。在微米技术中，一般使用附加的电路（如电流镜电路等）来抑制电源波动对器件工作的影响。由于微米技术中的电源电压相对比较高，这为器件自身电源抑制能力提供了空间，所以，微米技术中比较容易实现电源波动的抑制。由于纳米技术条件下设计的集成电路或其他器件只能使用很低的电源电压，因此，纳米技术条件的电源波动成了一个比较突出的技术问题。这是纳米技术电路和电路系统设计和使用中必须关注的问题。

（3）低功耗设计。上面已经指出，由于纳米技术提高了集成电路的元件密度，从而形成了能量密度的迅速增加，突出了集成电路的散热问题。从固体物理学和半导体物理学的角度看，与微米级电路相比较，纳米级电路的功率密度提高了几个数量级，所以，在设计相应的电路时必须考虑功率损耗的问题。另外，随着绿色电子技术概念的提出，要求电子系统的功率损耗越小越好。对于纳米技术的电子器件来说，其单个功能电路的功率损耗要比微米级电路小很多，但是由于集成度迅速增加，也会引起芯片的功率损耗增加。因此，传统的功能/功耗比概念已经不能满足信息系统低功耗的要求。

纳米电子学所研究的是在纳米尺寸限制条件下，电子器件基本结构，以及半导材料的基本特性，从而为集成电路在纳米条件限制下的设计、分析和制造提供理论基础。

3．纳米电子学研究的重点问题

（1）碳管（Carbon Nanotubes）问题，包括制备方法、碳管特性、碳管电极、生物传感器、化学传感器、碳管逻辑电路等。

（2）分子电子学（Moleculer Electronic）问题，包括有机分子综合、特征分析、器件结构等。

（3）无机纳米线（Inorganic Nanowire）问题。

（4）蛋白质纳米管（Protein Nanotubes）问题，包括综合技术、提纯技术等。

（5）计算纳米技术（Computational Nanotechnology）问题，包括机制、温度性质、电子学性质、基本器件的物理特征与设计方法、基本构成、基本传感器、纳米线中的传输和热电效应等。

（6）量子计算（Quantum Computing）问题，包括信息表达方式与方法、计算结构等。

（7）计算量子电子学（Computational Quantum Electronics）问题，包括基于非平衡态格林函数的器件仿真。

（8）计算光电子学问题（Computational Optoelectronics）。

（9）计算处理建模问题（Computational Process Modeling），包括纳米电子学、非 CMOS 电路、结构及可重置系统等，量子计算、纳米磁性。

1.1.4　量子力学

量子力学（也叫作量子物理学）涉及了整个物理学的研究领域，尤其是在固体比热容、黑体辐射、光电效应及原子光谱等方面，更是只有依靠量子力学的方法才能对所观察到的现象提供正确的解释，从而提供工程应用的基础。

物理学中把原子的组成部分叫作亚原子，原子核、电子等都是亚原子。为了解释黑体辐射，普朗克在 1900 年提出了量子概念：黑体辐射不一定是连续波，而是由微小的量子"块"（能量块）组成。爱因斯坦研究光电效应时提出了光量子（光子）的概念，并指出光电转换（光子激发电子）是能量转换的一种方式。由此爱因斯坦定义 1 个光子的能量为 1 个量子 E，即

$$E = hf = \frac{h}{\lambda}$$

上式描述了光子能量，光子质量是 0，$f=1/\lambda$ 是光子辐射频率，λ 光辐射波长，比例常数 $h=6.626075 \times 10^{-34}$Js 叫作普朗克常数（Js 的量纲是焦耳-秒），上式说明量子能量 E 与光子的辐射频率成正比。量子力学定义的基本变量是电子的量子态（电子绕核运动的状态），量子态使用复数表示。

量子不是物理学中的某种基本粒子，而是微小能量"块"，是对微观世界中电子绕核运动的能量状态的描述。当物理学研究对象进入到这个能量级别时，宏观物理学的定律不再适用，必须用量子力学的相关定律来解释。

量子力学指出，原子核外电子可以在不同半径的轨道上绕原子核运动，各个电子绕核轨道互不交叉（各个轨道的半径是离散数），在不同轨道上的电子具有不同的能级，各轨道的能级是离散数值，处于原子最外层轨道上的电子具有最高能级，所受到原子核的束缚力最弱。当有外部能量作用于电子时（例如热、光子照射等），绕核电子会从一个轨道跃迁到另一条轨道的轨道或者脱离原子核的束缚。电子从低能级轨道变为高能级轨道时吸收能力（需要提供外部能量），电子从高能级轨道变化到低能级轨道时会释放能量。

需要指出的是，量子力学指出的是单个原子（量子尺寸）的特征。电子在不同轨道绕核运动叫作电子的"量子状态"。量子状态与经典物理学所描述状态的最大不同就是：量子状态是以概率形式出现的，即无法通过测量获得电子的量子状态。不过，当物理材料的尺寸远大于量子尺寸（普朗克常数所给定的尺寸）时，就成为经典物理学所面对的材料，

量子力学所揭示的电子绕核状态变化的规律对每个原子都适用，这就是说，对巨大数量原子构成的物理材料，如果其中存在自由电子，则通过外加能量（例如外加电场）就能形成定向的电流，由此就可形成可控的电子流。这就是现代半导体器件的基本工作原理。

电子元器件的工作基础，是共价键材料中电子能级跃迁现象。这个运动规律就是电子的能级跃迁及其控制方法。当电子元器件的制造加工尺寸较大时（远大于原子外层电子轨道半径），无须考虑单个电子的状态，而只需要考虑半导体材料在外部电源作用下的宏观现象即可，并根据这个宏观现象来控制元器件中的电荷。量子力学中有关原子核外电子能级变化提供了半导体元器件的基本工作原理。当集成电路制造尺寸小于 100nm 时，量子效应就会随着制造尺寸的降低变得十分明显。所谓量子效应，是指半导体元器件不再遵循物理电学、半导体物理学等提供的宏观规律，半导体元器件中的电流电压关系具有极大的随机性。特别是器件的加工尺寸接近原子半径尺寸时，现有的半导体元器件工作原理与分析方法都会完全失效。例如，当使用单个电子状态作为电信号的表示时，就会受到量子力学中"不可克隆定理"的限制而无法获得电路状态。再例如，由于量子力学的坍塌效应，根本无法获得半导体元器件的电路状态。此外，随着集成电路工作速度的不断提高，当信号波长与元件加工尺寸接近时，纳米效应所引起的现象会成为电路基本特征。因此，电子科学与技术必须考虑量子力学的基本规律和分析方法。

经典物理学提供了有关自然界的宏观物理规律，它所涉及的都是与物质基本结构没有直接关系的基本现象，以及对这些现象的解释。随着科学技术的发展，经典物理学已经无法解释基本粒子，以及基本粒子运动规律的现象。量子力学的目的，是对物质在基本粒子层次上进行研究，通过对量子现象的研究分析，提供量子水平的基本运动规律。由于量子力学所研究的是量子水平的基本物理学规律，因此，当电子科学与技术发展到纳米以下水平，以及信息表示方法必须实现突破时，量子力学就成了新的研究方法和手段。特别是近年来量子信息理论与技术的发展，为电子科学与技术提供了新的研究方向和研究领域，不仅是降低电路的体积，更主要的是突破了现有理论对设计原理、制造工艺的限制，使得电子科学与技术能为其他工程技术提供更好的应用电子技术。

必须注意，经典物理学和量子力学的基本原理和基本规律是电子科学与技术的基础，电子科学与技术的所有学科都是建筑在经典物理学和量子力学定律的基础之上的，而电子科学与技术的每一个新的发明，都是对经典物理学和量子力学原理应用的结果。因此，掌握经典物理学和量子力学的基本定律，理解物理学的基本现象是电子科学与技术，以及应用电子技术的学习基础。

1.2　基本电磁理论

电子科学与技术和电子技术的研究对象，是元器件与电子系统的分析和设计方法与实用技术。对于电子元器件和电子系统来说，其物理功能是电磁现象存在形式的反应（即其工作的基础是物理电磁现象和理论），因此，基本电磁理论是研究电子元器件、电路系统的基础。只有在一定的限制条件下，才成为电路分析的理论。

在工程实际中，电磁场与电磁波的基本概念和分析理论是建立元件、系统分析模型的理论基础。特别是在集成电路技术进入深亚微米后，由于电磁能量处于高密度集中和强电场条件，使得电磁理论的作用更加重要。

此外，电磁理论还是分析材料电学和磁学特性及电磁信号传输方式与方法的重要分析理论。

基本电磁理论的重要作用在于提供基本分析概念，这些基本概念就是电子元器件、材料和系统工作的基本规律，如电压分布、电流分布的概念。只有正确地应用电磁现象和理论的基本概念，才能建立正确的元器件或系统模型，以及正确的分析方法与分析结论，从而设计出正常工作的电子元器件或电子系统。

基本电磁理论属于物理学的研究内容，这里之所以强调基本电磁理论，是因为它不仅是电子元器件和电子材料分析、设计和选择的基础理论，同时也是电子系统设计和分析的基本理论。就是说，无论是从事电子科学与技术或者电子技术基础研究，还是应用研究，都离不开基本电磁理论。基本电磁理论是建立电子系统分析和设计理论体系的基础。

电磁理论的基本研究内容包括：

（1）电磁变量的形态

主要研究电场、磁场、电荷的存在形式，以及结构相关参数（如电容、电感和电阻）的描述方法。

（2）电磁现象的基本工程定义

主要研究电磁现象的工程描述方法，即工程建模方法。由于电磁能量是以场的形式存在的，在工程实际的分析和建模中会遇到困难。因此，工程中往往采用建模的方法进行分析，这就需要提供基本的工程定义。

（3）电磁现象的基本规律

电磁现象的基本规律是自然界的重要规律之一，电子科学与技术的研究与应用目的，就是如何充分利用电磁现象的基本规律，设计出符合工程实际需要的电子元器件或电子系统。因此，电磁现象的基本规律是电子科学与技术分析、设计和应用的基本物理基础和最常用的基本概念。

（4）电磁现象的工程计算方法

物理学规律的应用，是工程技术的基本目的。在物理学基本规律的应用中，对物理现象和定律的描述往往比较复杂。因此，针对不同物理定律在工程中的应用，不同的工程技术领域会使用相应的工程计算方法，这样不仅可以极大地简化分析计算过程，同时也可以使物理定律的应用与工程实际联系得更加紧密。电磁现象的工程计算方法不仅简化了工程计算，更主要的是使工程师不必对所有的问题都直接从物理定义或定律出发，从而直接根据工程计算定义和方法完成工程分析和计算。

（5）电磁现象的工程应用方法

电磁现象的工程应用方法是现代工业的基本方法，特别是电子科学与技术、电气科学与技术、计算机科学与技术及相关的信息网络技术领域中，电磁现象的工程应用实际上是新发明创造的基础。电磁现象的工程应用是指在工程实际中，利用已经发现的电磁现象设计新的电子系统、发明新技术。因此，作为电子工程师必须熟知有关的基本电磁现象，以及工程实际中对电磁现象应用的基本方法。

【例1.2-1】 一个信号发生电路中，输出信号中总是有很高频率的噪声成分，这说明电路受到了高频信号的干扰。电子电路中的高频电磁干扰可以用电磁感应定律分析。物理电磁学的电磁感应定律指出了电场能量与磁场能量之间的转换关系，也说明了随时间变化的电场与磁场是不可分割的。由于电子电路中导线等金属的电磁参数特性，使得电子电路具有发射和接收高频电磁信号的能力，因此产生了高频电磁干扰。

【例 1.2-2】 普通物理学指出，靠机械波的方式无法实现长距离音频信号传输，所以现代通信系统的基本原理是：

（1）把语音信号或其他低频信号转换为电压信号；

（2）把连续时间的电压信号转换为数字信号；

（3）经过适当的调制，实现高频电压信号驮载数字信号；

（4）把高频信号通过天线或光纤发送出去；

（5）接收者对高频信号解调后，把数字信号转换为模拟电压信号（语音信号）。

在这里天线的原理是电磁能量辐射，而语音信号到电压信号的转换则是利用固体物理学中某些材料的压电（声压转换为电压）现象（麦克的基本工作原理）。电子科学与技术利用物理电子学和物理电磁学的基本原理，提供了各种电子器件来实现现代通信系统。

1.3 半导体材料

半导体材料是一类具有一定导电性能、用来制作半导体器件和集成电路的固体材料，其电导率在 $10^{-3} \sim 10^{-9} \Omega/cm$ 范围内。正是由于半导体材料（Semiconductor Material）是制作现代电子元器件的基本材料之一，所以电子科学与技术领域对半导体材料的研究十分重视，包括材料的制备方法、新材料研究、材料的加工特性和工艺方法等。

工程实际应用中，基本半导体材料一般都属于绝缘体，如单晶硅，这种材料叫作本征半导体。在半导体材料中掺入少量杂质后，可以改变本征半导体材料的电导率，使其具有一定的导电能力。由于半导体材料是在单晶体中加入杂质后，才形成一定的导电能力，因此半导体材料的电学性质对光、热、电、磁等外界因素的变化比较敏感。

半导体材料是电子技术的工业基础之一，对电子科学与技术的发展具有极大的影响。

半导体材料按化学成分和内部结构，大致可分为以下几类。

1．元素半导体

由单个元素组成的半导体材料叫作元素半导体，如锗（Germanium）、硅（Silicon）、硒（Selenium）、硼（Boron）、碲（Te）、锑（Stibium）等。20 世纪 50 年代，锗（Ge）在半导体中占主导地位。由于锗半导体器件的耐高温和抗辐射性能较差，20 世纪 60 年代后期硅（Si）材料逐渐取代了锗（Ge）材料。用硅（Si）材料制造的半导体器件，具有较好的耐高温和抗辐射性能，而且特别适合大功率器件的制造。目前，硅（Si）材料已成为应用最多的半导体材料，绝大多数集成电路都是用硅（Si）材料制造的。

2．化合物半导体

化合物半导体是指由两种或两种以上元素组成的半导体材料。其种类很多，主要有砷化镓、磷化铟、锑化铟、碳化硅、硫化镉及镓砷硅等。其中砷化镓是制造微波器件和高频集成电路的重要材料。碳化硅具有抗辐射能力强、耐高温和化学稳定性好等特点，主要应用在航天技术领域。

3．无定形半导体材料

用作半导体的玻璃是一种非晶体无定形半导体材料，分为氧化物玻璃和非氧化物玻璃两种。这类材料具有良好的开关和记忆特性和很强的抗辐射能力，主要用来制造阈值开关、记忆开关和固体显示器件。

电子科学与技术的研究领域中，对半导体材料的研究十分重视，特别是各种不同半导体材料的工程特性对现代电子技术有着十分重要的影响。不仅影响电子元器件的结构，还对电子系统的基本特性产生影响。在设计电子系统和集成电路时，必须十分注意所使用的半导体材料的特性和参数，以及这种材料的加工制造工艺对元器件工程参数和特性的影响。

1.4　工程中的电子器件

从应用的观点看，电子科学与技术的一个重要研究对象就是基本的电子元器件，包括半导体器件和其他电子元器件。在电子科学技术的研究领域中，无论是对量子力学、固体物理学和半导体物理学的研究，还是对电路系统和微电子技术的研究，其目的之一就是为工程应用提供满足需要的电子器件。

在科学研究和工程实际中，并没有对元件和器件做严格的划分，一百年前的电气电子工程理论中，把电阻 R、电容 C、电感 L、理想电源叫作电路元件（element），这种称谓一直沿用至今。一般地，工程实际中把电路理论提供的、代表单一物理参数的产品实体，叫作元件，例如电阻器 R、电容器 C、电感器 L、导线、连接器等。如果独立的产品实体必须用电路理论中的多元件电路（电网络）来描述、可作为电子电路中单元电路使用，则把这种实体产品（独立的、不可分割的物理实体）叫作器件（device），例如双极三极管 BJT、MOS管、集成电路、蜂鸣器、拾音器（MIC）、继电器、变压器等。为了方便，工程实际一般把构成电路的独立产品实体统一叫作"器件"。

在工程分析中，提到"器件"，就一定是具有电路结构的部件，使用中必须认真对其做电路分析以掌握该器件的电路功能和技术性能，而说到元件时，则一般一定是具有单一电路参数或简单电路参数的产品，对"元件"仅需要掌握其参数和使用环境要求即可。

为方便起见，本书中不对元件和器件做区分，统一叫作元器件或电子器件。

在电子技术应用技术中，其研究对象为基本元件、器件及电路。研究的重点是电路分析和应用设计中元件特性的应用和改进。

在电子科学与技术中，所谓半导体器件，是指以半导体为主要材料、利用半导体的物理特征设计制造的电子器件。目前，半导体器件是各种电子系统的核心器件。

从电学特性上分，半导体器件可以分为有源器件和无源器件两种。从器件形式上分，半导体器件可以分为分立器件和集成电路器件。

1．有源器件和无源器件

（1）有源器件

如果电子元器件工作时，其内部有电源存在，则这种器件叫作有源器件。

从电路性质上看，有源器件有两个基本特点：

① 自身消耗电能。

② 除了输入信号外，还必须要有外加电源才可以正常工作。

目前电子系统中使用的有源器件几乎都是半导体器件。半导体有源器件包括双极三极管、金属氧化物半导体晶体管（MOS）、结型场效应管（JEFT）、晶闸管（俗称可控硅）

等。这些器件同时也是设计和制造集成电路的基本单元。各种用途的集成电路，都是由有源器件和无源器件组成的、具有特殊电路功能的半导体器件，因此，集成电路属于有源器件。

由有源器件和无源器件的基本定义可知，有源器件和无源器件对电路的工作条件要求和工作方式完全不同，因而使得这两大类的电子器件具有本质的区别。这一点应在电子科学与技术和应用电子技术的学习过程中特别注意。

（2）无源器件

如果电子元器件工作时，其内部没有任何形式的电源，则这种器件叫作无源器件。

从电路性质上看，无源器件有两个基本特点：

① 自身或消耗电能，或把电能转变为不同形式的其他能量。

② 只需输入信号，不需要外加电源就能正常工作。

工程实际中使用的各种电阻器、电容器、电感器、变压器、各种机械开关、按键及连接电路使用的连接器件和导线，都属于无源器件。用半导体材料制造的半导体无源器件包括半导体二极管、半导体电阻器、半导体电容器等。其中半导体电阻器和电容器主要用在集成电路的设计制造中。此外，利用半导体材料制作的各种传感器也属于无源器件，如扩散硅压力敏感元件、光敏二极管、发光二极管等。

2．分立器件和集成电路器件

从结构上划分，电子器件可分为分立器件和集成电路器件。

具有一定电压电流关系的独立器件，叫作分立器件。基本的无源分立器件包括电阻器、电容器、电感器、电子变压器、按键开关等。基本的半导体分立器件包括二极管、双极三极管、场效应管、晶闸管等。

将一个完整的电路采用集成制造技术制作在一个硅片上，组成具有特定电路功能和技术参数指标的器件，叫作集成电路器件。

分立器件与集成电路的本质区别是，分立器件只具有简单的电压电流转换或控制功能，不具备电路的系统功能；而集成电路则是一个完全独立的电路，具有完整的系统功能。

1.4.1 有源器件

有源器件是电子电路的主要器件，从物理结构、电路功能和工程参数上，有源器件可以分为分立器件和集成电路两大类。图1.4-1是部分分立器件和集成电路的外形图。

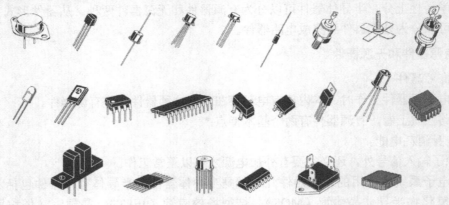

图1.4-1 部分分立器件和集成电路的外形图

有源器件的最大特点就是必须外加电源才能工作，这是设计电路和使用电子器件时必须十分注意的。

1．分立器件

（1）双极三极管（Bipolar Transistor）。这是一种具有电流放大能力的半导体器件，是集成电路的基本元件之一。在外部电源和电路的支持下，双极晶体管相当于一个电流控制电流源。双极晶体管一般简称三极管。在物理结构上，三极管有三个电极。

（2）场效应管（Field Effective Transistor）。利用电场效应形成电流控制的半导体器件，在外部电源和电路的支持下，场效应管相当于一个电压控制电流源。场效应管与三极管的外部结构十分相似，通常也有三个电极，但也有四个电极的场效应管，其中一个电极用于满足电路连接的特殊需要。

（3）晶闸管（Thyristor）。工程实际中也把晶闸管叫作可控硅，是一种能通过大电流的电流控制电流型半导体开关器件。晶闸管的结构比较复杂，其功能是控制电流的通断，因此，晶闸管的电路功能与继电器或开关相似，通过弱小的信号控制较大的导通电流。但晶闸管不是通过触点实现电路连接，而是通过半导体的导电特性实现电路连接，因此，晶闸管是一种无触点开关器件。

2．模拟集成电路器件

模拟集成电路器件是用来处理随时间连续变化的模拟电压或电流信号的集成电路器件。由于信号处理的应用领域十分复杂，因此模拟集成电路的种类非常多。

基本模拟集成电路器件一般包括如下几种。

（1）集成运算放大器（Operation Amplifier）。集成运算放大器简称运放，是一种具有良好工作特性、使用方便的集成电路器件。可用于信号放大、微分、积分、滤波等电路。运算放大器可分成通用、宽带、精密、差分和专用等不同类型。

（2）电压比较器（Voltage Comparator）。这是一种用来比较两个输入电压大小的模拟集成电路。电压比较器能比较输入信号电压幅度大小，并根据两个信号电压的比较结果输出两种不同的直流电压信号。例如，当输入信号 $V_a > V_b$ 时输出一个 5V 电压，其他情况下输出一个 0V 电压。

（3）模拟乘/除法器（Multiplier/Divider）。模拟乘法器和除法器是利用对数和指数运算原理实现的模拟信号处理集成电路，其基本原理是把输入电压信号转换为电流，可实现对两个输入模拟电压信号的乘法或除法运算。由于半导体器件中电流和电压之间的指数关系，所以对电流进行的加减操作就相当于对电压信号的乘除运算，随后再把电流运算结果转换为电压输出，即可实现对电压信号的乘除运算。

（4）模拟开关电路（Analog Switch）。在实际的电子系统中，往往需要对多个不同的输入电压信号进行选择，这种选择可以利用继电器和机械开关实现。但由于继电器或机械开关的动作特性往往不能满足高速电路和自动控制的要求，因此，人们利用三极管和场效应管的开关控制特性，设计制造出了用集成电路方法实现的模拟信号开关电路。模拟开关电路的功能是实现对模拟电压信号的选择，相当于信号开关。模拟开关电路可以分为多路输入/一路输出、一路输入/多路输出，以及一路输入/一路输出三种。模拟开关电路的功能与继电器和开关相似。

（5）集成稳压器（Voltage Regulator）。用有源器件设计的电子系统，必须在外部提供的直流电源支持下才能工作。如果外部提供的直流电源不稳定，将会严重影响电子系统的工作，甚至使系统不能正常工作或毁坏。为了实现对直流电压稳定控制，模拟集成电路中提供了一种使用简单的直流电源控制器，这就是集成稳压器。集成稳压器的功能是稳定输出电压。集成稳压器有线性器件和开关器件两种。

（6）功率放大器（Power Amplifier）。在电子系统中，希望系统的功率损耗尽可能地小，其原因是希望电子系统能实现便携使用，并且能最大限度地节省能源。因此，电子系统只有在必须驱动其他功率器件时才对功率放大。例如，收音机中，所有的信号都采用电压信号处理的方法，并不要求处理过程中对天线接收到的信号进行功率放大；只有当需要驱动扬声器（喇叭）时，才对信号进行功率放大。为了便于使用，电子系统的功率放大一般采用专用的集成电路实现，这种集成电路就是功率放大器，其功能是实现信号功率放大。

3. 数字集成电路器件

数字集成电路是另一大类有源半导体器件。数字集成电路与模拟集成电路的本质区别在于对电压或电流信号的处理方式不同。模拟集成电路（模拟电路）以连续电压信号方式工作，即模拟电路需要对任何时刻的电压信号都进行处理，同时，任何时刻的电压或电流信号都影响处理结果。数字集成电路（数字电路）以电平信号方式工作，即数字集成电路处理信号时仅与信号的某一个电压幅度值（或电流幅度值）有关，这就相当于工作在离散（间断）状态，只有当信号的幅度值满足数字集成电路的判别电压或电流值时，电路的状态才发生改变，其他时刻的电压值对电路的状态没有影响。由于数字集成电路（数字电路）使用门限电平工作，其信号表示了两个相反的逻辑值，因此，数字集成电路（数字电路）也叫作门电路或逻辑电路。

值得指出的是，从电压和电流信号的角度看，无论是模拟集成电路还是数字集成电路，其中的电压或电流信号都是时间连续的物理信号。模拟集成电路对任何时刻的信号都进行处理，而数字电路只对某几个点的电压信号进行处理。例如，模拟电压信号放大器工作时，对所输入的电压信号按固定比例放大，如图 1.4-2 所示。而数字电路对输入的方波信号仅进行电压值判别，如图 1.4-3 所示。从图 1.4-3 中可以看出，数字集成电路的输入输出信号幅度并没有发生变化。

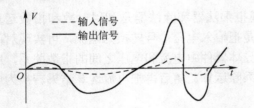
图 1.4-2　放大器电路的输入和输出信号

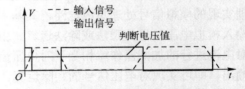
图 1.4-3　数字非门电路的输入和输出信号

（1）基本逻辑门（Logical Gate Circuit）电路。基本逻辑门电路指的是数字逻辑系统中完成基本逻辑运算的数字集成电路器件。由于数字逻辑中只有与（and）、或（or）、非（not）3 种基本运算，因此基本逻辑门电路的功能就是实现这三种运算。逻辑门电路是用来组成各种数字电路的基本逻辑电路器件。

（2）触发器（Flip-Flop）电路。触发器是数字电路中的一种记忆元件，具有在控制条件控制下记忆某种逻辑状态的功能。

（3）寄存器（Register）电路。把触发器按一定的控制要求组合起来，形成一种由基本逻辑门电路和触发器电路组成的特殊逻辑电路器件，叫作寄存器。在数字逻辑系统中，寄存器用来保存重要的数据。在微处理器中大量使用寄存器。

（4）译码器（Decoder）电路。译码器的功能是对输入数字信号进行编码转换。

（5）数据比较器（Comparator）电路。用来进行数据比较的数字逻辑电路器件，可以根据两组输入二进制数的大小提供相应的输出。

（6）驱动器（Driver）电路。电子系统中电路器件带动负载的能力，叫作驱动能力。驱动能力不足会引起信号的重大变化。数字电路也是一种有源电路，其输入端的电阻或阻抗为有限值。如果需要把一个数字电路的输出连接到其他数字电路的输入端，必须考虑输出端对输入点的驱动能力。如果一个数字逻辑电路的输出端不具备相应的驱动能力，则电路就不会正常工作。在数字集成电路中，用于提供数字信号传输能力的专用数字电路器件叫作驱动器电路。注意，数字集成电路中的驱动器输出的信号仍然是数字逻辑电平信号。

（7）计数器（Counter）电路。计数器的功能是实现对脉冲数字信号个数进行计数的专用电路器件。

（8）脉冲整形（Pulse-shaping）电路。整形电路是指能把非数字信号或不正常数字信号整理为标准数字信号的数字电路器件。

（9）可编程逻辑器件（PLD）。实现数字电路系统的一种基本器件，可以通过软件编程形成各种需要的数字电路或系统。由于可编程器件中的电路结构和功能是通过设计人员编程实现的，同时又具有集成电路系统的基本特点，因此，可编程逻辑器件是目前最基本的数字系统实现方法之一。通过使用可编程逻辑器件，用户可以十分方便、高效和高速地完成专用集成电路设计。可编程器件主要有现场可编程逻辑阵列（FPGA）和复杂可编程逻辑器件（CPLD）。图 1.4-4 是可编程逻辑器件的外形。

图 1.4-4　FPGA 和 CPLD 器件外形

（10）微处理器（Microprocessor，MPU）。微处理器是计算机系统的核心器件，也是现代信息系统的核心器件。随着计算机技术、信息技术和电子科学与技术的发展，微处理器已经成为现代信息社会的基础器件。微处理器中一般包括 CPU、总线接口电路、存储器控制电路和系统时钟电路等部分。CPU 是微处理器的核心部分，在用户指令的控制下，可处理数据并发出各种控制命令。总线接口电路是计算机系统的结构核心，提供微处理器内部和外部不同数字电路之间的连接方式和连接关系。存储器控制电路用来控制微处理器内部和外部的存储器电路，实现数据的保存与调用。根据微处理器中所能处理数据的字长，微处理器可以分为 8 位、16 位、32 位和 64 位等不同类型。同时，根据总线的结构，又可以分为纽曼结构和哈佛结构。微处理器的应用开发要使用专门的开发工具。图 1.4-5 是微处理器的外形。

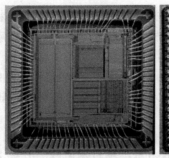

图 1.4-5　微处理器外形

（11）单片机（Microcontroller，MCU）。单片机是一种特殊的微处理器。与微处理器不同的是，单片机实际上是由微处理器加特殊用户电路组成的数字电路系统，其中包括 CPU、总线电路和各种不同外围电路（如通信接口、控制输入和输出接口等）。单片机的开发应用也需要与微处理器开发系统相类似的开发工具。图 1.4-6 是单片机的外形。

图 1.4-6　单片机的外形

（12）DSP 器件（Digital Signal Processor，DSP）。为了提高数据处理的速度与精度，在微处理器的基础之上，人们设计出了具有强大数据处理功能的数字信号处理专用器件——DSP。DSP 器件一般用来实现专用的数据处理系统，是现代信息工程中的主要器件之一。DSP 也是一种十分复杂的数字电路系统，DSP 器件的开发需要专门的开发系统。图 1.4-7 是 DSP 器件的外形及其开发系统。

图 1.4-7　DSP 器件外形及其开发系统

4．数模混合集成电路

数模混合电路是指电路中既有数字电路又有模拟电路。数模混合集成电路把数字电路和模拟电路集成在一个芯片中，是一种特殊的集成电路。在工程实际中，数模混合集成电路主要是指模拟-数字信号转换电路（ADC）和数字-模拟信号转换器（DAC）。ADC 电路的功能是把模拟电压信号转换为数字信号，DAC 电路的功能是把数字信号转换为模拟电压或电流信号。随着信息技术应用领域的发展，ADC 和 DAC 集成电路已经成为绝大多数电子系统中不可或缺的集成电路。

除了上述基本电子器件外，在工程实际中还设计了大量专用电子器件，以满足工程实际的需要。需要指出的是，各种专用电子器件（特别是集成电路器件），其基本结构都是由上述基本电路组合而成的。因此，专用集成电路器件也具有与通用集成电路器件相似或相同的特点。

注意，集成电路中的基本单元仍然是二极管、双极三极管及场效应管，但集成电路中的二极管、双极三极管和场效应管与分立器件在结构上有着十分显著的区别。

1.4.2　无源器件

电子系统中的无源器件可以按照所担当的电路功能分为电路类器件、连接类器件。这里对电路类器件介绍如下。

（1）二极管（Diode）。二极管是一种具有单方向导电能力的半导体器件，同时也是集成电路中的一个重要基本单元。利用二极管单向导电的功能，二极管可以实现交流电到直流电的转换（整流），也可以用来进行信号传输的控制。

（2）电阻器（Resistor）。实现电路电阻参数的物理器件叫作电阻器。在电子系统中，为了实现电路的某些性能和功能，需要使用电阻器件。电阻器的功能是可以实现电流到电压的转换，其特点是需要消耗电能。根据工程实际的需要，电阻器可以分为固定电阻器（俗称电阻）和可变电阻器（也叫作电位器）。电阻器的主要技术参数是电阻值和允许的耗散功率，如 $10\text{k}\Omega/0.25\text{W}$，表示电阻值是 $10\text{k}\Omega$，允许的耗散功率为 0.25W。在工程实际中，为了简单起见，往往把电阻器直接叫作电阻。制造电阻器的材料主要是碳和金属，在集成电路中，也使用多晶硅制作电阻元件。图 1.4-8 是电阻器的外形图。

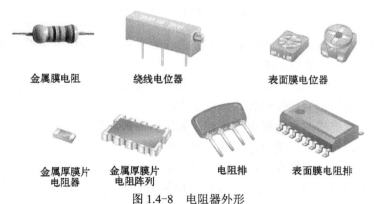

金属膜电阻　　绕线电位器　　表面膜电位器

金属厚膜片电阻器　金属厚膜片电阻阵列　电阻排　表面膜电阻排

图 1.4-8　电阻器外形

（3）电容器（Capacitor）。具有存储电能能力的物理器件。分固定电容器和可变电容器两种类型。固定电容器又分为普通电容器、电解电容器、钽电容器等。在工程实际中，为了简单起见，往往把电容器直接叫作电容。电容器的主要技术参数包括电容值和允许使用的最高电压。例如，$1\mu\text{F}/16\text{V}$，表示电容值为 $1\mu\text{F}$，允许使用的最高电压为 16V。图 1.4-9 是各种不同电容器的外形。

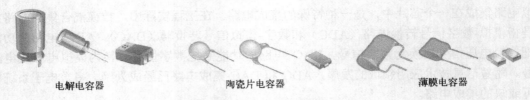

电解电容器   陶瓷片电容器   薄膜电容器

图 1.4-9   电容器外形

（4）电感器（Inductor）。实现电能到磁能转换并能保存磁能的电路器件叫作电感器。电子系统中使用的电感器件以线圈为主，电子电路实验中还经常使用色码标注电感值的电感器，叫作色码电感。在工程实际中，为了简单起见，往往把电感器直接叫作电感。电感器的主要技术参数为电感值、频率及耗散功率等。图 1.4-10 是电感器的外形。

图 1.4-10   电感器外形

（5）变压器（Transformer）。变压器的电路功能是实现交流电压幅度的变换。在电子电路中经常使用的变压器有高频变压器（用于通信电路）和电源变压器（用于稳压电源）。由于变压器是采用电感线圈和铁心制作的，所以变压器是一种特殊的电感器。图 1.4-11 是电子系统中常用的几种变压器外形。

图 1.4-11   常用变压器外形

（6）继电器（Relay）。用电能控制的电磁式机械开关器件叫作继电器。继电器的功能是实现开关控制，如用电信号控制的电路开关、用低电压控制的高电压开关等。

（7）开关与按键（Switch and Key）。开关是一种具有两个或多个接触点的电子器件，用于控制电子系统的电源和信号传输等。按键是一种特殊的开关器件，其特点是，当有适当的压力作用其上时，按键的两个接触点相接触，当压力消失后接点会自动断开。多个按键按一定的规律组合在一起就形成了键盘。按键一般用来控制电子系统的工作，如计算机的键盘。随着半导体和集成电路技术的发展，目前已经开始出现通过电信号控制的固体开关和按键，这种开关或按键采用电子电路实现对电源或电信号的开关控制。图 1.4-12 是几种不同的开关和按键外形。

（8）蜂鸣器、喇叭（Speaker）。可以把电能转换成声波的电子器件叫作蜂鸣器或喇叭。蜂鸣器只能发出单一频率的声音，而喇叭则可以发出多频率混合的声音（如语音）。蜂鸣器或喇叭在电子电路中的功能是实现音频信号输出。蜂鸣器有直流和交流两种。喇叭则根据其阻抗分为 8Ω、35Ω、75Ω 不同的类型。电子系统中常用的蜂鸣器外形如图 1.4-13 所示。

扳键开关   拨键开关   按键

图 1.4-12 电子系统中的开关和按键外形

图 1.4-13 常用的蜂鸣器外形

（9）LED 灯。二极管中的一个特殊种类叫作发光二极管和光敏二极管，其中的发光二极管叫作 LED 管（Light Emitting Diode）。目前，随着半导体技术和集成电路技术的发展，LED 已经进入照明领域，成为一大类新型的半导体产品。使用 LED 制造的照明设备就是 LED 灯泡，LED 灯泡是近年来开始兴起的绿色照明技术中的基本电子元件。与传统照明灯泡相比较，LED 灯泡具有电光转换效率高、器件寿命长、照明系统易于实现电子控制等特点，可以极大地节省能源。同时，由于 LED 可以比较容易地制作成不同色彩，因此，在日常生活中得到了广泛的应用，开始取代霓虹灯和各种交通信号灯。各种 LED 灯泡外形如图 1.4-14 所示。

图 1.4-14 LED 灯泡外形

<h2 align="center">1.5 电子器件与系统</h2>

电子科学与技术研究的目的，就是要提供工程实际所需要的系统实现理论与技术。电子系统是由器件组成的，器件是电子系统的组成部分。器件只有通过系统中的应用才能发挥作用，而系统只有在满足相应要求的器件支持下才能实现系统功能。

随着集成电路技术的发展，现代电子系统中所使用的器件十分复杂，已经成为一种专用的电子系统。为了满足电子科学与技术研究和应用的需要，有必要对电子器件和系统加以区分。对器件和系统进行区分的目的，是更好地完成分析和应用设计。

1.5.1　电子系统中的器件概念

电子元器件是组成现代电子电路和电子系统的最小物理单元，元器件的基本特性及参数是电子电路分析和设计的基本依据之一。

与器件有关的技术概念包括器件结构、器件参数和器件用途3个方面。

（1）器件结构

器件结构，包括器件的功能结构、物理结构和电气结构。功能结构是指构成器件的各个功能部分及这些功能部分之间的连接关系。物理结构是指器件的物理组成，如由哪些基本元件组成的电路、电路的几何结构和连接方式等。电气结构是指电子器件电气参数结构，包括电流分布、电磁场分布，以及功率分布等。在应用中，通过对器件结构的分析，可以确定器件的正确使用方法。在设计中，通过对器件结构的设计满足器件的设计要求。

（2）器件参数

器件参数一般是指描述电子器件技术特性的物理量，如器件对输入信号和输出信号的限制条件、器件的频率特性、器件使用的电源电压、输入电阻/输出电阻等。在器件设计时，器件参数是继器件结构之后的重要设计目标。同时，在应用器件实现电子系统时，器件参数给出了器件的具体应用条件和应当选择的使用方法。器件参数是器件设计的目标之一，也是器件应用的基本依据。

（3）器件用途

器件用途是分析和设计电子系统的重要基础，既是设计目标又是器件应用的选择依据。器件用途是指器件的基本电路（如信号处理功能）功能和应用领域，如各种专用集成电路器件、通用运算放大器器件、基本逻辑门电路器件等。

从信号处理功能上分，电子器件可分为模拟电路器件和数字电路器件两大类。

模拟器件与电路的基本特点是处理模拟信号，不能用来处理数字信号。

数字器件与电路是指专门用来处理数字逻辑信号的半导体器件和集成电路。其基本功能是对输入信号电压幅度和逻辑关系进行判别处理，不能用来处理模拟信号。

ADC和DAC器件用来连接模拟电路和数字电路。

注意，模拟器件和电路、数字器件和电路是针对输入信号性质所确定的，不能交叉混用。

【例1.5-1】　数字电话的工作原理是，接收端把接收到的调制信号解调后形成数字信号，再把数字信号转换为模拟信号；发送端把语音信号转换为数字信号，对数字信号调制后发送出去。由于数字信号不是模拟信号，只有转换为语音信号（模拟信号）后才能被接听，同时，由于电路网络只能识别调制后的数字信号，因此，语音信号传输前必须转换为数字信号并加以调制。所以，ADC和DAC是数字电话的基本器件之一。

1.5.2　系统与器件的关系

在工程实际中，电子系统由电路板组成，电路板由器件组成。从科学研究的角度出发，电子科学与技术中用系统、子系统和器件来描述电子系统和电子器件的关系。

- 在电子科学与技术中，由子系统组成、具有特定和完整功能的物理实体叫作电子系统。注意，电子系统一定是一个能够实现完整系统功能的物理系统，是一个可以独立使用的物理系统，不能是仅具备部分功能的物理体系。例如，可以把手机看成是一个系统，具备了完成设计要求的全部功能，而其中的音频信号处理部分则不能被看成是一个电子系统，仅是手机中的一个子系统。
- 电子系统中具有独立功能但不能独立工作（或不具备独立工作能力的）的系统叫作子系统。子系统由子系统或器件组成。
- 电子科学与技术中，用来组成子系统和系统的、不可分割的最小物理单元叫作电子器件。

由上述定义可知，系统、子系统和器件的区别十分严格。这种严格区分的目的是为复杂电子系统的分析和设计提供一个简单而清晰的思路。在分析或设计一个电子系统时，系统、子系统和器件的分析方法各不相同，从而形成按层次分析设计的方法。

系统分析和设计中，只关心系统的功能、行为特性和系统级技术参数。子系统分析和设计中，只分析在系统功能和行为特性要求及限制条件下子系统的功能、行为特性及具体技术参数。器件的分析和设计包括两方面，一方面是器件本身的分析和设计，另一方面是器件应用的分析和设计，这两方面的分析都有一个基本的内容，就是对器件功能、电路结构、行为特性和技术参数，以及如何利用器件功能和技术参数满足子系统和系统的要求。

从电子系统物理实现的角度看，一个电子系统可以划分为器件（包括分立器件和集成电路器件）、电路板及系统三个层次。图 1.5-1 是分立器件、集成电路、电路板与电子系统之间的组合关系示意图。

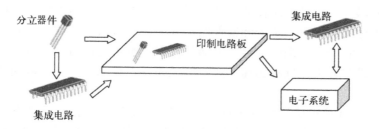

图 1.5-1　器件、电路板及系统之间的相互关系示意图

随着技术的发展，分立器件与集成电路只是一个相对的概念。在电子科学与技术中，组成完整电子系统的所有器件（包括分立和集成的）都属于分立器件，各自独立的器件组合而成为电路板。电子系统可以由一个单独的电路板构成（例如，手机中的电路板、电子仪器中的电路板），也可以由多个不同的电路板组合而成。当把系统集成到一个集成电路芯片中后（采用集成电路的方法制造系统），就构成了新的集成电路，再用新的集成电路组成更加复杂的系统。由此可知，电子系统是一个不断地从分立到集成的发展过程。

1.5.3　绿色电子器件与系统的基本概念

随着环境保护与可持续发展概念与理论研究的发展，绿色电子系统逐渐成为电子科学与技术的一个重要研究领域。

绿色电子器件与系统的研究目的，是提供环保节能的电子器件与系统的设计理论和应用技术。绿色电子器件与系统包括环保与节能两个基本概念，同时，环保和节能也是绿色电子器件与系统设计理论与应用技术研究的两个基本出发点。

1. 环保概念

环保是当前各种工程技术研究的一个重要领域，电子科学与技术应当为环保型电子器件与系统产品的研制和应用提供理论、方法与技术。

环保型电子元器件，是指电子元器件制造和使用中不会对环境产生污染，同时，元器件在报废之后能够最大限度地回收利用，而且回收利用的过程不会造成进一步的资源污染。例如，集成电路的生产过程中不会形成对水资源的污染，而报废的集成电路也不会形成不可降解的工业垃圾。环保型电子元器件的设计是目前电子科学与技术中一个亟待深入的研究领域。

环保型电子系统，是指电子系统的制造和使用中不会形成对环境产生污染，或者通过电子系统的应用降低其他系统对环境的污染与资源浪费，并且具有尽可能长的使用寿命。同时，在报废之后能最大限度地回收利用，而不会造成资源浪费和新的环境污染。例如，电子阅读器（电子书）的普及利用，可以在较大程度上降低对纸张的需求，从而减少对林业资源的消耗。环保型电子系统的设计与制造理论不仅以电子科学与技术的理论与技术为基础，同时，还涉及其他科学研究与工程技术领域，是具有极大创新潜力的研究领域。

2. 节能概念

节能是电子元器件和电子系统设计与制造中的一个重要问题。自从电子技术在工程中得到应用以来，节能技术就一直是工程技术领域所关心的问题。从电子管到晶体管再到集成电路，电子元器件和电子系统在降低功率损耗上取得了巨大的进步，在担当相同功能、完成相同技术指标的前提下，电子元器件的功率损耗已经从瓦的数量级降低到毫瓦、甚至微瓦数量级。但是随着电子系统中电子元器件使用数量的迅速增加、特别是对电子系统功能和性能的高要求和应用领域的迅速扩大，降低元器件和电子系统功率损耗仍然是一个十分重要的问题。

绿色电子技术的研究是多学科综合领域，也是与应用技术密切相关的技术领域。因此，要确定一个确切的绿色产品标准是比较困难的。国际电气电子工程师协会（IEEE）近年来启动了 IEEE 1680 标准，旨在提供一个用户选择的绿色环保参考标准，这个标准仍在不断修改完善之中。到目前为止，还没有一个全球公认的绿色电子技术或电子产品的标准。

1.6　应用电子系统分析的基本概念

应用电子系统分析是电子技术应用中的重要工作，也是电子科学与技术的理论研究和应用技术研究的基本方法之一。

1.6.1　建模与分析的概念

在科学研究和工程应用中，电子元器件和电子系统的建模是分析的基础，也是电子系统分析的核心。

1. 分析的基本内容

应用电子系统分析包括两个主要内容，一个是建立电子系统模型，另一个就是对模型进行应用分析。

（1）电子系统建模

电子系统建模包括系统、子系统和器件电路的建模。所谓建模，就是建立所分析对象的物理模型和分析模型。物理模型用来突出所分析电子系统的物理特征，包括系统结构、功能实现方法、参数对系统的影响等。分析模型则是根据物理模型对电子系统分析所得到的结构，即利用相应的物理定律和数学方法所建立的电路数学描述结果。可以看出，电子系统建模实际上就是对电子系统的工程描述，这种描述的基础是电子系统的应用约束条件、实际结构和应用目的。通过对所建立物理模型的分析所得到的分析模型，则是电子系统分析与设计的基本依据。电子系统的物理模型包括系统结构图、功能图和电路图。

（2）模型应用分析

模型应用分析的目的是建立系统基本数学模型，该模型提供了系统中各部分、特别是各参数对系统功能的影响，以及各参数之间的相互影响和作用。通过所建立的数学模型，可以十分清晰地看到系统的基本行为特性和参数特性。模型应用分析结果对电子系统设计和调试具有十分重要的作用，也是使用电子系统的基本依据。

2. 基本分析概念与方法

电子系统的物理基础是物理电磁现象。对于工程应用来说，如果直接利用物理电磁现象对系统进行分析则会遇到许多困难，因此一般都采用简化分析方法。工程中对电子系统分析的简化方法，就是把电磁场与电磁波的问题简化为电路问题。这就是工程中的电路分析理论与方法。

电路分析理论是对物理电磁理论的简化，目的是提供适合工程实际应用的简化分析和计算方法。由于自然界的电磁现象是以场的形式分布在三维空间中的，因此在工程分析和设计中显得十分复杂。为了提供一种适合工程实际的简化分析理论和方法，电路分析理论对电磁理论中的场分布进行适当的简化处理，特别是把电磁能量从场分布形态简化为路分布形态，即考虑电磁能量仅沿某一个特殊路径（如导线）分布，在这个特殊路径外没有电磁能量分布。这种转化极大地简化了工程分析方法，为工程师提供了基本的分析工具和设计方法。

电路系统分析理论可以分为电路分析和系统分析两大部分。

3. 绿色分析的基本概念

随着绿色技术的提出，日常生活和工程应用中对电子系统提出了绿色特征要求。所谓绿色特征包括两个方面的含义，一是尽量使用低的能量损耗系统，二是要求电子系统不能产生环境污染。为了满足这两方面的要求，近年来的电子系统设计技术中逐渐增加了有关绿色分析的要求。电子系统绿色分析是一种重要的技术概念和设计分析方法，包括如下内容：

① 以降低能量损耗为目标的能量损耗分析。

② 以环境保护为目标的制造材料和工艺分析。

③ 以低碳、无碳能源应用为目标的系统分析。

④ 以环境保护为目标的维护和再利用特征分析。

总之，绿色分析是现代电子系统设计的一个重要内容，是电子科学与技术领域的一项重要研究内容，也是电子科学与技术工程应用的一项重要技术。

1.6.2　电路分析的应用概念

电路分析的目的，是提供电路结构和参数的基本分析理论与方法，重点是详细计算电路中电压分布和电流分布。因此，电路分析所关心的基本变量就是电路中的电流和电压。

电路分析的基本目的，是提供电路的基本描述方法，同时要提供电路中基本物理量——电压和电流的分析结果。

1．基本分析概念

电路分析中，首先要确定电路或系统中基本物理量的特性。

（1）电路分析中的基本物理量

在电路分析中，基本物理量是电压和电流，是用来描述和反映电子器件或系统行为的基本物理量。

由于物理学中把时间作为参考变量，因此，电路分析理论中就必须建立基本物理变量的时间函数。在工程实际中，基本物理电学量分为交流变量和直流变量两种。

交流变量：幅度随时间变化、有过零点的信号。交流变量又分为正弦和非正弦交流变量。

直流变量：幅度可以随时间变化，但没有过零点，或者是幅度不随时间变化。

由于电子电路中以电压或电流作为信号的物理载体，因此，工程上又常把信号分为交流电压（电流）信号和直流电压（电流）信号。

描述交流变量或信号的物理参数是幅度、频率\周期和相位。信号的幅度又可以用最大值、有效值和平均值表示。幅度参数描述交流变量在任何时刻上的量值，频率参数是周期参数的倒数（周期参数是交流信号幅度从"0-正（负）最大值-负（正）最大值-0"所需时间），描述了交流信号随时间的变化，而相位则表示信号与其他信号之间的时间差。

（2）电路分析中的电路参考点

由物理电学可知，电场强度或磁场强度是矢量。电路分析中没有采用场的概念，而是采用了标量分析方法——物理电学中电位的概念。由于电位是一个相对量，因此电子系统进行电路分析时，必须指定相应的参考点。电位参考点是电路分析中的零电位点，是人为设置的计算参考点。参考点的作用，是为电路分析提供一个共同的参考电位。在电路系统中，各测量点的电位是相对量，电路中测量点电位的大小，取决于电路参考点的位置。电路系统中两点之间的电压是两点间的电位差，是绝对量。

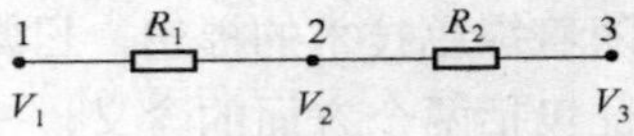

例如，图 1.6-1 中电阻组成的电路，图中的实心点叫作电路节点（电路节点就是两个电路元件的连接点），两个节点之间如果有元件相连接，则叫作连接点

图 1.6-1　电位参考点分析作用示意

之间存在一个支路，代表支路的元件叫作支路元件。如果电位参考点选择在节点 1（即 $V_1 = 0$），则节点 2 和节点 3 的电位分别为 $V_2 - V_1 = V_2$ 和 $V_3 - V_1 = V_3$。如果选择节点 2 作为参考点（即 $V_2 = 0$），则 $V_1 - V_2 = V_1$ 和 $V_3 - V_2 = V_3$。

注意，电路参考点是分析电路的基础，没有相同参考点的两个电路，在电气上是没有任何联系的，因此，也就没有任何分析的意义。在电子电路或系统中，电路参考点往往是电路或系统的地线。

（3）电路分析的基本电路元件

元件是组成电路的最小单元，元件分析是电路分析的基础。电路分析中定义电路元件的目的，是提供建立电路系统物理模型的基本描述方法，提供一种基于基本物理概念的电路分析概念和技术。

为了建立电路概念，简化电子系统分析，电路分析中引入了集总参数的概念。集总参数是针对电路元件物理特性提出的概念。所谓集总参数，是指电路系统的物理参数全部集中在所指定的电路元件内。例如，电路中的电阻，全部集中在电阻元件内，在元件以外空间的电阻是无限大。再例如电路中的电容，全部集中在电容器内，而不存在空间分布电容。集总参数的物理意义在于，电路中的电能只存在于电路元器件之中，元件之外不存在电能。在电子电路和系统的分析中，除了研究电路或系统的电磁兼容特性外，都采用集总参数分析概念。

电路分析中的元件是集总参数元件，同时也是理想元件。注意，电路分析理论中没有器件，只有元件。元件在物理上不可拆分，器件是用元件构成的电路单元，这是建立器件分析模型的基本概念。例如器件 BJT 描述为电阻、电容、受控电流源连接而成的电路结构。

与 1.4 节所介绍的电子元器件相同，电路分析中提供了有源元件和无源元件。在进行电路分析时，必须提供电路元件上各物理量之间的数学关系，这种元件上物理量之间的关系，是通过实验和基本物理定律得到的，是基本物理事实。在电路分析中把这种数学关系叫作元件的赋定关系。

注意，电路分析中的元件没有物理实体的意义，仅用来代表电路结构和分析参数。

① 电路分析中的无源元件

电路中的基本无源元件只有三种，即电阻 R（Resistor）、电感 L（Inductor）和电容 C（Capacitor）。

● 电阻 R 中电压电流的赋定关系是

$$R = V / I \tag{1.6-1}$$

式中，R 为电阻值，V 和 I 分别为电阻 R 上的电压和电流。可见，电阻实际上所代表的是导电物体中电压和电流的关系，这正是物理电学和电路分析中的基本定律——欧姆定律。

● 电感 L 中电压电流赋定关系是

$$v = L \frac{\mathrm{d}i}{\mathrm{d}t}, \quad i - i_0 = \frac{1}{L} \int v \mathrm{d}t \tag{1.6-2}$$

式中，L 为电感值，v 和 i 分别为电感 L 上的电压和电感 L 中的电流。i_0 是电感在 t=0 时刻所具有的电流值，叫作电流初始值。电感所代表的是磁场能量关系，也是物理学中电感的定义。

● 电容。电容 C 中电压电流的赋定关系是

$$i = C \frac{du_{\mathrm{C}}}{\mathrm{d}t}, \quad u_{\mathrm{C}} - u_{\mathrm{C0}} = \frac{1}{C} \int i \mathrm{d}t \tag{1.6-3}$$

式中，C 为电容值，u_{C} 和 i 分别为电容 C 上的电压和电容 C 中的电流。u_{C0} 是电容在 t=0 时刻所具有的电压，叫作电压初始值。电容所代表的是电场能量关系，也是物理学中电容的定义。

② 有源元件

为了描述电路，电路分析提供的基本的有源元件分两大类，一类是独立电源，另一类是

受控电源。每一类电源中又分为电压源和电流源两种。此外，电压源和电流源还用交流和直流来区分，也就是说，有交流电压和电流源，还有直流电压和电流源。

注意，电路分析中提供的是用来描述器件的有源元件，是描述电路或器件的重要分析元件。通过有源器件和无源器件的不同组合，电路分析提供了描述电路器件的基本单元。

a. 独立电源

电路分析提供的独立电压源是一个理想元件，其特点是电压源的输出电压值与流过电压源的电流无关，用数学表达式表示就是

$$V(t) = f(t) \tag{1.6-4}$$

独立电流源的特点是，电流值与电流源两端的电压无关，用数学表达式表示就是

$$I(t) = f(t) \tag{1.6-5}$$

上述独立电源的赋定关系说明，独立电源具有无限大能量（利用欧姆定律就可以证明），这种电源实际上是不存在的。电路分析理论中之所以提出这样的电路元件，目的是为了分析方便。因此，独立电源实际上是一种工程简化分析的结果。独立电源的电路符号和工程符号见图 1.6-2。

| 独立电压源
标准符号 | 独立电流源
标准符号 | 直流独立电压源
常用电路符号 | 直流独立电流源
常用电路符号 | 交流独立电源
常用电路符号 |

图 1.6-2　独立电源的电路符号和工程符号

b. 受控电源

为了适应电子电路或系统分析的需要，特别是满足半导体器件的需要，电路分析提供了另一类电源元件模型——受控电源。

所谓受控电源，是指这样一种理想电源：当其控制变量存在时，这个电源就存在，其电路功能与独立电源完全相同；当其控制变量不存在时，这个电源就不存在。

在分析受控源电路时必须特别注意，这里是说控制变量不存在时受控电源不存在。所谓不存在，就是没有受控源这个元件，而不是简单地令电压源短路、电流源开路，而是要在原电路图中移除控制变量不存在的受控电源。受控电源的符号如图 1.6-3 所示。

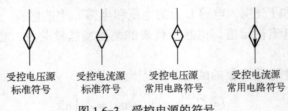

| 受控电压源
标准符号 | 受控电流源
标准符号 | 受控电压源
常用电路符号 | 受控电流源
常用电路符号 |

图 1.6-3　受控电源的符号

受控电源有如下 4 种：

电压控制电压源 VCVS（电压源的控制变量是电路中的某个电压）$V_s(t) = f(t, v)$

电压控制电流源 VCCS（电流源的控制变量是电路中的某个电压）$I_s(t) = f(t, v)$

电流控制电压源 CCVS（电压源的控制变量是电路中的某个电流）$V_s(t) = f(t, i)$

电流控制电流源 CCCS（电流源的控制变量是电路中的某个电流）$I_s(t) = f(t,i)$

（4）节点、支路、端口与参考点

电路分析中描述电路结构的重要概念是支路、节点、端口和参考点。电路图中每一个电路元件组成一个支路，不同支路的连接点叫作节点。两个节点构成一个端口。电路中指定的零电位节点叫作参考点。

2. 基本物理学定律

在电路分析理论中，基本的电路定律为欧姆定律和基尔霍夫定律。

（1）欧姆定律

欧姆定律确定了导电物体上电压与导电物体中电流之间的关系。

设导电物体上的电压为 V，电流为 I，则二者的关系可表示如下：

$$V = KI \tag{1.6-6}$$

式中，K 是比例系数。对于大多数工程材料来说，这个比例系数基本上是一个常数。在电子科学中，这个比例系数就是导体的电阻值。

在电路分析理论和电子技术中，经常把欧姆定律写成如下形式

$$V = RI \tag{1.6-7}$$

式中，R 是导体的电阻。

（2）基尔霍夫定律

基尔霍夫定律是能量守恒定律在电路中的具体表现。包括电流和电压两个定律。

① 基尔霍夫电流定律。

在电路中，对于任何一个电路节点，进入该节点的电流和流出该节点的电流的代数和恒等于 0，即

$$\sum_{k=1}^{N} i_k = 0 \tag{1.6-8}$$

式中，N 代表流进和流出该节点的电流总数（即该节点所连接支路的个数），i_k 代表各支路的电流。在电路分析中，习惯上令离开节点的电流为正电流、进入节点的电流为负电流。

电流定律说明，如果把若干个电路元器件连接到一点上，则在任何时刻，进入这个节点的电流等于流出这个节点的电流。也就是说，电路节点上电流是守恒的。

② 基尔霍夫电压定律。

在一个电路中，如果若干支路首尾相连，如图 1.6-4 中电阻 R_1、R_2、R_3 就构成了一个首尾相连的电路，这种情况叫作闭合电路，也叫作回路。

基尔霍夫电压定律：对于任何由若干支路组成的闭合电路（如图 1.6-4 所示），总存在

$$\sum_{k=1}^{N} u_k = 0 \tag{1.6-9}$$

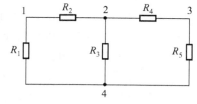

图 1.6-4　闭合回路

式中，N 代表闭合电路所包含支路的个数，u_k 代表各支路元件上的电压，而回路的方向则指定为回路电流的方向。

基尔霍夫电压定律说明，从电路中的一点出发，沿着闭合回路再回到出发点，则回路电压的代数和为零。这恰好是物理学中保守系统的基本特点。

欧姆定律和基尔霍夫定律都是从实验中总结出来的基本物理电学定律，是电路分析的基

本定律。

【例 1.6-1】 如果在图 1.6-4 的节点 1 和节点 4 之间连接一个直流电压源 U（设节点 1 为 U 的正端），列写节点 2 的基尔霍夫电流方程，试问利用这一个方程能否求解出电路节点 1、2、3 的电位和各支路的电流？

解：节点 4 作为参考点。根据式（1.6-9），假设节点 2 的电流全都是离开节点，所以节点电流定律的方程是

$$l_2 + l_3 + l_4 = 0$$

根据欧姆定理可知

$$l_2 = \frac{U_2 - U}{R_2}, \quad l_3 = \frac{U_2}{R_3}, \quad l_4 = \frac{U_2}{R_4 + R_5}$$

代入到节点电流方程中

$$\frac{U_2 - U}{R_2} + \frac{U_2}{R_3} + \frac{U_2}{R_4 + R_5} = 0$$

电路中电阻已知，由上式可以解出 U_2，进而可以获得各支路的电流。所以，利用节点 2 的基尔霍夫电流方程可以解出各节点的电压和支路电流。

1.6.3 系统分析

在工程实际中，把能独立完成所需功能的电路叫作系统；系统中能独立完成部分功能的部分叫作子系统。所谓系统行为特性，是指系统输入与输出之间的关系，即电子电路或系统对信号处理的结果。

与电路分析不同，系统分析的重点是系统的行为特性和参数特性，也就是说，系统分析只关心系统的功能、行为及参数的作用，并不关心系统中电路元器件中的电流和电压。因此说，系统分析是对电子系统进行的抽象分析，并不关心具体的实现方法。

1. 系统分析的基本概念

在研究电子系统的时候，为了突出系统与输入的关系，往往把系统的输入叫作系统的激励，而把系统的输出叫作系统对输入的响应。

（1）激励与响应的概念

激励是指外部对系统的输入信号，响应则是系统在外部输入信号激励下形成的输出信号或系统状态。

由此可见，任何系统的行为特性都是由输入和输出来决定的。在进行电子电路或系统的分析时，必须注意要正确地确定系统的输入端和输出端。这是与电路分析不同的地方。

（2）线性与时变概念

系统分析的另一个重要概念就是线性与非时变。一个系统是否是线性非时变系统 LTI，可以通过线性叠加原理和时变特性的定义来判断。

① 线性叠加原理

设 $i_1(t) = f\{v_1(t)\}$，$i_2(t) = f\{v_2(t)\}$，$i(t) = ai_1(t) + bi_2(t)$，$f\{v(t)\} = av_1(t) + bv_2(t)$，如果有

$$i(t) = ai_1(t) + bi_2(t) = af\{v_1(t)\} + bf\{v_2(t)\} = f\{av_1(t) + bv_2(t)\} \tag{1.6-10}$$

则称系统是线性的。线性系统满足线性叠加原理，满足叠加原理的系统一定是线性的。

② 非时变特性定义

设 $i(t) = f\{v(t)\}$，如果对于 $t - \tau$ 有

$$i(t - \tau) = f\{v(t - \tau)\} \tag{1.6-11}$$

则称系统是非时变的。这里 τ 代表一个时间段。

③ LTI 系统

同时满足上述两个定义的系统就叫作线性非时变系统，简称 LTI 系统。线性非时变系统的基本特征是系统满足线性叠加原理，系统的参数为常数。从数学处理和信号处理系统实现的角度看，这无疑是最简单的系统，也是最容易实现的系统。LTI 系统的基本描述方法就是线性常系数微分方程、单位冲激响应和卷积积分。

上两式也适用于电路元件。全部由 LTI 元件组成的系统是 LTI 系统。但由非线性元件组成的系统不一定就是非线性系统。

对于 LTI 系统存在如下关系

系统响应 = 暂态响应 + 稳态响应 = 零输入响应 + 零状态响应

【例 1.6-2】 式（1.6-3）是电容上电压电流的关系，设电容 C 的值不变，试判断这时电容是否为 LTI 器件。

解： 设 u_{c1} 和 u_{c2}，则

$$ai_{c1} + bi_{c2} = aC\frac{\mathrm{d}u_{c1}}{\mathrm{d}t} + bC\frac{\mathrm{d}u_{c2}}{\mathrm{d}t} = C\frac{\mathrm{d}}{\mathrm{d}t}(au_{c1} + bu_{c2})$$

与式（1.6-10）对照可知满足线性条件。

已知 C 为常数，所以

$$i_c(t - \tau) = C\frac{\mathrm{d}u_c(t - \tau)}{\mathrm{d}t}$$

可知，数值不变的电容 C 是 LTI 器件。

2．系统描述方法

系统描述是对系统进行分析的基础。所谓系统的描述，就是用数学表达式反映系统输入/输出之间关系。描述系统输入/输出关系的数学表达式叫作系统方程。只要确定了电子电路或系统的输入端和输出端，就可以利用系统方程来描述电子电路或系统。系统方程是研究、分析和设计电子电路或系统的基本方法和出发点。

由于电子系统描述的基础是电路结构和元器件，而电路结构与元器件的描述中采用了简化概念，因此，系统方程实际上就是对系统理想行为特性的描述。

（1）系统时域描述

所谓系统时域描述，是指以时间为基本参考变量的系统行为数学模型，也就是代表系统输入/输出行为特性的微分方程或微分方程组，对不随时间变化的系统则是代数方程或方程组。

（2）系统频域描述

系统频域描述，是指以频率为基本变量的系统行为特性数学模型，也就是代表系统行为特性的代数方程或代数方程组。

由于微分方程和频域代数方程是对同一系统的不同描述，因此二者之间可以相互转换。电子电路的频域描述可以直接通过电路图得到，也可以通过对微分方程的变换得到。

数学和物理学可以证明，如果时域描述和频域描述都满足 LTI 条件，则二者之间可以进行相互转换。这种转换就是工程中最常用的单边 Laplace 变换（简称拉氏变换）、单边 Z 变换和 Fourie 变换（简称傅氏变换）。

本 章 小 结

本章对电子科学与技术的内容体系进行了概要论述，同时，也对电子科学与技术的应用理论与技术体系做了简单的介绍。本章的目的是使读者比较清晰而概括地了解电子科学与技术的研究内容，以及工程应用的理论与方法。

电子科学与技术的基础是物理学，具体说来就是物理电磁学、固体物理学、半导体物理学、纳米技术，以及量子力学等。与电子科学与技术直接相关的另一个基础性学科就是半导体材料学，半导体材料学是现代电子技术的重要应用基础。

电子科学与技术属于应用科学，其目的性十分明确，就是为工程电子技术提供基础理论、分析方法和应用技术。因此，电子科学与技术的基础理论也是工程电子技术的基础理论，电子科学与技术提供的有关电子元器件和系统的应用分析理论与技术，是电子技术工程应用的基础。

在电子科学与技术的研究与应用中，电子元器件和系统建模理论与技术是重要的研究内容，也是重要的应用技术，这在学习电子科学与技术的相关课程中必须十分注意。

此外，现代电子系统还需要在电子科学与技术的应用中充分考虑相关的绿色技术概念。

练习题

1-1　简述电子科学与技术的主要研究内容。

1-2　固体物理学的主要研究内容是什么？为什么说固体物理学的基本概念和规律是电子科学与技术的基础之一？

1-3　半导体物理学的主要研究内容是什么？为什么说半导体物理学的基本概念和规律是电子科学与技术的基础之一？

1-4　纳米材料和纳米技术对电子科学与技术有什么意义？

1-5　量子是一种物理学基本粒子吗？为什么？

1-6　量子力学指出核外电子的状态是随机的，即不能确切的控制核外电子的状态。既然不能确定电子状态，为什么还说量子力学是现代半导体元器件的基础？

1-7　基本电磁理论包括哪些主要内容？

1-8　收音机在一个传输高频信号的导线附近出现了严重的噪声，这是什么原因？

1-9　物理电磁学提供了电磁现象的基本规律，试写出其中的欧姆定律。

1-10　半导体材料的基本特点是什么？共有几大类半导体材料？

1-11　纯净硅半导体晶体能否导电？

1-12　为什么能够用半导体材料制造出导电的半导体器件？

1-13　工程实际中是如何对电子元器件进行分类的？

1-14　什么叫作有源电子器件？

1-15　什么叫作无源电子器件？

1-16　电阻、电容和电感属于有源器件还是无源器件？

1-17　用你所掌握的物理电磁学知识建立电阻、电容和电感三种无源器件的电压电流关系。

1-18　模拟集成电路器件与数字集成电路器件有什么不同？

1-19　电路分析中的元件与工程实际中的电子元器件有什么不同？

1-20　简述电子系统工程分析的基本内容。

1-21　为什么说电子元器件和系统模型与建模技术对于电子科学与技术和应用电子技术是非常重要的研究对象与研究方法？

1-22　某圆柱物体两端加有直流电压后，发现其中有直流电流通过，试问这个物体可以描述为什么电子器件？

1-23　什么叫作绿色分析？

1-24　列举你所知道的电子系统实例。

1-25　一部手机完成 5 分钟通话耗电 5W，另一部手机通话 5 分钟耗电 0.5W，试问哪部手机属于节能手机？

第 2 章　半导体物理基础

在现代电子科学与技术及应用电子技术中，最基本的器件是半导体器件，特别是集成电路器件是电子技术的基本的核心器件。本章的目的是对半导体物理学进行介绍，使读者能进一步理解半导体物理学在电子科学与技术研究中的基础作用。

在物理学中，把易于产生自由电子的物质叫作导体，如元素周期表中的金属元素。自由电子在外电场作用下所建立的有向电子运动（电磁理论中的运流电流），就是导体中的电流。根据物理电学基本理论，导体具有良好的导电特性，这表现在导体的电阻很小。此外，温度、物质成分，以及外电场强度等条件都对导体的导电性能有很大的影响。

最外层电子为稳定结构的原子所组成的物质，其内部不易产生自由电子，物理学中把这类物质叫作绝缘体。

半导体通过正负电荷在外电场作用下的移动导电，这一点与导体相同，而在条件不满足时呈现出绝缘体的特征（不导电），这一点与绝缘体相同。温度、物质成分及外电场强度对半导体的导电性能有很大影响。元素周期表中最外层为四个电子的元素所组成的物质，都可以成为半导体材料。

半导体物理学属于应用物理学，其对固态半导体研究的目的是获得自然界中固态晶体基本结构、电学特征及加工特征等，同时，也提供有关固态半导体材料分析和研究的基本理论与方法。

从分析与设计的角度看，半导体物理学对于电子科学与技术和应用电子技术之所以重要，是因为半导体物理学提供了电子系统的应用分析概念。特别是对于建立电子元器件及电子系统的模型来说，半导体物理学的概念和方法是最基本的模型分析概念与方法。从整个电子系统看，模型分析包括材料模型分析、元件模型分析、器件模型分析、系统模型分析。在模型分析中，半导体物理学的基本概念和方法对分析结果具有决定性的意义。

2.1　半导体物理学的基本内容

半导体物理的基本内容包括半导体材料的基本结构、材料的物理特性与电学特性、同质和异质结构等。半导体物理的基本内容提供了半导体器件设计和制造的基本物理概念和分析基础，所以，半导体物理学基本概念是分析和设计集成电路、研究半导体材料的重要工具。

2.1.1　半导体晶体材料的基本结构

半导体物理学是一门专门研究半导体材料的科学，其目的是为半导体材料及其应用提供物理学基础。由于目前电子科学与技术以及应用电子技术中所使用的绝大部分半导体材料属于固体材料，因此，半导体物理学主要研究的是有关半导体固体材料。

半导体材料的基本结构为半导体材料的应用（包括机械加工、电加工及半导体元器件的结构设计）提供了重要的物理学基础。电子科学与技术和应用电子技术中有关半导体元器件设计和制造的基础，都来自半导体材料的这种基本结晶特征。

固体物理学和半导体物理学对半导体晶体材料进行了深入的研究，提供了半导体材料的宏观晶体结构。这种宏观晶体结构叫作半导体材料的基本结构。

在半导体物理学中，采用固体物理学对固态晶体的描述方法。

1．二维晶格

对于固态晶体，如果把结晶物质的原子作为一个点，则可以用二维点图来描述晶体的结构，如图 2.1-1 所示。

图 2.1-1 中 A、B、C 和 D 四种单元，可以作为晶体的基础单元，也就是说，利用这 4 种单元中的一种，可以构建出整个晶体。这实际上指出了晶体材料的生长方式和制造可能性。

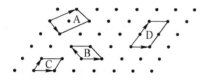

图 2.1-1　二维晶体原子分布结构

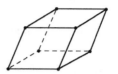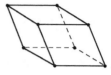

图 2.1-2　原始晶体单元中的两种形态

2．晶体的原始晶体单元

利用二维晶体原子的分布结构，可以直接构建出晶体的三维结构（立体结构）。例如，利用图 2.1-1 中的 C 和 B 可以构建出两个三维晶体单元，如图 2.1-2 所示。

这些原始晶体单元的有序罗列，就构成了固体的单晶体，这实际上就是半导体单晶材料形成或制造的基本原理。

固体晶体的结构指出，固体原子之间存在一定的空间，这些空间是从宏观上对固体进行分割的位置。同时，这些空间也表明了可以在固体的晶体中掺入杂质。固体晶体结构提供了半导体材料应用的基础，也给出了半导体材料和元器件结构分析的物理基础。当然，研究和分析中的内容要比这复杂得多，所涉及的物理学概念和数学方法也很复杂。

3．半导体固态晶体的基本立方体结构

根据固体物理学提供的固态晶体结构，可以建立半导体晶体的基本原始晶体单元。随着材料的不同，这些单元结构会有所不同。图 2.1-3 示出了 3 种不同的原始晶体单元结构。

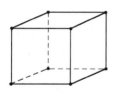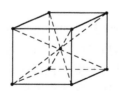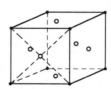

图 2.1-3　半导体材料的原始单元

半导体晶体可以分为单晶体和多晶体。单晶是指晶体单元按晶格结构的三维方向顺序排列。多晶是指晶体单元不按晶格结构顺序排列，即晶体单元杂乱无章地排列。

4．半导体晶体中的化学键

半导体晶体具有化学上的共价键结构，即相邻原子之间具有公共电子，公共电子处于原

子的最外层。为了简化分析，物理学中将外层电子叫作价电子，把内层电子和原子核两部分合在一起叫作惯性核，从而形成了半导体惯性核等效模型，如图 2.1-4 所示。

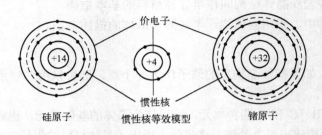

图 2.1-4　硅和锗的原子结构模型

工程中常用的半导体材料是硅（Silicon）和锗（Germanium）两种单晶，其原子结构如图 2.1-4 所示。

物理学中，把纯净、结构完整、绝对零度（$K=0$）下没有自由电子的半导体叫作本征半导体（Intrinsic Crystal）；在常温下受热引起自由电子的现象叫作本征激发。

半导体晶体具有化学上的共价键结构，即相邻原子间具有公共电子，如图 2.1-5 所示。当电子在外界电场力的作用下脱离共价键后，就会形成空位，这个空位具有吸收电子的能力，物理学中把这个空位叫作空穴。从电荷平衡的角度看，可以把空穴看成是带正电的粒子。空穴带电与离子带电不同，离子是可以移动的，而空穴则是不可移动的。空穴现象也是半导体与导体的根本区别，在导体中不存在空穴现象。

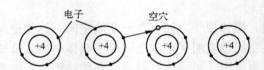

图 2.1-5　半导体晶体中空穴和电子结构示意

2.1.2　半导体晶体

1. 平衡态晶体

半导体物理学中，为了研究半导体晶体的物理特征，提出了平衡态半导体晶体的概念。

所谓平衡态半导体晶体，也叫作热平衡态半导体晶体，是指没有受到任何外力作用的半导体晶体。这些外力包括电磁力、温度梯度。也就是说，当半导体晶体处于等温、无外电场和磁场作用时，叫作平衡态半导体。处于热平衡态时，半导体晶体内部各点的温度相同，并且晶体没有因外部电磁场的作用而发生变化。

热平衡态的提出，有助于研究半导体晶体的电学特性，特别是可以用来研究半导体晶体电学特性变化的基本规律和基本导电条件。因此，在电子科学与技术和应用电子技术中讨论元器件的基本结构时，都是以平衡态半导体晶体为对象的。

上述讨论说明，平衡态半导体晶体的定义（不受外部温度场和电磁场的作用），是分析半导体器件的基本约束条件。

2. 非平衡态晶体

如果对平衡态半导体晶体施加电压，半导体晶体就会工作在非平衡状态下。这种状态下的半导体晶体叫作非平衡态半导体晶体。

非平衡态半导体晶体的电荷传输方式与特征，是半导体器件结构设计的基础，也是半导体材料应用的基础。

根据半导体晶体的晶格结构，纯净半导体单晶晶体中，由于物质结构的稳定性，不会存在多余的空穴或电子，因此不会在外电场作用下形成电流。这就是说，只有当半导体晶体中存在多余的空穴或多余的电子时，才会在外电场作用下形成电流。因此，物理学和工程实际中，把空穴和电子叫作半导体中的载流子。载流子可以是能自由移动的电子（带负电荷），也可以是不能移动、具有带正电荷性质的空穴（共价结构中缺少电子的位置）。

一般情况下，要使半导体处于非平衡态，除了施加外力外，还需要半导体晶体中存在多余的电荷。半导体晶体中多余的电荷可以是带负电荷的电子，也可以是带正电荷的空穴，无论是电子还是空穴，都叫作载流子。

电荷与空穴的形成是通过在半导体中掺入不同杂质形成的，这是半导体晶体材料应用和电子元器件设计中最基本的概念。

非平衡态半导体晶体是电子元器件设计中的主要研究对象，在设计半导体元器件，特别是设计集成电路时，需要掌握所使用材料的非平衡态特征，以便能充分利用材料的电学特性，或者对非平衡态半导体晶体进行相应的技术处理，使其满足元器件的设计要求。

3. 载流子传输现象

为了能够设计出满足工程需要的半导体材料和半导体器件，设计者需要对半导体晶体的导电方式、电流形成方式有清楚的了解。

半导体物理学的理论和实验研究结果，提供了载流子传输模式，这些载流子的传输模式是半导体晶体中可能形成的电流的物理机制，是设计半导体材料或半导体元器件结构和使用条件的物理基础，也是各种元器件工程参数的设计基础。

半导体晶体的电流传输模式有漂移（Drift）和扩散（Diffusion）两种。

漂移是指载流子在外力作用下的定向移动。这种载流子的定向移动形成了半导体晶体中的漂移电流。

扩散是指由于电子和空穴密度不同而引起的载流子移动，扩散的机制是半导体晶体中要保持电荷平衡。扩散形成的电流叫作扩散电流。

载流子传输现象不仅对半导体的导电特性做出了解释，同时也为工程应用提供了理论基础。

2.2　半导体器件的物理概念与分析方法

半导体物理学为半导体材料的应用和半导体元器件的设计制造提供了坚实的基础。这种基础不仅体现在提供了材料特性、结构和材料分析方法，更主要的是提供了重要的工程应用分析概念和理论。

2.2.1　基本半导体类型

根据非平衡态半导体晶体的特征，半导体物理学提供了基本半导体非平衡态类型的物理分析概念和方法。

在电子科学与技术和应用电子技术中，构成半导体元器件的非平衡态半导体有 N 型和 P 型两种类型。这两种半导体都是通过掺入相应的杂质而生成的。这两种非平衡态半导体是半导体器件设计和制造的基础之一。N 型和 P 型半导体示意图见图 2.2-1。

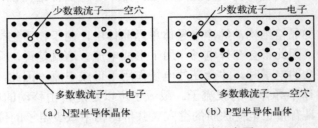

（a）N型半导体晶体　　　　　（b）P型半导体晶体

图 2.2-1　N 型和 P 型半导体示意图

1．N 型半导体

本征半导体中掺入五价元素（如磷、锑）后会出现多余电子，从而形成以自由电子为主的载流子，这种半导体叫作 N 型半导体（取 Negative 的第一个字母）。产生多余电子的杂质叫作 N 型杂质，也叫施主杂质。N 型半导体中电子为多数载流子，空穴为少数载流子，见图 2.2-1（a）。

2．P 型半导体

本征半导体中掺入三价元素（如硼、铟等），形成多余空穴，从而形成以空穴为主的载流子。由于空穴带正电荷，所以这种半导体叫作 P 型半导体（取 Positive 的第一个字母）。其中产生多余空穴的杂质叫作 P 型杂质，也叫受主杂质（吸收电子）。P 型半导体中空穴为多数载流子，电子为少数载流子，见图 2.2-1（b）。

3．半导体导电的基本方式

根据半导体中载流子传输的机制及电磁基本理论可知，无论是扩散还是漂移，半导体中的电流是依靠电子填补空穴方式实现的。由于空穴是晶格中的固定结构（即空穴处于固定的位置上），所以空穴的移动方向与电子的移动方向相反。

半导体的导电能力取决于载流子浓度（数目）。由于载流子浓度与半导体的温度有关，所以半导体的导电能力与温度成正比。在常温下，温度每升高 8℃，硅的载流子浓度增加 1 倍；温度每升高 12℃，锗的载流子浓度增加 1 倍。

通过上述有关讨论可知：

① 半导体的导电特性由半导体中的载流子决定。载流子分为空穴和电子两种，因此，半导体可以分为 P 型和 N 型两个类型。

② 半导体基本导电方式是在外电场作用下载流子的移动。

③ 载流子移动需要动力，必须有外来能源才能形成载流子运动。同时，载流子在移动的过程中也存在来自化学键约束而形成的阻力。在载流子运动中，克服共价键的约束需要消耗能量，因而载流子运动将引起半导体发热，发热又将引起载流子移动速度和浓度的变化。

④ 半导体物理结构复杂，载流子分布不易控制，因此载流子运动的速度和浓度与外加电场之间存在非线性的关系。从宏观上看，半导体中的电流与外加电压之间存在非线性的关

系。这种电压-电流关系的非线性，是半导体器件的基本特点。

⑤ 无论 N 型还是 P 型半导体，其载流子浓度都与温度成正比。因此，半导体器件各种特性具有明显随温度变化的特点。

2.2.2 半导体物理中的量子分析理论

量子分析理论是半导体物理学，乃至电子科学与技术和应用电子技术的理论基础。

对半导体器件的结构进行模型分析时，还需要考虑半导体电子或空穴移动的理论解释和分析，这就是半导体物理学中的量子分析理论。

量子力学的意义在于提供了电子移动的基本原理。这种基于能级的解释是电子科学与技术的理论基础，这个理论基础确定了电子元器件的基本工作原理和工作方式。

半导体物理和电子科学与技术中应用量子力学作为研究方法的目的之一，是确定半导体材料的电学特性，这种基于量子力学原理的半导体材料的电学特性，是电子元器件的基本工作原理。由于固态晶体中的电流与晶体的结构和晶格结构密切相关，并且这种电子的移动与自由空间和金属中的电荷移动不同，受到许多约束条件的限制。所以，半导体物理学必须使用量子力学的原理和方法，才能确定半导体材料导电的基本原理，才能找到半导体材料导电与导体材料导电的根本区别，从而为半导体元器件的设计提供理论和工程技术基础。

量子力学的基本原理指出，原子核外的电子能级状态是决定半导体导电的根本原因。这种能级及电子能级变化条件，就是电子科学与技术中设计各种半导体材料和半导体元器件的物理基础，同时，也是各种元器件的参数设计与制造工艺设计的基础。由此可知，量子力学不仅为半导体物理学提供了研究理论和方法，同时也为电子科学与技术中的电子元器件设计与制造提供了物理基础。量子力学新的突破，将会改变电子科学与技术的研究方法和研究内容。由此可以说，量子力学是电子科学与技术的学科基础。

当然，工程实际中并不是所有的研究与设计都从量子力学原理和理论出发，而是使用相应的工程分析方法与技术。

2.2.3 半导体器件结构分析方法

根据半导体晶体中载流子的传输机制可知，载流子传输分为漂移和扩散两种。其中的漂移需要依靠外加电场（即半导体外加电压），而扩散则需要在半导体晶体中存在载流子浓度的不平衡。这两种载流子的传输机制，为半导体器件的结构设计提供了基本模式，这个模式就是 PN 结。

1．PN 结中的载流子扩散

P 型和 N 型两种半导体结合在一起时，其交界面形成 PN 结，如图 2.2-2（a）所示。

在 P 型半导体和 N 型半导体的交界面处，电子与空穴相互扩散以保持平衡，于是 N 区失去电子，P 区失去空穴，从而形成空间电荷区（N 正 P 负）。根据物理电学的原理可知，这个电荷区的作用恰好像电容的两个极板，P 区是带负电的极板，N 区是带正电的极板，于是形成了一个 N 区指向 P 区的电场（叫作势垒电场）。由于电场的方向与扩散方向相反，所以势垒电场会阻止载流子的扩散。当载流子扩散与电荷区电场相平衡时，扩散停止，而达到平衡。由此，在 PN 结处形成 PN 结的接触电位差（接触电压），接触电压一般为零点几伏。

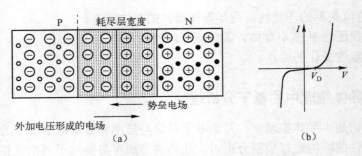

图 2.2-2　PN 结结构与电流控制原理示意

2．PN 结中的载流子漂移

如果在 PN 结外部加上一个外加电压，如图 2.2-2（a）所示，这个外加电压在 PN 结中提供了一个与势垒电场方向相反的外加电场。外加电场的作用是削弱内部势垒电场，打破平衡。由于势垒电场被削弱，提供了扩散的条件，因此，当提供了外加电场后，会形成持续不断的扩散，从而形成了持续的载流子运动，形成了电流。

如果外部提供的电压与图 2.2-2 的外加电压方向相反，则这个外加电压会进一步加宽势垒电场，使扩散不能形成，这时就不会在 PN 结中形成持续不断的载流子定向运动。

由此可知，漂移和扩散为半导体受控导电提供了物理机制。这就是半导体元件的基本工作原理。

2.3　半导体材料的电学特征

半导体材料的电学特征是指材料本身的电学特征。这些特征对电子技术的应用具有十分重要的意义。

半导体是一种特殊的物质，其特殊性主要表现在物理电学特性上。正是这些物理电学特性的特殊性，才使半导体能在现代电子技术中发挥巨大的作用。有关半导体材料的电学特性见表 2.3-1 和表 2.3-2。

表 2.3-1　半导体材料的电子和空穴质量

材料	电子质量	空穴质量
ALAs	0.1	
ALSb	0.12	$m_{dos}=0.98$
GaN	0.19	$m_{dos}=0.60$
GaAs	0.067	$m_{1h}=0.082$，$m_{hh}=0.45$
GaP	0.82	$m_{dos}=0.60$
GaSb	0.042	$m_{dos}=0.40$
Ge	$m_l=1.64$，$m_t=0.082$	$m_{1h}=0.044$，$m_{hh}=0.28$
InP	0.073	$m_{dos}=0.64$
InAs	0.027	$m_{dos}=0.4$
InSb	0.13	$m_{dos}=0.4$
Si	$m_l=0.98$，$m_t=0.19$	$m_{1h}=0.16$，$m_{hh}=0.49$

表 2.3-2　半导体材料的带隙及电子空穴迁移率

半导体	带隙	电子迁移率（$cm^2/(V·s)$）	空穴迁移率（$<cm^2/(V·s)$）
C	5.47	800	1200
Ge	0.66	3900	1900
a_SiC	2.996	400	50
Si	1.12	1500	450
GaSb	0.72	5000	850
GaAs	1.42	8500	400
GaP	2.26	110	75
InSb/tD	0.17	8000	1250
InP	1.35	4600	150
CdTe	1.56	1050	100
PbTe	0.31	6000	4000

在电子元器件设计、集成电路设计和应用电子技术中，主要关心半导体器件的一些宏观电学特征，其中包括电阻率、电容率等。

本 章 小 结

本章对半导体物理学的基本内容进行了简单介绍，提供了半导体物理学在工程的一些应用概念。这些基本概念是电子科学与技术研究和应用的最基本物理概念之一，特别是在进行集成电路设计时，这些基本概念和分析方法为电路中元器件的结构和电路结构设计提供了坚实的基础。

练习题

2-1 半导体物理学的基本内容包括哪些？

2-2 半导体晶体材料的基本结构是如何描述的？

2-3 什么叫作平衡态半导体晶体？

2-4 非平衡态半导体晶体提供了哪些应用概念？

2-5 半导体导电的基本原理是什么？

2-6 什么叫作扩散？

2-7 什么叫作漂移？

2-8 掺有杂质的半导体晶体中的载流子扩散或漂移是否与温度有关。

2-9 如何区分 P 型和 N 型半导体？

2-10 PN 结具有什么样的导电特性？

2-11 想象一下：工程中的二极管实际上就是一个 PN 结，已知 PN 结存在势垒电场所形成的接触电压，如果把二极管的两端用导线连接起来，这个接触电压是否会在导线中引起电流？为什么？

2-12 能否用电压、电流关系的线性方程描述 PN 结电压电流的关系？（提示：设 PN 结两端的电压是 V，PN 结电流是 I，线性方程就是一次方程 $V=aI+b$，a 和 b 是代表参数的常数）

2-13 如何控制才能使 PN 结不导电？

第 3 章　电子科学与技术中的数学工具

数学是所有科学研究的有力工具，电子科学与技术的研究与应用中，数学工具占有十分重要的地位。

电子科学与技术的研究和应用中，首先要建立研究和分析对象的模型。描述研究和分析对象的数学表达式，就叫作数学模型。基本物理概念提供了确定研究对象中变量的方法，而物理定律则提供了建立研究对象中变量之间关系的基础。例如，电阻元件中的电流与电压，而电阻上电流电压的基本关系就是欧姆定律。同时，数学模型还是现代电子科学与技术中 CAD 或 EDA 技术的基础，离开了正确的数学模型，就不存在仿真分析。

在电子科学与技术的研究与应用中，数学工具的最大作用，就是提供有关材料、电子元器件和系统等建模的方法，并提供对物理现象和物理量之间关系等进行定量分析的技术。可以说，离开了数学，就无法进行电子科学与技术的研究与应用。

应当说，只有建立了正确的数学模型，才能确信所研究的方向和方法是正确的，才能得到正确的研究结果。因此，数学提供了一个非常有效的检验工具。

本章的目的是使读者初步了解电子科学与技术的研究与应用中需要掌握哪些基本的数学工具。

3.1　数 学 分 析

数学分析提供了有关电子元器件、应用电子系统、半导体材料等领域理论分析和技术应用的基本建模方法和分析工具。

在数学分析中，反映一个变量与其他变量之间关系的数学表达式，叫作函数。从数学分析的角度看，材料、电子元器件或系统中不同变量之间存在着函数关系，建模的目的就是要建立变量之间的函数关系。因此，数学分析是电子科学与技术中最常用的一种建模工具。

1．极限

极限所表示的是一种数学概念，提供了"趋近但达不到"问题的描述。

在数学分析中，用函数的方法给出了极限的定义和概念，进而为微积分方法提供了理论基础。

电子科学与技术和应用电子技术的研究中，经常要用到极限分析的概念和方法。例如，建立 MOS 管导电沟道电路参数时，需要利用极限的概念对导电沟道的截面积、长度等进行计算，以便得到精确的参数计算模型。

在数学分析中，还经常用极限的概念和方法计算无穷级数的和，这对于电子科学与技术的研究来说，是一种重要的研究和分析方法。在电子科学与技术中，对于非线性特征突出的对象，一般采用多项式逼近及无穷级数的描述方法。这时就需要使用级数求和的方法来得到不同变量（例如电压与电流、电场强度与电荷分布密度）间的解析函数关系。

例如，滤波器的设计中，通常使用逼近函数（多项式）来实现，这时就需要考虑两个极限问题。一个是逼近方式所产生最大误差的极限，另一个是所确定多项式自身与理想特性之间存在最大误差的极限。这样才能确信所选用的逼近方法具有可靠的理论依据和应用价值。

2．导数与微分

导数和微分是建立数学模型和分析数学模型的两个重要概念和方法。

导数指的是函数切线方程中的斜率，即函数在某点的因变量微分与自变量微分之比的极限，微分是变量变化值的极限。导数与微分提供了建立电子元器件和系统模型的基本方法。

导数与微分之所以具有这样的功能，原因就在于利用导数和微分的方法，可以根据物理定律建立起电子元器件、电子材料和电子系统的动力学方程。

利用导数和微分概念建立电子科学与技术研究对象模型的基本原理和方法是，把物理学原理和定律应用于研究对象的一个微小的点上，在这个点上，由于采用极限尺度（微分），因此使得该点上可以直接应用物理定律，再通过导数的概念，即可以建立相应的分析模型。

3．积分

积分在电子科学与技术的研究和应用中有两个作用，一个是提供微分方程的求解工具，另一个则根据物理定律直接建立有关材料、电子元器件和系统等的积分模型。

作为微分的逆运算，可以利用积分对微分方程求解，这是电子科学与技术研究中最常使用的方法。在利用积分求解时一般还需要根据基本物理定律确定有关的约束条件和参数。

作为积分模型，积分方程在进行电子科学与技术的研究中，特别是在进行有关电磁场分布、器件内部电磁参数，以及进行复杂电子系统分析时，具有十分重要的作用。

4．级数

级数是对不同变量间关系的一种描述方法，是函数的一种。级数在电子科学与技术的研究与应用中具有十分重要的作用。当所建立的模型是级数方式时，就可以利用数学分析中级数理论所提供的求和方法对其进行求和，由此得到解析模型。特别是在复杂系统分析时，如果能够得到解析解，就可以极大地简化分析方法，也可以建立有关行为特性和参数特性的解析模型。

5．曲线与函数

数学分析提供的曲线与函数的概念和分析方法，对于电子科学与技术的研究和应用来说，具有十分重要的意义。

● 曲线提供了函数的二维图形描述
● 函数提供了参数形态估计的概念

例如，在电子系统中，某个电子元器件的输入信号和输出信号都是正弦波，而该电子元器件输入信号和输出信号之间的关系为 $v_o = Av_i$，则可以把输出表示为

$$v_o = Av_i = AV_i \sin \omega t$$

这个函数所表示的是一条正弦曲线，其中 A 是电子元器件输入与输出的比例系数，如图 3.1-1 所示。

对于这样的问题，完全可以根据波形确定所研究电子系统是否在正常工作。对于这个例子，输入和输出之间的正确关系是输出是输入信号的 A 倍，可以通过测量输入信号和输出信号的幅度来确定系统工作是否正常或达到了设计指标要求。

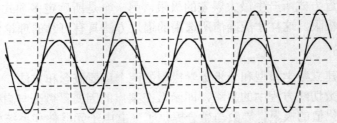

图 3.1-1　某电子元器件的输入和输出信号

例如，在示波器中测量得到图 3.1-1 中输入正弦波信号的最大幅度是 1V，输出正弦信号的最大幅度是 2V，由此可以计算出系统的放大倍数是 2。

3.2　微分方程

微分方程是电子元器件和系统及半导体材料基本行为特性的描述方法之一。在电子科学与技术研究中，有时不能直接建立各变量之间的明确函数关系，而是在物理定律基础上，利用数学分析的方法建立微分变量的数学表达式，这种数学表达式就是微分方程。通过求解微分方程，可以建立不同变量之间的函数关系，从而为研究和分析提供模型。

微分方程理论提供了有关微分方程的分类与求解方法。

1. 线性常系数微分方程

线性常系数微分方程的一般形式是

$$y^{(n)} + a_1 y^{(n-1)} + \cdots + a_{n-1} y' + a_n y = f(x) \qquad (3.2\text{-}1)$$

线性常系数微分方程的特点是：①所有的系数均为常数；②变量之间线性无关。

线性常系数微分方程是描述电子元器件、电路和系统最常用的方法。

使用线性常系数微分方程描述研究对象时必须注意，所研究变量之间必须满足线性和非时变特性。

在电子系统时间特性分析时，线性常系数微分方程是一个最有力的工具。不仅能够直接建立系统的动态模型，还可以直接得到系统参数对行为特性的影响。

【例 3.2-1】　电阻电容串联电路如图 3.2-1 所示，设输入电压是时间的函数，求电容两端的电压与输入电压 v_i 的关系。

解： 设输入为 v_i，输出为电容上的电压 v_C，可以得到

$$\begin{cases} v_C = v_i - R \cdot i_R \\ i_C = C \dfrac{dv_C}{dt} \end{cases} \qquad (3.2\text{-}2)$$

当电路没有外加负载时，电阻上的电流就是电容中的电流，根据式（3.2-2）有

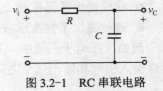

图 3.2-1　RC 串联电路

$$v_C = v_i - RC \frac{dv_C}{dt} \qquad (3.2\text{-}3)$$

2. 偏微分方程

偏微分方程也叫作数学物理方程，是描述物理电磁现象的重要工具，特别是对于电磁场与电磁波的分析中，偏微分方程起到了重要的作用。同时，偏微分方程也是描述许多物理现

象的有力工具。

在电子科学与技术中，特别是在应用技术中，最常用的是常系数偏微分方程。常系数偏微分方程有椭圆方程、抛物线方程和圆型方程 3 种。

偏微分方程的求解一般比较困难，主要是因为偏微分方程不仅描述空间状态，同时还要描述时间状态，如电报方程和 Maxwell 方程。在求解偏微分方程中，一般需要确定边界条件（电磁场存在空间某些边界上的电磁场强度数值）和初始条件（电磁场在计算时间为 0 时的数值）。由于电磁场的分布，特别是在电子元器件和集成电路内部的分布形状复杂，无法用有效的坐标平面来描述，因此，一般需要借助计算机对其进行数值求解。

3.3 场   论

场论的作用是提供主要的分析模型和概念。第 1 章中已经讨论过，电磁现象的本质是场，随时间变化的电磁场就是电磁波。

场论提供的基本理论和方法，主要用来分析电子元器件、电子材料及半导体材料和电子系统的物理电磁结构和特征。

1. 基本场量、标量场与矢量场

基本场量，是指描述场的基本变量，如电位分布场的基本场量就是电位，磁场强度是磁场的基本场量。

根据基本场量的性质，场论中把场分为两种类型。一种叫作标量场，一种叫作矢量场。

所谓标量场，是指基本场量为标量的场。例如，以电位为基本场量的场就是标量场。

所谓矢量场，是指基本场量是矢量的场。例如，电场和磁场，电场的基本场量是电场强度矢量 E，磁场的基本场量是磁感应强度 B（黑体字母表示矢量）。

（1）梯度

梯度是标量场量沿某一方向的导数。

分析半导体中电场强度是设计半导体器件、特别是设计集成电路器件中经常要考虑的问题。设半导体器件两电极 A 和 B 之间所加的电压为 U，即

$$U = V_A - V_B$$

根据物理电学可知，两个电极之间存在着电位分布，要计算两电极之间半导体中各点的电场强度，可以用物理电学中关于电场强度 E 和电位 V 之间的关系

$$E = -\left(\frac{\partial V}{\partial x} x + \frac{\partial V}{\partial y} y + \frac{\partial V}{\partial xz} z \right)$$

这恰好就是梯度的定义。由此可见，半导体器件电极之间的电场强度可以用所加电压在半导体内部形成的电位分布来计算。

由此可知，一个标量场可以用其梯度来描述，而梯度为矢量，所以，梯度是标量场的一个重要特征。

（2）散度

散度是描述矢量场特征的一个数学概念。例如，电磁理论中，介质中的电位移矢量 $D = \varepsilon E$ 的散度，就是电荷分布密度。所以，在电子科学与技术中，可以根据电场强度、介质的介电系数计算场中的电荷分布密度。由此可知，一个矢量场的散度是一个标量，代表了

矢量场的一个重要特征。

（3）旋度

旋度是描述矢量场特征的另一个数学概念。根据物理电磁理论，电子科学与技术中可以用旋度的概念和计算方法计算电流的分布区域及其分布特征。旋度是一个矢量，所以旋度代表了一个矢量场的重要特征。

2．场分析中的基本方法

由于只有偏微分方程才能描述场的空间和时间分布，所以，场分析的基本方法就是数学物理方程，也就是偏微分方程。

场分析的目的是得到基本场量的分布特征，通过对场分布的分析，可以得到空间一点或某个空间区域的场分布，进而为其他的分析和计算提供基本依据。例如，对 MOS 绝缘栅中电场强度的分析，可以确定绝缘栅能否被所加输入信号的电压所击穿。

同时，利用场论中的梯度、散度和旋度，可以确定电子元器件及其周围空间的电磁能量状态，以作为电子元器件和系统分析的基本依据。

3．边界条件与初始条件

场分析中的一个重要任务，是确定边界条件和初始条件。一般在场分析中，确定边界条件必须根据所研究对象的实际物理结构进行边界条件分析。例如，分析 MOS 管内部结构中的电场分布及其对信号电压的响应速度时，就需要根据实际的结构确定边界条件。

由于工程实际中的边界形状十分复杂，因此，目前大多数情况下都使用计算机数值求解的方法计算场分布。只有在极少数情况（边界形状与已知的坐标面相吻合），或经过近似后可以得到与坐标面相吻合的边界形状时，才能通过解析的方法得到场分布的解析解。

3.4 线 性 代 数

在电子科学与技术的研究中，由于计算机辅助设计工具已经成为基本的分析和研究工具，因此，线性代数所提供的基本理论与计算方法已经成为本学科研究和应用的有力工具。

线性代数提供了矩阵计算的基本理论和方法，这对于以计算机仿真为基本研究分析工具的电子科学与技术来说，是一个相当重要的数学工具。

1．矩阵表示

矩阵可以用来对电子元器件、电路和系统进行描述。例如，根据欧姆定律和基尔霍夫定律可以建立起描述电路节点电位和支路电流的方程组，这些方程组可以写成矩阵形式。特别是对于复杂的电子元器件（集成电路）和系统，通过矩阵理论和技术可以建立起适合于计算机的分析和计算模型。

2．矩阵方程的求解

矩阵方程是用矩阵所描述的电子元器件和系统中的电压、电流关系，或输入、输出信号之间的关系。对于直流电路，矩阵方程所描述的是一组线性或非线性代数方程。对于随时间变化的信号来说，矩阵方程实际上是微分方程的另一种表述形式。

线性代数提供的矩阵理论，特别是有关矩阵方程求解的理论与方法，是电子科学与技术中电路求解以及系统分析的有力工具。

3．线性空间

线性代数为电子科学与技术的分析提供了变量空间的基本理论。这种变量空间的理论为各种电子科学与技术中的电路和系统描述、分析和计算提供了有力的数学工具，从而使得这种分析和计算建立在牢固的数学基础之上。

线性代数所研究的线性空间，是 CAD 和 EDA 各种算法的基础。

3.5 积 分 变 换

积分变换属于应用数学的一个分支。

在工程实际中，可以用时间作为参考坐标来描述变量和系统（即变量和系统的时间模型，例如微分方程描述的电容两端电压与电容中电流的关系），也可以用频率作为参考坐标来描述变量和系统（即变量和系统的频率模型），这时所建立的变量和系统模型提供的就是系统的频率特征，例如频率范围、不同频率时变量和系统最大幅度等。

无论是时间模型还是频率模型，所描述的是同一个变量和系统，二者的差别就是参考坐标不同，既然是同一个事物，所以时间模型和频率模型二者之间必然存在着相互转换的可能，即从时间模型转换为频率模型或反之。这种转换就需要一个数学工具，这个数学工具就是积分变换。积分变换的特点，是通过在全部时间范围内或全部频率范围内，对时间函数或频率函数的积分来实现参考坐标的转换，就是建立起时间模型和频率模型之间的相互转换方法。

3.5.1 系统描述

所谓系统的描述，就是用数学表达式反映系统输入、输出之间关系，系统描述的结果再加上描述所使用的限制条件，就是系统的数学模型。描述系统输入、输出关系的数学表达式叫作系统方程。只要确定了电子电路或系统的输入端和输出端，就可以利用系统方程来描述电子电路或系统。系统方程是研究、分析和设计电子电路或系统的基本方法和出发点。

1．系统时域描述

所谓系统时域描述，是指以时间为基本变量的系统行为数学模型，也就是代表系统输入、输出行为特性的微分方程或微分方程组。

例如，图 3.5-1 所示的 RC 串联电路，在 2.2 节中已经得到了解答。从系统分析的角度看，这实际上是系统的一种时域描述。

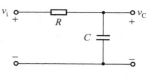

图 3.5-1　RC 串联电路

时域描述方法的目的，是得到系统的时域响应特性。通过求解微分方程，就可以得到系统随时间变化的输出特性。如果给定输入，则可以得到系统在给定输入和初始状态下的响应（输出）。

2．系统频域描述

系统的频域描述，是指以频率为基本变量的系统行为特性数学模型，也就是代表系统行为特性的代数方程或代数方程组。

3.5.2 积分变换

由于微分方程和频域代数方程是对同一系统的不同描述，因此二者之间可以相互转换。电子电路的频域描述可以直接通过电路图得到，也可以通过对微分方程的变换得到。

数学和物理学可以证明，如果时域描述和频域描述都满足 LTI 条件，则二者之间可以进行相互转换。这种转换就是工程中最常用的单边 Laplace 变换（简称拉氏变换）、单边 Z 变换和 Fourier 变换（简称傅氏变换）。由于这三种变换都采用积分计算的方式，因此，这三种变换在数学中叫作积分变换。

1. 单边拉普拉斯变换

设有时间函数 $x(t)$ 定义在 $t \geq 0$ 区间内，其中 t 为时间，则 $x(t)$ 的单边拉氏变换定义为

$$X(s) = \int_0^\infty x(t)\mathrm{e}^{-st}\mathrm{d}t \tag{3.5-1}$$

式中，$s = \sigma + \mathrm{j}\omega$ 叫作复频率。时间函数的单边拉氏变换的结果叫作象函数。

把时间函数变换为复频域函数，叫作单边拉氏变换，变换的结果 $X(s)$ 叫作原时间函数的象函数。反之，把象函数还原为时间函数，叫作单边拉氏反变换。

利用单边拉氏变换有两个目的：一是把微分方程变换为代数方程，然后对系统进行分析，并把分析和求解的结果反变换为时域函数，得到系统的时间解；二是对系统进行频域分析，分析系统的频率特性。

LTI 系统输入、输出象函数的比值，叫作系统函数 $H(s)$，也叫作 LTI 系统的传递函数，是分析 LTI 系统的基本数学模型：

$$H(s) = Y(s) / X(s) \tag{3.5-2}$$

式中，$Y(s)$ 是系统输出象函数，$X(s)$ 是系统输入象函数。

系统函数的单边拉氏反变换，叫作系统的单位冲激响应，相当于对系统加了一个单位冲激信号所得到的响应。

单边拉氏变换和反变换叫作单边拉氏变换对。

【例 3.5-1】 求一阶微分方程 $i = C\dfrac{\mathrm{d}u_C}{\mathrm{d}t}$ 的象函数。

解：对 $i = C\dfrac{\mathrm{d}u_C}{\mathrm{d}t}$ 两侧同时进行拉氏变换可得

$$I(s) = CsU_C(s)$$

这是一个关于复频率 s 的代数方程。由此可以得到电容 C 的复阻抗表达式为 $Z = 1/Cs$。

同样道理，可以得到电感的复阻抗表达式为 $Z = Ls$。

电阻的复阻抗仍然是 R。

上述分析说明，在进行电子电路分析中，只要把电路中的电容、电感用复阻抗来代替，电阻保持不变，就可以按直流电路分析方法直接得到电路系统的代数方程。这是本书分析电子电路的基本方法之一，叫作复频域分析法。

2. 傅里叶变换

傅里叶变换简称傅氏变换，是信号与系统频域分析重要的方法。在数学理论中，如果函数 $x(t)$ 满足狄里赫利收敛条件：

① 在任何周期内，$x(t)$绝对可积。即

$$\int_{T_0} |x(t)| dt < \infty \tag{3.5-3}$$

② 在任何有限区间内，$x(t)$具有有限个最大值和最小值。

③ 在任何有限区间内，$x(t)$具有有限个不连续点，并且每个不连续点都必须是有限值。则 $x(t)$可以用无穷多个不同频率的正弦信号的叠加来表示。也就是说，可以把一个任意给定的函数表示成不同频率正弦函数的代数和，每一个正弦函数代表函数 $x(t)$的一个频率分量。通过对频率分量的分析，可以得到函数的频率特性。频率特性指出了信号或系统的最高频率、频率变化情况，以及不同频率分量的幅度和相位等，为分析和设计提供了重要数据。这就是频域分析的基本思想与方法。

对于满足一定连续条件的周期性时间函数，可以用不同频率正弦波的叠加来表示，这就是傅里叶级数的概念。傅里叶级数中的每一项的系数代表该频率正弦波的最大幅度，正弦波的频率是固定的数值，相邻频率的正弦波其频率之间满足整数间隔的关系。可知，周期时间函数在频率域中是离散函数（不是频率的连续函数）。

对于满足一定连续条件的非周期时间函数，则只能用傅里叶变换来表示，因为非周期函数无法用离散的频率函数（即频率间隔固定的、不同频率的正弦波）叠加来表示。

设函数 $x(t)$在 $t \in \pm\infty$ 内有意义，则傅氏变换对定义如下

$$X(\omega) = \int_{-\infty}^{\infty} x(t) e^{-j\omega t} dt$$
$$x(t) = \frac{1}{2\pi} \int_{-\infty}^{\infty} X(\omega) e^{j\omega t} d\omega \tag{3.5-4}$$

式中，ω 叫作角频率。对于 LTI 系统，傅氏变换实际上得到的是电路或系统在正弦稳态（输入信号为正弦波的稳态响应）情况下的分析。在电子电路中，由于滤波器和振荡器电路的功能限制了某些频率范围内的信号及产生的某个制定频率的信号，分析的重要任务就是提供所需要的频率限制结果，这时所关心的是频率。傅氏变换在信号系统（如滤波器、振荡器）分析中十分有用，通过分析信号或系统的频率特性，可以确定信号能否通过指定的系统，或者确定指定系统是否适合于处理指定的信号。此外，当只关心电子电路的频率特性时，也需要使用傅氏变换对电路进行分析，以便提供以频率为基本参数的电路系统模型。

值得指出的是，傅氏变换的条件是系统处于稳态，也就是说系统进入了某种稳定状态，没有突变发生。这时，可以把时域函数看成是没有时间起始点和终点的函数，这时拉氏变换是双边（$-\infty < t < \infty$）变换，可以在拉氏变换结果中令 $s = j\omega$ 得到傅氏变换。

3. Z 变换

从计算的角度看，离散时间信号提供了一个离散的幅度序列。离散序列的数值所构成的数值序列就是数字信号，实际上就是一个描述离散点幅度的离散信号。而以计算为核心的离散时间 LTI 系统，就是数字信号处理系统。所以，本节和下一节提供的频域分析方法，是数字信号处理基本理论和方法的重要内容。

Z 变换用于离散时间信号（或序列）在 z 域中的表示。同样，Z 变换将差分方程转换成代数方程，简化了离散时间系统的分析。

Z 变换的性质与拉氏变换的性质很相近，但是 Z 变换与拉氏变换之间有着重大的区别。Z 变换用来处理差分方程，把差分方程变换为代数方程，所起到的作用与拉氏变换对微分方程的作用相似。

设 $x[n]$ 是一个离散序列，$x[n]$ 的 Z 变换 $X(z)$ 定义为

$$X(z) = \sum_{n=-\infty}^{\infty} x[n]z^{-n} \qquad (3.5\text{-}5)$$

式中，变量 z 一般是极坐标形式的复数，即

$$z = re^{j\Omega} \qquad (3.5\text{-}6)$$

式中，r 是 z 的幅度，Ω 是 z 的角度。

由此可知，Z 变换把离散时间信号映射到坐标平面中，这是一个复平面，叫作 z 平面，如图 3.5-2 所示。

式（3.5-5）中定义的 Z 变换常称为双边 Z 变换。

单边 Z 变换的定义为

$$X(z) = \sum_{n=0}^{\infty} x[n]z^{-n} \qquad (3.5\text{-}7)$$

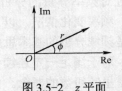

图 3.5-2 z 平面

由上式可知，如果 $n < 0$ 时 $x[n] = 0$，则双边 Z 变换和单边 Z 变换等效。

与拉氏变换情况相同，式（3.5-5）实际上是把离散序列 $x[n]$ 变为连续函数 $X(z)$ 的算子，用符号表示就是

$$X(z) = \mathscr{Z}\{x[n]\} \qquad (3.5\text{-}8)$$

称 $x[n]$ 和 $X(z)$ 为 Z 变换对，表示为

$$x[n] \longleftrightarrow X(z) \qquad (3.5\text{-}9)$$

3.6 复变函数

对于电子元器件和系统来说，其基本物理量既可以看成是随时间变化的函数，也可以看成是随频率变化的函数，这就使得电子元器件和系统的基本特征可以用频率特性来描述。

由数学分析中提供的傅里叶级数可知，一般工程中的信号都可以用不同正弦波的叠加来代替。如果把不同频率的正弦波单独分离出来，则就成为一个正弦信号或正弦稳定状态。由此可知，把不同的正弦稳定状态叠加起来，就可以建立电子元器件或系统的随频率变化的模型。由此，可用复变函数的理论对频率模型进行分析，从而得到电子元器件或系统的频率特性。

一般情况下，可以通过数学变换把一个正弦函数用复数的方式表示，因此，电子元器件和系统的频率特性往往可以用复数方式表示，并建立起正弦稳态系统的频域模型。

此外，复变函数提供的理论和方法，还是分析系统稳定性的重要工具。

复变函数的重要概念和计算方法包括解析延拓、柯西积分和洛朗级数。

3.7 数理统计与概率论

数理统计与概率论是应用数学的两个分支，为那些无法用确定性函数关系描述的物理现象提供了数学分析方法和工具。

在电子科学与技术中，特别是对于材料的电学特性或半导体器件内部电量分布计算，往往涉及微观物理学，或者是无法采用常规数学方法来分析。例如，在半导体器件中电荷分布、半导体材料的电荷运动等，都无法用确定的函数关系描述，所以一般采用统计学的方法

获得其统计规律，并以此作为分析和计算的基础。由于统计分析中的变量具有随机性，因此，需要概率论为统计分析提供各种分析模型。

1. 概率论的基本概念

概率论的起源是博弈论，用来描述那些无法确定的变量状态或变量之间的关系。概率论在电子科学与技术的研究与工程应用技术中，是作为分析特殊问题的重要工具。

例如，当分析半导体材料导电特征的时候，需要分析载流子电荷在材料中的分布和运动规律，由于半导体材料中载流子电荷处于无规则运动中，因此，往往需要用概率密度确定某点上电荷的密度。再例如，当分析集成电路内部半导体器件之间的电路连线相互作用的时候，由于每条连接导线在任何时刻所处的信号状态及其周围空间的电磁场分布无法确切地知道，因此需要采用概率分析的方法分析各种噪声。

2. 数理统计的基本概念

数理统计是物理学研究中的一个重要工具，也是电子科学与技术研究中的重要工具。数理统计的功能是，根据对物理量在时间或空间变化规律的统计，分析和研究物理量的变化规律。这种方法对于日益复杂的电子元器件和系统的分析研究，以及各种不同材料的电子学特征的分析研究都具有十分重要的意义。例如，对于集成电路所消耗功率的计算中，由于各种信号的出现和随时间变化规律难于确切描述，一般采用平均功率的概念进行功率计算，这种平均的概念，就来自于数理统计方法。

3.8 数学工具的应用方法

数学的本质，是描述各变量之间的关系、提供变量关系分析的方法。在电子科学与技术的研究和工程应用中，变量是根据研究对象的特点和研究目标而确定的，因此，确定变量的基础是物理学，代表了一种系统特性。而变量的计算和系统中各变量之间的关系，则是数学工具在物理定律指导下的应用结果。

在物理定律的指导下，数学工具的应用是电子科学与技术研究和工程应用的关键。

1. 变量分析

由物理学的原理可知，物理变量代表了物理现实的某种特征，这种特征与物理系统的材料结构、工作条件、温度、时间、频率等相关，是一种自然存在。例如，半导体材料的电阻特性，就代表了材料中电压与电流的关系。在电子科学与技术的研究和工程分析中，变量分析的基础是物理定律，而数学则提供了分析工具。

变量分析的目的，是根据所研究对象的物理特性、物理结构、工作条件、温度、时间和频率等因素，把分析目标作为变量，并找出分析目标与所考虑因素的关系。也就是用影响因素来描述目标变量。这个变量的描述过程就是变量分析的过程，而分析的结果，就是变量的分析模型。变量分析模型是否正确，还需要通过物理方法进行验证。

电子科学与技术的研究与工程应用中，变量是代表研究目标的独立量，如电流、电压、电场强度等，也可以是代表多变量关系的一个物理概念，如电子系统的系统函数、元器件的频率特性等。此外，还可以是变量组合，就是用多变量来描述研究目标和工程应用目标，如用电压增益、输入阻抗、输出阻抗、频率特性来描述交流放大器。同时，把与系统结构和使用材料相关、影响变量的基本物理特性叫作参数，如电阻、电容、电感、PN 结的势垒电势、载流子密度、温度、频率等。

由此可见，当分析目标确定后，就确定了变量，而影响变量的其他因素就是参数，如何考虑参数、正确使用变量与各参数之间所遵循的物理规律，是正确使用数学工具的基础。例如，分析电子元器件的使用特性时，电压和电流就是基本变量，而如果分析中没有考虑频率因素，则分析的结果就只能适合直流应用的场合。

【例 3.8-1】 在分析 PN 结的电流电压关系时，PN 结两端的电位、正向电流、反向电流是分析变量，PN 结中的载流子浓度、半导体温度、是物理参数。

【例 3.8-2】 交流电压放大器电路分析时，交流放大器的输出端电位、输出端电位与输入端电位的数量关系、输入电流和输出电流、电路输入电阻和输出电阻等是分析变量，而电路结构、半导体器件结构参数等是电路分析中的已知参数。

2. 定性分析

定性分析是指对变量、相关各变量关系、参数影响等的宏观说明。定性分析包括已知模型条件下的定性分析，以及通过测试间接估计物理规律的定性分析。在工程应用中，常使用已知模型对电路、系统或元器件做定性分析；在科学研究中，定性分析更常用于通过测试来估计物理规律。

定性分析不考虑精确的计算，仅根据物理定律和实际结构来确定变量与参数之间可能的关系，以此确定变量性质或变化范围。

（1）用定性分析确定变量的影响因素

在电子科学与技术的研究和工程应用中，往往需要对某些测试结果进行分析，这种分析的第一步就是定性分析。利用定性分析可以看出所确定的影响因素是否全面，也可以确定影响因素作用的大小。定性分析的依据是变量与影响因素的关系，也就是所建立的基本物理规律。这种物理规律可以是其他变量与分析变量的复杂关系，也可以是分析变量与参数之间的简单关系。例如，根据测试发现，MOS 管的漏极电流与栅极电压成正比，因此，可以定性地知道，MOS 管是一个电压控制电流器件。再例如，图 3.1-1 中，如果幅度大的波形是某电路或元器件的输入电压，而幅度低的波形是该电路或元件的输出电压，通过观察可以看出，该电路具有较大的电压降落，如果是个放大器，则其放大倍数小于 1，同时，这个电路或元件还具有线性特征，相当于一个电阻（输入和输出之间相位相同）。

（2）用定性分析确定变量的变化规律

由于定性分析的基础是已经建立的电路或元器件模型，因此，只要给出参数变化的范围，就可以用定性分析来确定变量的变化规律或变化范围。无论是科学研究还是工程应用，变量变化规律和范围的定性分析（估计）是最常用的方法之一，特别是根据测试结果对电路、系统或元件性能进行判断时，定性估计是一种有效的研究方法，是定量的基础。

3. 定量分析

定量分析是科学研究和工程应用的重要分析方法，通过定量分析，可以定量的方式确定研究对象、分析与设计目标的性质，建立相应的指标，从而获得研究、分析与设计的最终结果。所以，定量分析是电子科学与技术研究和工程应用的必要工作内容。

定量分析是指，针对研究目标，确定具体变量的数学模型。这个数学模型不是简单的估计结果，而是在给定条件下对研究目标的确切描述。例如，线性电路的传递函数、PN 结的直流等效电路、MOS 管的交流等效电路、半导体电阻的计算表达式等。

在电子科学与技术中，定量分析的结果形式有解析表达式、数值分析结果（图标与曲线）、等效电路、基于实验数据的经验公式等。在满足给定条件下，这些分析结果都能够准确描述研究对象的行为特性和技术特性。

由于电子科学与技术的研究对象十分复杂，而相关的电子元器件和电路系统又工作在不同的工作环境和电气条件下，因此，定量分析结果必须特别指明所适用的前提条件。例如，EDA 工具中使用了几十种不同的 Spice（Simulation program with integrated circuit emphasis）模型来描述半导体器件，每一个模型都是针对具体的应用条件和分析目标而建立的。

本 章 小 结

本章对电子科学与技术学科研究和应用中所涉及的主要数学工具进行了简单的介绍，突出介绍了有关数学工具的应用概念和物理意义，这些对于学习和研究电子科学与技术，以及学习和研究应用电子技术都具有十分重要的意义。

练习题

3-1　数学分析对电子技术的应用有什么样的意义？

3-2　微分方程所建立的电子系统模型反映了电子系统的什么特性？

3-3　场论提供了什么样的特征来描述一个矢量场和标量场？

3-4　线性代数所提供的理论对电路分析具有什么作用？

3-5　积分变换的数学特点是什么？

3-6　拉氏变换把微分方程转换成代数方程，这是否说明简化了计算分析过程？

3-7　非周期函数可以写成傅里叶级数吗？

3-8　周期函数的傅里叶级数说明了什么？

3-9　为什么说复变函数对于频域分析具有十分重要的意义？

3-10　数理统计和概率论可以用来分析电子系统的噪声吗？为什么？

3-11　电子科学与技术中，数学工具的使用基础是什么？

3-12　电子科学与技术中，变量分析起到了什么作用？

3-13　电路分析中的基本分析变量是什么？

3-14　分析有半导体元件的电路时，半导体器件的电路参数是分析变量还是电路分析应知的参数？

3-15　系统分析中的基本变量是什么？

3-16　变量分析的数学本质是什么？

3-17　什么叫作定性分析？举例说明。

3-18　如果某个系统函数的幅度值大于 1，但对该系统的测量结果表明幅度值小于 1，这能否说明该系统正常？为什么？

3-19　什么叫作定量分析？举例说明。

第 4 章　基本半导体器件

电子器件是指用来制造电子设备的元器件，半导体器件是电子器件中的重要部分。半导体器件的特点是体积小、效率高和易于集成。

基本半导体器件是指组成各种半导体器件的基本单元器件，单元器件包括二极管、双极三极管、场效应管（MOS 管、结型场效应管）、晶闸管等。如果考虑集成电路中的应用，还可以包括半导体电容和半导体电阻等。基本半导体器件的特点是只能整体出现、用于组成其他半导体器件的最小单元，同时，基本半导体器件具有简单电压电流关系。利用基本半导体器件，可以组成任何复杂的电子系统。

正如第 1 章所描述的，半导体器件可以分为分立器件和集成电路两大类。

分立器件是指基本半导体器件，即在物理上独立、具有简单电压电流关系、可独立使用的半导体器件。

集成电路是指用集成制造的方法，把基本器件构成的电路制造在一个半导体芯片中的一种半导体器件。集成电路具有复杂的电路功能和电流电压关系。从理论和应用技术的角度看，如果一个电子系统中包含有多个集成电路，也可以把集成电路看作某种意义上的分立器件。

注意，用来形成集成电路的基本单元仍然是基本半导体器件，无论是所使用的基本器件还是电路结构，都与分立器件相同，只不过是制造技术不同，器件的尺寸大为缩小。因此，充分了解基本半导体器件对于了解和学习集成电路等其他电子器件及其应用技术，仍然是十分重要的。

随着集成电路技术的发展，特别是信息技术的飞速发展，以及电子信息技术应用领域的不断扩大，目前集成电路器件已经成为半导体器件的主要部分，绝大多数电子信息产品和应用电子类产品都是由集成电路器件构成的。

4.1　二　极　管

半导体二极管（Diode）是电子电路的基本器件之一，是一种具有单方向导电特性的无源半导体器件。图 4.1-1 是两种整流二极管的外形。

图 4.1-1　两种整流二极管的外形

4.1.1 二极管基本结构与技术特性

1. 二极管的基本结构

二极管的基本结构是一个 PN 结，二极管所有特性都取决于 PN 结特性。二极管工艺结构如图 4.1-2，+代表高浓度掺杂，−代表低浓度掺杂。

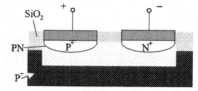

图 4.1-2　二极管基本工艺结构

根据第 2 章对半导体晶体导电基本模式的讨论可以知道，只有在加入一定的外加电压后，PN 结中才能形成连续的载流子运动，也就是形成电流，这时 PN 结处于导通状态。这种能够形成 PN 结内连续电流的外加电压叫作正向偏置。反之，如所加外加电压与 PN 结内势垒电场的方向相同，则不会形成连续的载流子运动，PN 结就不会导通。PN 结的这种状态叫作截止状态。

由于二极管的结构就是一个 PN 结，所以，只有在正向偏置条件下，二极管内才能形成电流。二极管内保持有连续的电流时，叫作二极管处于导通状态。

由于只有在 PN 结的 P 区电位高于 N 区电位时 PN 结才能导通，而当所加的电压与此相反时 PN 结处于截止状态，就像一个电流开关，只允许电流向一个方向流，所以说二极管具有单方向导电特性。

根据二极管的单向导电特性，二极管所具有的基本电路功能就是整流（Rectify），即只允许电流单方向导通。这个功能可用来实现电源变换、信号检波、过电压保护和信号隔离等功能。二极管的整流作用如图 4.1-3 所示。注意，图 4.1-3 也是一个电路模型。

图 4.1-3　二极管的整流作用

2. 二极管的技术特性

二极管的基本技术特性，是电路分析和选择器件的基本依据。同时，基本技术特性也是建立二极管分析模型的基础。在工程实际中，二极管的分析模型，必须能够准确描述其技术特性，这样分析和仿真的结果才具有使用价值。

（1）$I\text{-}V$ 特性

描述二极管电流与电压关系的曲线，叫作二极管的 $I\text{-}V$ 特性，如图 4.1-4 所示。$I\text{-}V$ 特性由二极管的材料和工艺所决定，是二极管的固有电学特性。从 $I\text{-}V$ 特性可以看出二极管的基本电学特性：当正向偏置电压大于 V_D 时进入导通状态，很小的偏置电压能够引起很大的二极管电流，说明二极管的正向电阻较小；在反向外电压幅度（叫作反向偏置电压）小于 V_E 时二极管处于截止状态，仅存在微小的反向电流，而反向外电压幅度等于或大于 V_E 时二极管反向击穿，电流迅速增加到很大的数值。由此可知，$I\text{-}V$ 特性可

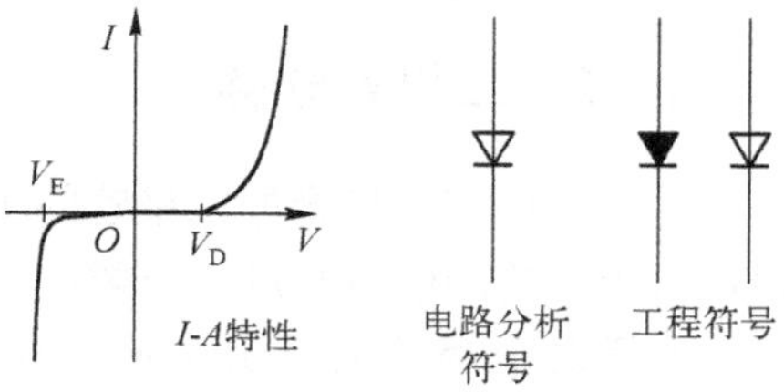

图 4.1-4　二极管 $I\text{-}V$ 特性和电路符号

以用来分析二极管的一些工程参数。例如，可以利用正向特性来分析、计算二极管的导通电阻（正向偏置时的电压电流比值）和结电压（正向偏置时二极管上的电压降落）的大小等。

（2）管压降

所谓二极管的管压降，是指正向导通时二极管上的正向电压降落。二极管的最小管压降就是图 4.1-4 中的 V_D。图 4.1-4 的 $I\text{-}V$ 特性指出，V_D 是二极管从截止状态进入导通状态所需要的最小正向偏置电压，正向偏置电压小于这个数值时二极管不会导通。对于硅二极管，这个电压一般为 0.7V；对于锗二极管，这个电压一般为 0.3V。从图 4.1-4 的 $I\text{-}V$ 特性曲线可以看出，二极管导通时其上的电压（管压降）增加的比较少，基本维持在略大于最小正向偏置电压上。这说明，管压降是为克服势垒电场使二极管进入导通状态所必需的外加电压。二极管的管压降（内部势垒电压）与二极管的材料和制作工艺直接相关。

（3）击穿特性

击穿是指二极管在反向偏置电压作用下，突然反向导通且导通电阻几乎为零的物理现象。二极管被反向击穿后，并不一定意味着器件完全损坏。如果是电击穿，则外电场撤销后器件能够恢复正常；如果是热击穿，则意味着器件损坏，不能继续使用，因为热击穿是由于二极管 PN 结温度过高而烧毁的一种击穿现象。不过，实际中的电击穿往往伴随着热击穿。电击穿分雪崩（Avalanche）、齐纳（Zener）击穿两种。雪崩击穿是指在反向电压下产生碰撞电离并形成载流子倍增效应，从而形成大的反向电流。齐纳击穿是指较高的外电压破坏了共价键，从而形成反向大电流。齐纳击穿是稳压管和保护二极管的基本工作原理。

（4）频率特性

频率特性是指电子元器件对交流信号或电压电流的反应特性。根据第 2 章对 PN 结的分析和如图 4.1-2 所示的二极管结构可知，二极管两个电极之间必然存在有分布电容。这就是说，如果二极管导通时电压电流随时间变化（如图 4.1-3 所示），二极管中就会存在着电容的充、放电行为，这种充、放电行为会对二极管输出端电压波形产生影响，频率越高，影响越大。当频率高到一定程度时，二极管的电容对交流电压就会形成一个很小的交流阻抗（作用相当于电阻），从而使输出电压的幅度几乎等于输入电压，就是说失去了单向导通特性。在工程中，一般把图 4.1-2 中输出电压几乎为输入电压时的电压频率值的 1/2 叫作二极管最高工作频率。

在电子元器件设计和应用分析中，选择合适的二极管参数是十分重要的。

4.1.2　二极管分类

由于不同应用场合的二极管的工艺结构有较大区别，所以，电子科学与应用技术中一般根据二极管的功能对其进行分类。

通用二极管（General Purpose Diodes）：其用途比较广泛，用于一般的信号处理场合，如信号的幅度限制、要求不高的整流、信号方向控制等。

高频二极管（High Frequency Diodes）：用于高频信号处理电路中，如通信系统电路。

稳压二极管（也叫齐纳二极管 Zener Diodes）：这是一类比较特殊二极管，当对其施加反向电压时，由于齐纳击穿效应，在维持一定的电流条件下，二极管的反向压降会稳定在一个固定数值上。稳压二极管主要用于电压限制和调整，也可以作为电路过电压保护器件，或是精度要求不高的直流稳压器件（如用于电压比较器电路）。
稳压二极管电路符号如图 4.1-5 所示。

图 4.1-5　稳压二极管符号

功率二极管（Power Diodes）：其特点是允许通过大电流，用于电源系统实现整流。由于需要通过大电流，所以功率二极管的结面积比较大，因此不适合于高频条件下使用。图 4.1-6 是大功率整流二极管的外形。

肖特基二极管（Schottky Diode）：它是利用金属与半导体接触所形成的势垒来对电流进行控制的。其主要特点是具有较低的正向压降（0.3～0.6V）。另外，它是多数载流子参与导电的，这就比其他二极管有更快的反应速度。肖特基二极管常用在门电路中作为三极管集电极的钳位二极管，以防止三极管因进入饱和状态而降低开关速度。

发光二极管（Light Emite Diode，LED）：发光二极管是一类特殊的二极管，其用途不是用来进行整流或对信号进行方向控制，而是用来作为信号源和各种显示设备，如发射红外光或激光、大屏幕显示器、数码显示等。目前，随着高亮度发光二极管的出现，发光二极管（LED）正在成为新一代具有革命意义的照明元件，是绿色照明领域的主力产品。图 4.1-7 是发光二极管的外形。此外还有光电二极管、激光二极管等。

图 4.1-6　大功率整流二极管外形

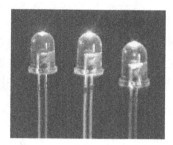

图 4.1-7　发光二极管的外形

光敏二极管（Photodiode）：与发光二极管相反，光敏二极管是一种最简单的光探测传感器。当光敏二极管两端施加反向电压时，光敏二极管截止（只有微小的反向饱和电流，叫作暗电流），这时如果使用一定强度和频率的光对其照射，光敏二极管的 PN 结势垒电势会随光照强度增加，引起反向饱和电流增加，其增加的多少与光照强度成正比。

隧道二极管（Tunnel Diodes）：也叫作 Esaki 二极管。隧道二极管比齐纳二极管具有更大的电压降，因此可以实现快速击穿。隧道二极管的符号、器件结构和 *V-A* 特性如图 4.1-8 所示。从 *V-A* 特性可以看出，隧道二极管具有一段负电阻区，这是工程中十分有用的一个特性，可用在高频电路中。

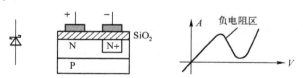

图 4.1-8　隧道二极管的符号、器件结构和 *V-A* 特性

4.2　双极三极管

双极三极管（Bipolar Junction Transistor，BJT，本书中简称三极管）也是以 PN 结为基

础的半导体器件。三极管结构可以被看成是由两个背靠背的 PN 结组成的。三极管有三个电极。从电路分析的角度看，三极管与二极管有本质的区别，二极管是无源器件，而三极管是有源器件。图 4.2-1 是部分双极三极管的外形。

图 4.2-1　部分双极三极管外形

由于三极管是通过两种极性相反的载流子（空穴和电子）导电的，所以才叫作双极三极管（BJT）。

1．三极管的基本结构

三极管的基本结构是两个背靠背的 PN 结，共有三个引出电极（也叫作工作电极），分别为基极 b、集电极 c 和发射极 e。三极管分 NPN 和 PNP 两种，NPN 的制作材料是硅，PNP 的制作材料是锗。

三极管的基本电路特点是基极电流控制发射极和集电极电流，因此，从电路理论上看是一个电流控制电流源，可以作为放大器件。

三极管的基本结构和电路符号如图 4.2-2 所示，其工作原理可以用图 4.2-3 加以简单的解释。

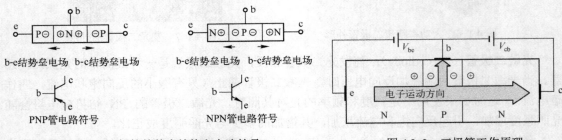

图 4.2-2　三极管的基本结构和电路符号　　　　图 4.2-3　三极管工作原理

以 NPN 型三极管为例，如果对 b-e 结施加正向偏置电压 V_{be}，b-e 结就会导通，这时将产生由 e 向 b 的电子流。如果此时 c-b 结设置成反向偏置 V_{cb}（集电区具有正电荷即空穴），集电极就具有很强的电子吸收能力。如果把基区做得很薄，则 b-e 结正向偏置引起的导通电流中，只有一小部分被基极吸收（吸收的多少取决于基极电压），大部分电子会在集电极电场吸引下跃过基区进入集电极。可以看出，b-e 结之间的外加电压，控制了发射极向基极发射的电子流，同时也就影响了集电极电流。被集电极收集的电子形成了集电极电流，由于所收集的电子数大于进入基极的电子数，因此集电极电流大于基极电流。在一定范围内，集电极电流与基极电流保持了比较固定的比例关系。在此范围内，基极电流越大，集电极电流就越大。

上述分析说明，由于特殊的结构，三极管的基极电流控制了集电极电流，使集电极与发射极相当于一个受基极电流控制的受控电流源。因此，三极管是一个具有电流放大功能（小电流控制大电流）的电子器件。

　　三极管的电流放大功能可以利用特殊的电子仪器——晶体管图示仪（Transistor Tracer）来观察，也可以用仿真工具得到。例如，在 Multisim 工作界面中选择三极管 2N5089，并连接成如图 4.2-4 所示的电路，就可以开始对三极管电流放大作用进行观察和实验了。具体步骤如下。

　　① 在 Multisim 菜单的 Simulate，或在工具栏中选择 ，这时会出现相应的命令栏。选择其中的 DC Sweep （直流扫描），会出现一个仿真对话框，如图 4.2-5 所示。

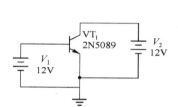

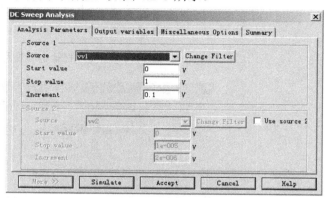

图 4.2-4　三极管电流放大作用实验电路

图 4.2-5　直流扫描仿真设置对话框

　　② 在对话框中选择基极输入电压 V_1 作为第 1 个源，再选择适当的增量（电压增量值）。

　　③ 在对话框的 "Output variables" 中，选择基极电流作为输出变量，如图 4.2-6 所示。如果左边的栏中没有电流变量，则可以单击 More >> 按钮，在三极管元件中选择电流变量，然后将其设置为输出变量。

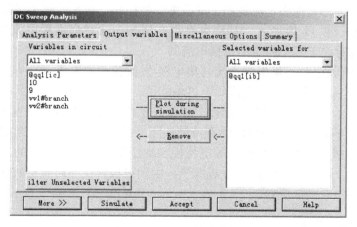

图 4.2-6　选择输出变量

　　④单击 Simulate 按钮，就可以得到如图 4.2-7（a）所示的三极管输入特性曲线。

　　⑤为观察输出特性，把输入端的电压源换成直流电流源。在图 4.2-5 中激活第 2 个源，如图 4.2-8 所示，并将其设置为 I_1 和适当的增量（注意，I_1 除以增量等于曲线的个数），把第 1 个源设置为三极管的集电极电压 V_2（也就是图 4.2-3 中的集电极-发射极电压），并选择适当的增量，设置的结果如图 4.2-6 所示。单击 Simulate 按钮，就可以得到如图 4.2-7（b）

所示的输出特性曲线。

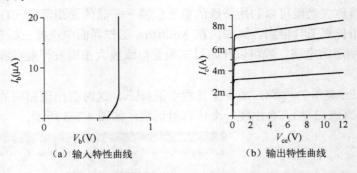

（a）输入特性曲线　　　　　（b）输出特性曲线

图 4.2-7　证实三极管电流放大作用的曲线

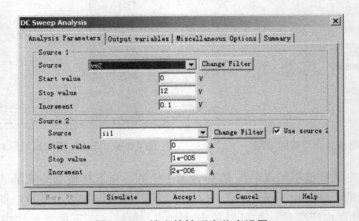

图 4.2-8　输出特性观察仿真设置

可以看出，三极管集电极电流受到了基极电流的控制。仿真的结果可以总结如下：

① 当扫描电压源 V_1 增加时，基极电流也在增加，这时集电极电流就增加（图 4.2-7
（b）中每一条曲线对应于一个固定的基极电流）。

② 当基极电流固定时，集电极电流与集电极-发射极间的电压 V_{ce} 有关。当电流增加到
一定程度时，尽管 V_{ce} 在变化，但电流却不再增加了。

由于是两个 PN 结组成的结构，所以三极管在工作中还存在有数值很小的反向饱和电流
I_{cbo}，它受温度的影响较大，三极管的温度特性实际上就是由于 I_{cbo} 所引起的。

综上所述，三极管是利用 PN 结导电特性实现小电流控制大电流的。三极管通过一个
PN 结提供载流子，另一个 PN 结吸收载流子。由于三极管工作时有空穴和电子两种载流子
同时工作，所以叫作双极三极管。

2. 三极管的技术特性

三极管的技术特性是三极管应用设计和分析中的重要依据，所代表的是三极管的基本物
理特征，反映的是与外接电路无关的三极管固有物理特性。三极管技术特性是建立三极管分
析模型和电路设计的基础，也是仿真分析的基本依据。

分析电路时，只有根据三极管的工作特性才能准确地计算出电路的技术指标。在电路设
计中，只有充分利用三极管的工作特性，才能正确选择器件，从而设计出符合设计要求的电
路。所以，在三极管应用电路的设计和仿真分析中，应当特别注意三极管的技术特性。

工程应用和电子技术研究中，所关心的三极管技术特性包括输入与输出特性、输入与输出特性之间的关系、三极管的技术参数及其特性，如频率参数及其特性、电流电压参数及其特性、噪声参数及其特性、温度等。

（1）集电极电流-发射极电流的电流放大系数 α

电流放大系数 α 反映了集电极电流和发射极电流之间的关系。当 V_{cb} 为常数时，集电极电流与发射极电流之比为

$$I_c = \alpha I_e \qquad (4.2\text{-}1)$$

（2）基极-集电极电流的电流放大系数 β

其定义为集电极电流与基极电流之比

$$I_c = \beta I_b \qquad (4.2\text{-}2)$$

β 与 α 之间的关系是
$$\beta = \alpha/(1 - \alpha) \qquad (4.2\text{-}3)$$

（3）输入/输出特性

输入/输出特性是指工程或研究中所指定的输入端口和输出端口各自的电压电流关系，以及输入与输出之间的关系。由于三极管具有三个端子（电极），因此可以有三种输入输出端口组合方式。从三极管的结构可以预测出，三极管的输入输出特性与三极管电路形式有关。图 4.2-9 是 NPN 型三极管共发射极电路（发射极作为参考点）的输入输出特性曲线，可以看出电压与电流之间具有明显的非线性。

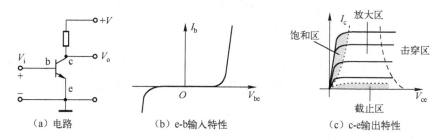

（a）电路　　　　　　　　（b）e-b 输入特性　　　　　（c）c-e 输出特性

图 4.2-9　NPN 型三极管输入/输出特性

图 4.2-9（a）所示电路中，三极管的输入特性曲线（图 4.2-9（b））与二极管的 $A\text{-}V$ 特性（图 4.1-4）相同，这是因为三极管 b-e 之间就是一个 PN 结。

从图 4.2-9（c）看到，三极管的输出特性曲线可以分为 4 个区域，饱和区、截止区、放大区和击穿区。在饱和区内，管子电流随 V_{ce} 的变化十分迅速，较大的电流 I_c 只能引起较小的 V_{ce} 变化。在截止区内管子基本没有输出电流，三极管处于关断状态。放大区内电流 I_c 随 I_b 成正比例变化。击穿区则是由于 V_{ce} 过大引起 c、e 两极之间击穿，电流 I_c 迅速增加，这表示三极管已经损坏。

值得注意的是，三极管的输入特性曲线是在 V_{ce} 固定条件下测量得到的，如果增加或减少 V_{ce}，则正向输入特性曲线（NPN 管输入曲线的第一象限部分，PNP 管输入曲线的第三象限部分）将会向右或向左移动，这种现象叫作三极管的基区宽度调制效应。因为 V_{ce} 增加时，V_{cb} 也会增加，使 c-b 结势垒电场区加宽，实际的有效基区变窄，于是 I_b 下降，但下降的幅度不是很大。

（4）三极管的截止与饱和特性

三极管 c-e 间不导通状态叫作截止，此时 I_c 接近于 0，三极管失去电流放大作用，相当

于开关断开。形成截止状态的一个原因，是 b-e 没有处于正向偏置。使 V_{ce} 接近 0V 时的 I_c 叫作饱和电流，这时三极管进入饱和状态。进入饱和状态的三极管，尽管电流 I_c 的变化很大，但 V_{ce} 的变化却很小。当进入深度饱和时，无论 I_c 如何变化，V_{ce} 几乎没有变化，三极管相当于被接通的开关。饱和与截止由三极管应用电路结构与三极管特性共同决定，是电路设计的限制条件之一。

（5）频率特性

三极管的频率特性是一项重要的技术性能指标，是指三极管电流放大能力与工作频率之间的关系。频率特性一般以允许使用的最高工作频率的数据方式给出。对于重要的三极管，有时也以曲线方式给出。一般情况下，最高工作频率是使三极管开始失去电流放大能力时的信号频率的二分之一。

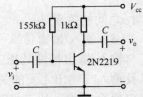

【例 4.2-1】 用 Multisim 仿真如图 4.2-10 所示电路，图中三极管的工作频率为 150MHz，电容为 100000μF（为了避免影响器件的频率特性，所以选择较大的电容）。

（1）输入信号为正弦波，其频率为 10kHz。调整输入信号电压幅度，使输出信号电压幅度在波形无饱和和截止失真的条件下达到最大，之后固定输入信号电压，在实验过程中不再进行调整。

图 4.2-10　三极管频率特性测试电路

（2）利用 Multisim 中的波特图仪，使输入信号从 1Hz 变化到 1000MHz（1GHz），观察波特仪显示的幅度（$20\lg|V_o/V_i|$ 与频率之间的关系曲线，V_o 和 V_i 分别是输入和输出信号的幅度最大值）。

解：按题意，需求电压增益与频率的关系，也就是要分析电路的频率特性，为此用 Multisim 中的波特图仪。具体的电路与波特图仪连接及测试结果如图 4.2-11 所示。

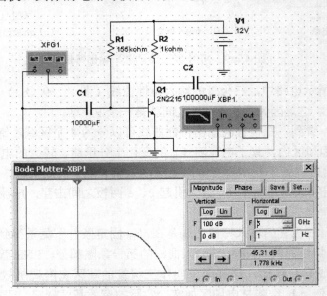

图 4.2-11　电路的频率特性

由于仿真实验中使用的是理想电阻和电源，同时又使用了很大的耦合电容，因此可以认为实验结果就代表了三极管的频率特性。

（6）温度特性

三极管的温度特性是指三极管电流放大能力与 PN 结温度之间的关系。温度特性一般以最高工作温度的数据方式给出，是对三极管正常工作温度的要求。对于重要的三极管有时也以曲线方式给出。由于三极管的结构为两个背靠背的 PN 结，因此，三极管具有正的温度特性。也就是说，当基极电流固定时，三极管的集电极电流将随温度的升高而上升。工程上把这种现象叫作温度漂移。

（7）噪声特性

三极管的噪声特性是一项重要的技术性能指标，是指三极管正常工作时所形成的噪声电流平均值。噪声是由于半导体固有特性所产生的一种交流信号，因此，三极管噪声特性所指的是噪声信号电流平均值。有时也以某一频率噪声信号平均值的方式给出。

3．三极管分类

不同用途的三极管，在结构上有比较大的区别，因此工程中常根据三极管的用途设计制造不同的三极管，这是三极管分类的基础。

（1）通用三极管

通用三极管一般用于对电流、电压等参数要求不高的场合，如 3DG 系列（中国命名法），2N（国际命名法）系列等。通用三极管一般为塑料封装，就是把硅片制作的三极管用工程塑料保护起来，并用金属线把三个电极引到保护塑料外部，这样才便于使用。通用三极管中又可分为低噪声三极管和高频三极管等。低噪声三极管一般采用金属封装。

（2）RF 三极管

RF 三极管就是射频三极管，用于超高频/甚高频（VHF/UHF）小信号放大，频率为400MHz～2GHz，如 BF224、MPS6595。

（3）多管阵列

多个独立的三极管按矩阵方式排列，封装在一块半导体芯片中，各三极管之间没有任何联系，其外观类似集成电路（如图 4.2-12 所示）。由于同在一个半导体晶片中，所以多管阵列中的半导体在工作时具有几乎相同的温度。

（4）达林顿管

达林顿管也叫复合管。它具有高电流放大系数，用于功率放大和驱动电路，如 2N6427等。达林顿管实际上是把两个三极管封装在一起，如图 4.2-13 所示。

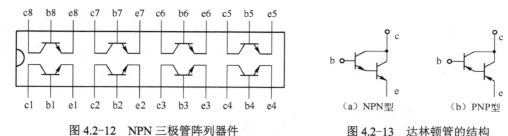

图 4.2-12　NPN 三极管阵列器件　　　　　图 4.2-13　达林顿管的结构

4.3　MOS 场效应管与 CMOS 技术

作为半导体器件中的重要一员，场效应管（Field Effective Transistor，FET）是一种通过输入信号电压来控制输出电流的器件。但场效应管的工作原理与三极管截然不同，场效应管是利用改变电场来控制半导体材料导电特性，从而形成受电场控制的导电沟道，而不是像三极管那样用电流控制 PN 结的电流。此外，场效应管的制作工艺比双极三极管简单。

场效应管有结型（JFET）和绝缘栅型（MOSFET）两种主要类型，本节主要介绍 MOSFET。

每种类型的场效应管都有栅极 g、源极 s 和漏极 d 三个工作电极，同时，每种类型的场效应管都有 N 沟道和 P 沟道两种导电结构。

用不同沟道 MOS 管组成 CMOS（互补型 MOS）管对的技术，是目前集成电路中广泛使用的技术，本节将对 CMOS 管对技术加以简单介绍。

由半导体的基本特点可知，半导体能否实现受控导电，有两个关键条件，一是能否提供足够的载流子，二是能否对载流子运动实行有效控制。第一个条件依靠扩散杂质来实现，第二个条件则依靠构造适当的器件结构来实现。如果结构上可以实现对载流子运动数量的控制，就可以达到小信号控制大信号的目的。场效应管是利用电场控制载流子的工作原理设计而成的。

图 4.3-1 是几种不同 MOS 管的外形。

图 4.3-1　几种不同 MOS 管的外形

1. MOS 场效应管的基本结构

绝缘栅型场效应管（IGFET，Insulation Grid FET）又叫作 MOS 管（金属氧化物半导体，Mixed-Oxide-Semiconductor），按工作原理分为增强型和耗尽型两种。N 沟道绝缘栅型场效应管（NMOS）的物理结构、结构分析模型及标准电路符号如图 4.3-2 所示，其中 N$^+$表示高浓度杂质半导体区域。图中的 g 为栅极（Grid），s 为源极（Sourse），d 为漏极（Droping），B 代表衬底引线。

从 PN 结的特点和绝缘栅场效应管的结构可看出，这种场效应管的结构与三极管的结构基本相同，但其两个相同类型半导体（图 4.3-2 中的 N$^+$）之间的间隔较大，因而在两相同类型半导体与衬底之间形成的 PN 结处存在势垒电场。同时，在 s 和 d 金属电极与半导体的接触面上还会形成表面电场。由于栅极与衬底之间有一个氧化绝缘层（SiO$_2$），栅极 g 与半

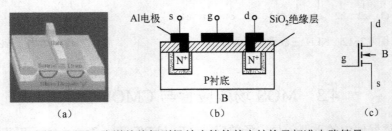

图 4.3-2　N 沟道绝缘栅型场效应管的基本结构及标准电路符号

导体衬底之间处于绝缘状态。这表明，如果 g 与 d 或 s 之间有一个外加电压，会使衬底中电场分布发生变化，由于 g 与 s 和 d 之间外加电场的存在，s 和 d 之间靠近绝缘层部分的半导体中多数载流子类型随之发生变化，进而使得这层半导体类型发生转变而形成反型层，s 和 d 之间的通道电阻随之发生变化并形成导电沟道。注意，g-s、d-g 之间由于绝缘层的存在而没有电流，是电场控制电流，这就是所谓的电场效应，也是场效应管名称的由来。

增强型 MOS 管在外加电压 V_{gs}=0 时不存在导电沟道。耗尽型与增强型不同的是，耗尽型的氧化绝缘层中加入了大量的正离子，因此即使在 V_{gs}=0 时也存在导电沟道，这是增强型和耗尽型的基本区别。

【例 4.3-1】 在 Multisim 中用虚拟绝缘栅型场效应管仿真如图 4.3-3 所示电路，仿真时令 V_{gs} 和 V_{ds} 的最大值均为 12V，观察 V_{gs} 与 I_d 及 V_{ds} 与 I_d 之间的关系。

解： （1）在 Multisim 中选择虚拟绝缘栅型场效应管，按图 4.3-3 连接好电路，如图 4.3-4 所示。

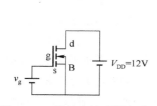

图 4.3-3　场效应管观测电路

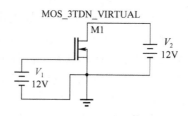

图 4.3-4　实验电路

（2）采用 Multisim 提供的直流扫描分析工具，可以得到 V_{gs} 与 I_d 的关系曲线（如图 4.3-5（a）所示，叫作输入转移特性），以及 V_{ds} 与 I_d 的关系曲线（如图 4.3-5（b）所示，叫作输出特性）。可以看到，与三极管输出曲线相似，V_{ds} 与 I_d 之间也存在着非线性关系。

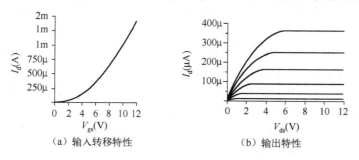

（a）输入转移特性　　　　　（b）输出特性

图 4.3-5　MOS 管的电流特性和输出特性

2. MOS 管的基本工作原理

MOS 管的工作原理如图 4.3-6 所示。

当 g-s 之间加上一个正向电压 V_{gs} 后，在栅极 g 区域内会形成一个因吸收电子而形成的耗尽层。当 V_{gs} 高于某个固定电压值（叫作开启电压）的正向电压 V_{gsth} 后，在 P 衬底上的两个 N^+ 之间会出现一个反型层（原来是 P 型，由于电场的作用形成电子聚集而成为 N 型），反型层的厚度与 V_{gs} 成正比。由于反型层与 s 极和 d 极的半导体类型相同，因此，这时如果在 d-s 之间加一个正向偏置电压 V_{ds}，就会形成漏极电流 i_d。由此可知，正是反型层在 d-s 之间形成了导电沟道。导电沟道中电流引起的电位沿 g-s 方向下降，从而使导电沟道（反型层）

形状发生改变，s 端最厚，d 端最薄。V_{gsth} 是材料和工艺相关的常数。

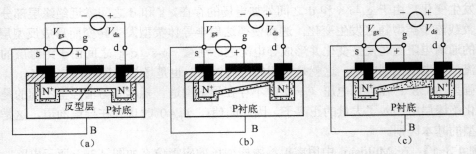

图 4.3-6　N 沟道绝缘栅场效应管的工作原理

在 V_{gs} 不变且大于形成反型层的开启电压 V_{gsth} 的情况下：

（1）当 $V_{ds} < (V_{gs} - V_{gsth})$ 时，d-s 之间的导电沟道存在，处于导通状态。这时由于半导体电阻的原因，形成了大小与 V_{ds} 成正比的电流 I_d，如图 4.3-6（a）所示。

（2）当加大 V_{ds}，使 $V_{ds} = (V_{gs} - V_{gsth})$ 时，d-s 之间的导电沟道在 d 端厚度为 0，这时称 MOS 处于预夹断状态。此时电流不再随 V_{ds} 的增加而增加，如图 4.3-6（b）所示。

（3）继续加大 V_{ds}，使 $V_{ds} > (V_{gs} - V_{gsth})$ 时，d-s 之间的导电沟道端厚度为 0 的部分（耗尽层）向 g-s 方向扩大，耗尽层的宽度与 V_{ds} 成正比，这时称 MOS 管处于夹断状态。在耗尽层电场作用下（d-B 之间的势垒电场），从 d 端进入的电子会加速向 s 端漂移，I_d 的值与预夹断时的值基本相同，不会随 V_{ds} 的增加而增加，如图 4.3-6（c）所示。

继续加大 V_{ds}，达到一定程度后，半导体被高电压击穿，I_d 会急剧上升。

从以上可以看出，绝缘栅型场效应管的工作状态取决于耗尽层的状态。

上述过程可以通过 Multisim 观察得到验证。利用例 4.3-1 的电路，固定 V_{gs}，改变 V_{ds} 就可以观察到上述过程，所得到的关系曲线就是图 4.3-5（b）中的一条。读者可以参考例 4.3-1 自行完成。

通过以上分析可以看出，MOS 管的基本工作原理是 V_{gs} 电压控制 I_d，因此是一种电压控制电流器件，d-s 间电流的大小与 V_{gs} 成正比。

由于金属与半导体表面电场的作用，会在 g-B 之间产生一个较高的电场（方向是 g-B）。如果这个电场过高将会造成器件的损坏，因此绝缘栅场效应管的 g-B 之间不能开路。注意，由于金属氧化物的绝缘作用，g-B 之间会形成电压但没有电流。

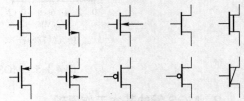

图 4.3-7　MOS 管集成电路中常用符号

在集成电路工程中，更多的是使用如图 4.3-7 所示的符号表示 MOS 管。

3．MOS 管的技术特性

MOS 管技术特性所涉及的参数与三极管基本相同，代表的是 MOS 管的固有特性。同时，MOS 管技术特性也是 MOS 管分析和仿真模型的基础。在对电子电路进行分析时，含有 MOS 管的电路一般采用等效电路模型进行分析，等效电路就是对 MOS 管技术特性的简化物理描述，据此可以建立起相应的数学模型。在集成电路设计中，仿真分析是检验电路设计是否正确的唯一方法和工具，简化物理模型不能满足仿真分析的要求，因此，仿真模型实际上就是对 MOS 管技术特性的精确数学描述。

（1）输入特性与输出特性

图 4.3-8 示出了耗尽型和增强型 MOS 管的输入转移特性和输出特性曲线。最常用的场效应管技术特性是共源极电路（源极 s 作为电路参考点）的 V_{gs}-I_d 关系曲线，由于场效应管是电压控制电流源器件，所以，其输入特性曲线就是 V_{gs}-I_d 关系曲线，叫作输入转移特性曲线，简称输入特性。场效应管的 V_{ds}-I_d 关系曲线，叫作输出特性曲线，简称输出特性。场效应管的共源极连接，是把源极 s 作为公共端、栅极 g 作为输入端、漏极 d 作为输出端。

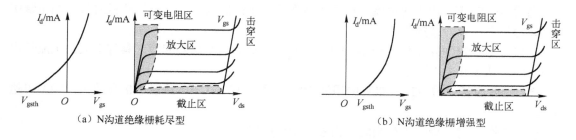

图 4.3-8　MOS 管场效应管特性曲线

由图 4.3-8 看到，场效应管输出特性有可变电阻区（也叫夹断区）、放大区（也叫恒流区）、截止区和击穿区四个区。这与三极管的饱和区、截止区、放大区和击穿区相似。

（2）低频跨导 g_m

低频 g_m 的定义是

$$g_m = dI_d/dV_{gs} \tag{4.3-1}$$

在信号频率低于 MOS 的最高工作频率条件下，当 V_{ds} 为常数时，低频跨导 g_m 反映了栅-源电压对漏极电流的控制能力。由于场效应管输出端所处工作区是由栅极电压控制的，所以 g_m 的作用相当于三极管电流放大倍数 β，但反映了栅极电压与漏极电流之间的关系。

（3）MOS 管的截止与导通特性

MOS 管工作在输出特性曲线的电阻放大区时，叫作 MOS 管处于导通状态。MOS 管 d-s 间不导通状态叫作截止。此时 I_d 接近 0，场效应管没有电流传导的能力，相当于开关断开。产生截止现象的原因，是此时 MOS 场效应管中没有形成导电沟道。MOS 管输出特性曲线中，V_{ds} 与 I_d 之间呈线性关系的区域叫作电阻区，二者之间的关系可近似为

$$V_{ds} = R_{on}I_d \tag{4.3-2}$$

式中，R_{on} 为导通电阻，由于结构的原因，这个电阻一般很小。在电阻区，场效应管的 d-s 之间近似为一个不变电阻。但必须注意，由于这时的 I_d 不仅受 V_{ds} 控制，而且还受 V_{gs} 控制，所以，不同的 V_{gs} 下会有不同的导通电阻。无论是在电阻区还是截止区，MOS 管都处在一种固定的电路状态中，这是在应用设计中必须十分注意的问题。

（4）频率特性

与三极管相同，MOS 场效应管的频率特性是指管子电流放大能力与信号工作频率之间的关系。最高工作频率是使 MOS 管开始失去电流放大能力的信号频率的一半。

（5）温度特性

MOS 管的温度特性是指管子电流与管子温度之间的关系。必须指出，无论是在放大区

还是在其他区域，场效应管的漏极电流 I_d 都将随管子温度的升高而下降，也就是说，场效应管具有负温度特性，与三极管的温度特性完全相反。

（6）噪声特性

噪声特性是场效应管的一项重要技术性能指标，是指管子正常工作时所形成的噪声电流平均值。

4．MOS 管分类

为了满足不同应用的需要，工程中使用了不同的 MOS 管。

通用 MOS 管：用于对电流、电压等参数要求不高的场合，一般为塑料封装。通用管中又可分为低噪声管、高频管等。

TMOS 和 VMOS：两种导电沟道为 T 形和 V 形的功率场效应管，具有很大的电流输出能力，用于功率开关电路中。

RF 场效应管：与 RF 三极管的用途相同，用于 VHF/UHF 频段小信号放大，频率可达 GHz。

多管阵列：与三极管阵列相同，由独立场效应管组成的阵列。

在工程实际中，MOS 管是目前集成电路中使用的基本器件，同时，由于其优越的技术特性，在功率电路中应用广泛。

5．CMOS 技术

所谓 CMOS 技术，是指利用两个不同导电沟道的 MOS 管构成互补型 MOS 管对，并以此作为基本元件来设计电路的一种集成电路设计和制造技术。CMOS 技术是目前集成电路所采用的技术。

CMOS 集成电路中逻辑非门的版图结构、电路原理结构如图 4.3-9 所示。

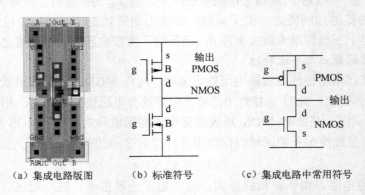

（a）集成电路版图　　　（b）标准符号　　　（c）集成电路中常用符号

图 4.3-9　CMOS 管逻辑非门的版图结构、电路原理结构

值得指出的是，使用 CMOS 设计的集成电路中，N 沟道 MOS 管和 P 沟道 MOS 管总是成对使用的，这是与 MOS 集成电路最大的区别。

在集成电路工艺中，由于 PMOS 和 NMOS 管制作在相同的基底上（P 型半导体），这时 NMOS 管区域的 N$^+$（也叫作 N 阱，N 型半导体）、基底（P 型半导体）、PMOS 管 N 型区域（包围 s 和 d 下 P+区域的 N 型半导体区域，所也叫作有源区）和 P$^+$（也叫作 P 阱）之间就形成了寄生的 n-p-n-p 结构，形成了 n-p-n 管和 p-n-p 的可控硅连接，即形成正反馈通路，如果其中一个三极管处于正向偏置，就会形成正反馈效应——"闩锁效应"，严重的闩锁效应会使 CMOS 管失效甚至烧毁。所以，集成电路工艺中都采取相应的措施降低这种寄生效应（例如在制作工艺中增加 P 基底和 PMOS 管之间的隔离、使用不同的基底电位等方法）。一般数字集成电路制造中，由于厂家提供了底层电路模块，无须设计者考虑 CMOS 的版图设计，可忽略闩锁效应，但在自行设计的模拟 CMOS 集成电路中，有时会因为频率、功耗等原因需要设计者自行设计 CMOS 管对，这时就要特别注意降低版图寄生效应以消除闩锁效应。

4.4　结型场效应管 JFET

与 MOS 管相同，结型场效应管（Junction Field Effective Transistor，JFET）也是利用电场控制载流子的工作原理设计而成的。与 MOS 不同的是，结型场效应管中没有绝缘栅，完全依靠 PN 结的反向特性。因此，结型场效应管的输入电阻较 MOS 管要小。

1. 结型场效应管的基本结构

结型场效应管 JFET 的基本结构和电路符号如图 4.4-1 所示，其中 g 为栅极，s 为源极，d 为漏极。

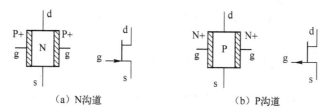

（a）N沟道　　　　　　　　　　（b）P沟道

图 4.4-1　结型场效应管的基本结构与电路符号

从 PN 结的特点和绝缘栅场效应管结构上可以看出，结型场效应管的结构与绝缘栅场效应管在结构上的主要区别，在于其栅极 g 与通道半导体之间没有绝缘。同样，由于两个相同类型半导体之间的间隔较大（图中的 N$^+$或 P$^+$之间），两相同类型半导体与衬底形成的 PN 结处存在势垒电场。如果 g 与 d 或 s 之间、或 d 与 s 之间有一个外加电压，必然会引起衬底中电场分布发生变化，进而引起 s 和 d 之间通道的导电状态发生变化。因此，结型场效应管也是通过电场效应实现导通能力控制的。

从场效应管的基本结构可以看出，无论是绝缘栅型还是结型，场效应管都相当于两个背靠背的 PN 结。电流通路不是由 PN 结形成的，而是依靠漏极 d 和源极 s 之间半导体的导电状态来决定的。

2. 结型场效应管的基本工作原理

场效应管分为 MOS 和 JFET 两大类型，这两大类型的场效应管结构完全不同，因此在工作原理上有较大的差别。

对于结型场效应管 JFET，d-s 之间是同一类型的半导体，d-s 之间加入一个偏置电压就会产生电流，但由于半导体的电阻很大，所以这个电流很小。

图 4.4-2 示出了结型场效应管的工作原理。

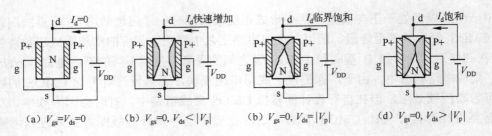

图 4.4-2　结型场效应管的工作原理

根据 PN 结的特性可知，在 g 极的 PN 结处会有一个势垒电场存在，对于电子或负离子来说这个电场就是一个耗尽层。以 N 型半导体作为基底的结型场效应管，这个电场对电子或负离子形成较强的吸引力，具有电子加速作用。如果在 g-s 端加一个反向偏置电压增强 PN 结势垒电势，就能控制这个电场的大小，形成对 d-s 间电流的控制，从而形成小电压信号控制大电流的功能。

与绝缘栅型场效应管（MOS 管）相似：

（1）当 V_{gs} 为常数，$V_{ds} = 0$ 时，PN 结形成的耗尽区很小，此时 N 沟道的电阻很大，所以 I_d 很小，如图 4.4-2（a）所示。

（2）当 V_{gs} 为常数，$V_{ds} < |V_p|$ 时，耗尽区的大小与 V_{ds} 成正比，I_d 与 V_{ds} 成正比迅速增加，如图 4.4-2（b）所示。这里 V_p 是两耗尽层刚好连接在一起时的 V_{ds}，也叫作夹断电压（见图 4.4-2（c））。

（3）当 V_{gs} 为常数，$V_{ds} = |V_p|$ 时，两 PN 结形成的耗尽区在一点上闭合，I_d 达到饱和状态，如图 4.4-2（c）所示。

（4）当 V_{gs} 为常数，$V_{ds} > |V_p|$ 时，两 PN 结形成的耗尽区闭合范围扩大，I_d 保持在饱和状态，如图 4.4-2（d）所示。

继续加大 V_{ds}，达到一定程度后，半导体被高电压击穿，I_d 会急剧上升。

从上述分析可以看出：

① 绝缘栅型和结型场效应管的基本工作原理都是用电压信号控制电流信号，而不是直接利用 PN 结的导通特性用电流控制电流，这是与三极管 BJT 的本质区别。

② 控制电流的电压信号就是栅极 g 与源极 d 的电压，当固定 V_{ds}，改变 V_{gs} 时，就可以改变电流 I_d。这与三极管基极电流控制集电极电流的过程相似。

③ 结型场效应管 JFET 不加 g-s 偏置电压（二者短路）也可以形成 d-s 间导通，如果要加偏置电压则必须加反向偏置。对增强型 MOS 来说，必须在 g-s 间加正向偏置电压才能导通。

④ 场效应管的控制信号是电压，基本不需要电流，因此其输入阻抗很高。

⑤ 场效应管利用了电场控制电流，因此可以工作在很高的频率上。

⑥ 场效应管的漏极电流 I_d 受栅极电压控制。

4.5　晶　闸　管

晶闸管（Thyristor）也叫作可控硅，是一种为了满足对大电流实行开关控制需要而设计的半导体器件。

4.1 节所介绍的二极管具有单向导电功能，但只要外加电压满足一定的要求（正向偏置电压大于管压降），二极管就会导通，因此，二极管无法作为开关使用。4.2～4.4 节介绍的三极管和场效应管虽然可以控制电流，但其电流控制能力不够大。为了满足对大电流的控制需要，半导体基本元器件中出现了晶闸管。

与二极管相同，晶闸管也是一种单向导电的基本半导体器件，但晶闸管可以控制是否允许电流通过。与三极管和场效应管不同，晶闸管可以控制大电流的导通，是一种用于大电流开关的控制器件，主要功能是控制电流的导通与关断。

二极管具有单向导电特性，但不具有开通控制能力，只要二极管两端所施加的正向偏置电压超过 PN 结压降，就可以形成导通电流。晶闸管利用了半导体材料的特点和三极管电流控制的基本原理，实现了对大电流开关控制，满足了工程实际中希望电流控制器件能在受到控制的条件下开通或关断的要求。晶闸管的结构、工程符号、原理电路和工作曲线如图 4.5-1 所示。

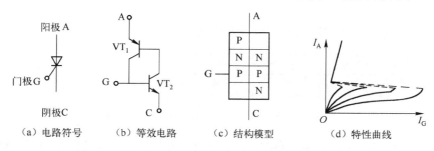

（a）电路符号　　（b）等效电路　　（c）结构模型　　（d）特性曲线

图 4.5-1　晶闸管

从晶闸管的基本等效结构可以看出（见图 4.5-1），晶闸管相当于 PNP 型和 NPN 型三极管连环连接在一起，三极管 VT_1 的集电极与 VT_2 的基极连在一起作为门极 G，VT_1 的基极与 VT_2 的集电极连在一起，VT_1 的发射极作为阳极，VT_2 的发射极作为阴极。在这种结构下，如果在阳极和阴极之间加入一个上正下负的电源，同时，向 VT_2 提供一个基极电流，就会引起 VT_2 集电极电流，而这个集电极电流又是 VT_1 的基极电流，从而使 VT_1 的发射集和集电极电流大增。这个集电极电流又使 VT_2 基极（门极）电流增加，从而进一步加大了 VT_2 的集电极电流，如此循环，使两个三极管进入了一种相互提供导电条件的状态。因此，晶闸管将迅速进入饱和导通状态。晶闸管导通后，将维持在饱和导通状态，门极不再具有控制作用，所以可以使用脉冲触发使晶闸管进入导通状态。

以上的原理讨论中必须注意，除了门极触发电流外，晶闸管导通的另一个必要条件是，必须在阳极和阴极之间提供正向偏置电路（A 点电位高于 C 点电位）；而一旦没有了正向偏置，则晶闸管会自行关断。

晶闸管的基本技术特性包括电流特性、击穿特性、基本电路特性（开关时间）等。

目前，晶闸管已经从简单的单向开关发展成为各种不同用途的器件，其中有单向（SCR）、双向（TRICAS）、可关断，以及光电晶闸管等。

晶闸管目前普遍用于大功率电源的整流、电源开关、电压防护和各种抗干扰电路中。

4.6　半导体电阻

在分立器件和集成电路器件组成的电子系统中，并不是用半导体制造电阻。半导体电阻只是用在集成电路的设计中。

在集成电路中，由于电路结构的需要，往往需要使用相应的无源器件，特别是电阻和电容。集成电路中使用电阻时，为了工艺上的方便，一般是在同一个硅片上通过集成电路制造方法形成电阻。集成电路中形成的电阻一般有几种，用得较多的是多晶硅电阻、单晶硅电阻，此外，还常使用 MOS 管作为电阻。

多晶硅电阻是在硅片中的特定区域形成多晶硅，在多晶硅的两端加上金属电极形成电阻。单晶硅电阻（P 型或 N 型半导体）则是在硅片上，通过隔离的方法画出电阻。这两种电阻的制造都需要占用较大的硅片面积。使用多晶硅和单晶硅存在一个十分重要的问题，就是由于使用的是半导体材料，并且需要通过掺入杂质控制电阻率，所以制作工艺比较复杂。同时由于半导体材料和 PN 结的原因，使得半导体电阻与其他电路元件之间存在着潜在的通道，形成对电阻参数的影响电路。为了克服这些缺点，半导体电阻一般都采用比较专门的隔离措施。

图 4.6-1 是多晶硅电阻的版图结构和等效电路。

图 4.6-1　多晶硅电阻的版图结构和等效电路

根据 4.2 节的讨论可以看到，MOS 管的输出特性中存在着相应的电阻区。同时，根据电路分析的理论，如果把 MOS 管的栅极电压固定并使其导通，则 MOS 管的管压降与导通电流之比是一个固定的常数，这实际上就是一个电阻。因此在集成电路的设计中，只要可能，就用 MOS 管作为电阻。使用 MOS 管作电阻还有一个好处，就是可以使用与 MOS 管完全相同的工艺，可以简化集成电路的制造工艺。

用 MOS 管作为电阻在 CMOS 电路结构中最为常用，图 4.6-2 所示为两种基本用法。

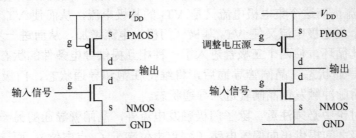

图 4.6-2　CMOS 中的 PMOS 管作为电阻的两种用法

4.7　半导体电容

半导体电容也是集成电路设计中常用的基本半导体元件。

在集成电路中，特别是模拟信号集成电路中，由于电路结构的需要，经常需要使用相应电容。集成电路中使用电容时，为了工艺上的方便，一般是在同一个硅片上通过集成电路制造方法形成电容。集成电路中形成电容器的方法有多种，主要采用多晶硅电阻和金属层实现电容。此外，由于 MOS 管存在有结电容，为了设计和制造工艺方便，还常使用 MOS 管作为电容。

多晶硅电容如图 4.7-1 所示，是在硅片中的特定区域形成多晶硅，在多晶硅的两端加上金属电极形成电容。单晶硅电容则是直接由硅片提供的单晶硅（P 型或 N 型半导体），通过隔离的方法可画出电容，也叫作扩散硅电容。这两种电容的制造都需要占用较大的硅片面积。使用多晶硅和单晶硅存在一个十分重要的问题，就是由于使用的是半导体材料，并且需要通过掺入杂质控制电阻率，所以制作工艺比较复杂。同时由于半导体材料和 PN 结的原因，使得半导体电容与其他电路元件之间存在着潜在的通道，形成对电容参数的影响电路。为了克服这些缺点，半导体电容一般都采用比较专门的隔离措施。

图 4.7-1 是多晶硅电容的版图结构。

根据 4.2 节的讨论可以看到，MOS 管的栅极与源/漏极、衬底之间存在着电容，因此，可以使用

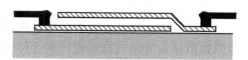

图 4.7-1　多晶硅电容

MOS 管形成半导体电容。不过这种半导体电容的数值不易控制，并且容易受工作电压和信号的影响，因此，在对电容值要求不高的场合可以使用这种 MOS 电容，以降低设计和制造工艺的复杂性。

4.8　半导体器件的模型概念

所谓模型，是科学研究和工程技术中的一个最基本的概念。模型是对研究对象的一种描述，这种描述提供了研究对象中各种变量之间的关系，这种关系符合研究对象中各变量所遵循的物理定律，提供了基本的数学分析基础。

在工程实际中，由于电路结构和系统十分复杂，采用传统分析方法已经无法满足工程技术应用的要求，必须使用计算机作为工具对电路进行分析和设计。同时，在电子科学与技术的研究中，需要用数学和物理的方法来描述所研究的对象，也就是说，需要用物理和数学的方法来描述电子科学与技术所研究的半导体器件、半导体材料等。在科学研究和工程应用中，这种用物理和数学方法对研究对象的描述，就是研究对象的物理模型或数学模型。电子科学与技术的一个重要研究内容，就是通过理论研究和实验分析，向工程应用领域提供建立半导体器件或电子系统模型的方法及各种可直接使用的模型。

半导体器件模型包括两种，一种是等效电路模型，另一种是数学模型。

1. 等效电路模型

等效电路就是用电路分析理论提供的基本无源元件（R、L、C）和理想电源（理想电压源和理想电流源），来构建能够形成半导体器件物理特征的电路，电路中的元件参数能够提供所描述元件的电路特性。这种模型就是等效电路模型。由于等效电路是一个电路元件构成的电路，因此，等效电路模型属于物理模型。

建立半导体元件等效电路模型的方法主要有结构分析法和实验测试法两种。

（1）结构分析法

结构分析法是对半导体元件的物理结构进行电气特性分析，利用物理电学的基本概念、无源元件、理想电源等，确定模型中的电路元件及其相互间的连接关系。注意，结构分析中必须注意两个重要的电路分析概念，一个是集总参数，另一个是线性特性。由于半导体器件

是半导体材料和各种金属材料构成的物理实体，因此，半导体器件中电能量是以场的形式分布的，而用电路元件来描述半导体器件的功能、性能和各种技术指标，就必须注意使用集总参数电路元件对半导体器件原有特性的影响，电路模型必须使得这种影响降到最低。同时，由于 PN 结的非线性，所以模型结构和电路元件也必须能准确描述这种非线性特征。在工程实际中，一般的电路系统都是工作在半导体元件的线性段，因此，结构分析法可以用不同的电路元件值和电路结构，来描述半导体器件不同的工作区域。就是说，使用半导体器件模型时，要注意所使用模型在哪个区域中是有效的。

（2）实验测试法

实验测试法是通过对半导体器件进行相应的电流电压关系测试，并根据所得到的测试曲线拟合出与之对应的数学表达式，再根据数学表达式与电路结构的对应关系建立相应的等效电路模型。与结构分析法相同，在使用测试法建立半导体等效电路模型时也要注意非线性和集总参数的问题。

等效电路模型是电子电路分析和计算机辅助分析与设计的基础。简单的等效电路模型可以用来对简单电路进行定性分析和参数估计。复杂的等效电路模型，与元件特性描述的数学表达式一起，是电子设计自动化技术（EDA）的基础，也是计算机辅助分析与设计的基础。

2. 数学模型

数学模型使用相应的数学表达式来描述半导体器件的电路功能和参数特性，如用传递函数来描述三极管或 MOS 管的输入/输出特性，用指数方程来描述 PN 结的正向导通特性等。数学模型的特点是能够直接指出半导体器件的参数对半导体器件功能和结构的影响。

可以通过对测试结果的分析，直接建立半导体器件的数学模型。例如，三极管和 MOS 管的微变等效电路，就是利用测试结果和电路理论中的二端口网络技术建立的。

值得指出的是，数学模型的建立过程中也要注意非线性的影响和集总参数的特征。

本 章 小 结

本章介绍了基本半导体器件的结构和工作原理，目的是使读者对半导体器件有一个初步的了解。

基本半导体器件包括二极管、双极三极管、场效应管、晶闸管以及半导体电阻和电容。由于基本半导体器件的基本材料是半导体晶体，所以，基本半导体器件的所有物理特性和结构都与半导体材料直接有关。同时，由于分立器件和集成电路在基本半导体器件的设计和制造上存在着较大的差别，因此，必须注意分立器件和集成电路中的基本半导体器件结构上的差异。

基本半导体器件是所有应用电子电路的基本器件，无论是分立器件电路还是集成电路，基本半导体器件都是最基本的元素，起着十分重要的基础作用。

练习题

4-1　基本半导体器件包括哪些器件？

4-2　半导体二极管的基本结构是一个 PN 结，这种结构的特点是什么？

4-3　二极管的电路特点是什么？这种电路特点有什么实际的应用？

4-4 怎样根据二极管 *I-V* 特性曲线计算二极管的电阻？参考图 4.1-4。

4-5 以二极管偏置电压为横坐标，能否根据二极管 *I-V* 特性曲线绘制二极管的导通电阻随偏置电压变化的曲线？这条曲线有什么用途？

4-6 以二极管电流为横坐标，能否根据二极管 *I-V* 特性曲线绘制二极管的导通电阻随电流变化的曲线？这条曲线有什么用途？

4-7 简单描述双极三极管的基本结构，并说明其与背靠背的二极管有什么不同。

4-8 查找一个最简单的单管三极管电压放大电路，分析一下电流控制电流的三极管是如何实现电压放大的？

4-9 两种类型的双极三极管在结构上有什么区别？这种区别的电路特征是什么？对应用技术提出了什么要求？

4-10 场效应管的类型有几种？为什么说 MOS 管的输入电阻比结型场效应管的输入电阻高？

4-11 查找一个最简单的 MOS 单管电压放大电路，分析一下电压控制电流的 MOS 管是如何实现电压放大的？

4-12 MOS 管分为几种类型？使用中应当注意什么？

4-13 双极三极管与场效应管相比较有什么根本的区别？

4-14 4.6 节指出可以用 MOS 管作为电阻使用，当作为电阻使用时，需要怎样连接 MOS 管？

4-15 能否像 4.6 节描述的 MOS 管作为电阻那样，用三极管 BJT 构成电阻？如果能够，作为电阻使用的 BJT 应当具有怎样的电路连接结构？这时 BJT 工作在 I_c-V_{ce} 曲线的哪个区域？

4-16 晶闸管的基本结构是两个三极管，为什么可以作为一个电流开关使用？

4-17 用 MOS 管或三极管是否也可以形成一个电流开关？

4-18 半导体材料的特性会影响基本半导体器件的哪些特性？

4-19 为什么在集成电路中要使用半导体电阻和半导体电容？

4-20 半导体电阻与普通电阻有什么区别？

4-21 半导体电容与普通电容有什么区别？

4-22 为什么可以用 MOS 管作为半导体电阻？

4-23 能否使用双极三极管作为半导体电阻？这种电阻与 MOS 管电阻有什么区别？

4-24 为什么要建立半导体器件的模型？

4-25 在 EDA 平台中测试一个 MOS 管的输入转移特性和输出特性。

第 5 章　电子系统工程分析方法与 EDA 工具

电子科学与技术的分析方法与所研究领域有关，不同的研究领域有不同的分析方法。就电子技术应用而言，其基本分析方法是基于模型的分析方法。采用模型分析方法不仅可以建立清晰的电子系统功能和性能指标概念，同时也是采用计算机进行电子科学与技术和应用电子系统分析和研究的基础。

随着集成电路技术的发展，电子科学与技术及应用电子技术越来越依赖于计算机辅助设计技术（CAD），CAD 技术不仅是电子科学与技术和应用电子技术分析研究的基本工具，同时也已经成为电子科学与技术和应用电子技术的一个重要组成部分。在工程实际中，传统的分析、设计方法与工具已经完全由电子设计自动化（EDA）分析设计方法和工具所取代。因此，电子科学与技术和应用电子技术的一个重要学习内容，就是 EDA 工具的仿真分析原理和正确的使用方法。

值得指出的是，电子系统工程分析的一个基本工具是测量技术，正确使用测量技术是检验分析与设计结果正确与否的最终标准。

5.1　概　　述

电子系统分析不仅是电子科学与技术中研究源器件结构和电路的重要内容，同时也是应用电子技术设计不同领域中的应用电子系统的重要内容。

电子系统分析主要的概念包括模型与建模和仿真。模型是仿真的基础，仿真是模型分析的工具。注意，仿真分析并不是简单的计算，而是重要的应用方法和工具。

电子系统分析不仅涉及电子技术本身，还与测量与测试技术、基本物理概念等直接相关。同时，不同应用领域提供的知识也是电子系统分析的重要基础。因此，电子系统的分析是一个十分重要而复杂的理论与技术。

由于电子系统属于物理实体，所采用的加工制造方法具有一次成形的特点，因此，工程实际中的电子元器件和电路具有以下几个基本特征：

① 任何元器件或电路，都只能在相应的约束条件下正常工作。

② 正常工作时，元器件或电路具有相应的功能和技术性能指标。

③ 一旦元器件或电路制作完成，所有的功能和技术性能指标就只能限制在一定的范围内，一般情况下难以更改。

这些特征是分析电子系统的基础，对电子系统的分析具有十分重要的意义。

5.1.1　电子系统中的模型概念

在工程实际中，系统分析的目的是要回答如下问题：

① 元器件和电路所具有的功能。

② 元器件和电路的性能指标。

③ 元器件和电路的指标调整方法。

回答上述问题的基础，就是建立正确的电子系统的模型。因此，在电子科学与技术的研究中，最关心的就是研究对象的模型。特别是在应用电子系统的设计中，建立系统模型是分析器件、子系统和系统的首要任务。

所谓模型，就是对研究对象的描述。这种描述可以是物理描述，也可以是数学描述。模型与实际系统的区别，就在于模型突出了研究者所关心的部分。例如，对于集成电路设计者来说，如果关心器件的功率损耗问题，则可以建立相应的功率损耗模型；如果关心的是器件的功能，则可以建立器件的功能模型；如果关心的是器件的物理结构，则可以建立相应的等效电路。由此可知，模型提供了电路系统的分析基础。

1. 模型的作用

任何一个元器件或电路，都是为了完成某一个工程目标而设计的。例如放大器，设计目标就是把弱电压或电流信号放大到所需要的幅度。为了完成相应的功能，元器件或电路需要具有相应的技术性能指标。

从分析的角度看，在分析一个给定的元器件或电路时，首先要确定元器件或电路的约束条件（即保证电路正常工作的条件），约束条件也是建立器件或电路模型的基础。

正常工作是指元器件或电路处于所给定功能和性能技术指标的工作状态。

约束条件包括外部和内部两个方面。

外部约束条件是指元器件或电路正常工作时所需要的外部环境，如环境温度和湿度范围、电源电压、对其他电路或元器件的连接要求等。有关外部约束条件的内容见表 5.1-1。

内部约束条件是指电子元器件或电路的某些技术指标，如 BJT 的电流放大倍数、数字电路的扇出系数（输出端能连接其他数字电路的个数）。在使用电子元器件或电路设计应用电子系统时，内部条件是必须遵守的技术条件。

【例 5.1-1】 MOS 管的设计目标。

（1）设计功能要求：

MOS 管具有输入电压对漏极电流控制的功能。

（2）性能技术指标要求：

使用的电源电压：3～15V

最大漏极电流：5mA

最高工作频率：150MHz

允许最高功率损耗：100mW

栅极开启电压：0.8V

早电位：230V

最高反向电压：50V

（3）工作环境要求：

工作环境温度：−45～+75℃

保存环境温度：−60～+100℃

静电环境：2000V

表 5.1-1 器件或系统设计中需要考虑的约束条件

性质	约束条件	使用场合
物理	温度	所有场合
	湿度	需要考虑环境湿度，如工厂、库房等
	功率损耗	所有场合
	振动	会出现颠簸的场合，如车载设备、机载设备
	支撑强度	会出现振动或需要承受压力的场合，如需要设备叠加
	体积	使用环境提出限制的场合
	重量	对重量有特殊要求或便携设备
	单方向尺寸	对外观尺寸有限制的场合
	使用寿命	所有应用领域
	光照	使用光敏感器件的场合
	雷电	户外设备或具有天线的设备
	工作方式	设计要求连续或断续的场合
化学	腐蚀	化工设备中的电子系统、汽车电子
	气体	使用气敏传感器或有腐蚀性气体的场合
信号	频率	所有电路应用领域
	信号电压	所有电路应用领域
	输出驱动	所有电路应用领域
	电源波动	所有电路应用领域
	波形	指定波形要求的场合
	线性	模拟电路
	时变	所有电路应用领域
	连续工作	一般电子系统
	断续工作	特殊要求的场合

【例 5.1-2】 放大器的设计目标。

（1）设计功能要求：

设 $x(t)$ 和 $y(t)$ 分别是输入电压信号和输出电压信号，设计一个方程 $y(t)=100x(t)$ 所描述的放大器电路，即对输入电压信号放大 100 倍的放大器电路。

（2）性能技术指标要求：

最高输入信号幅度：5mV

输入信号频率范围：DC～100kHz

允许使用电源电压：±6V DC

放大倍数误差：<1%

最大非线性失真：<1%

（3）工作环境要求：

工作环境温度：−45～+75℃

保存环境温度：−60～+100℃

静电环境：2000V

通过以上例子可以看出，电子系统的设计要求（设计要求也是设计者的设计目标），实际上就是功能、技术指标和限制条件的组合。最终产品只能在满足限制条件情况下工作。

由此可知，如何把设计要求描述为具体的技术设计目标，是电子科学与技术工程应用中的一项重要研究内容。这种对设计目标的技术描述，就是通常所说的电子系统模型。能够建立正确的、满足设计要求的模型，电子系统的设计工作就有了正确的基础。可见，模型在电子科学与技术和电子技术中占有基础地位。

2. 模型的基本概念

所谓电路模型，是指用相应的电路元件、结构和参数描述实际电子元器件或系统。建立电路模型的目的是为了对实际电路进行描述、分析和设计。所以，建模的目的是应用。对于具有半导体元件的电路来说，无论是简单电路还是复杂电路，模型都是分析的基础，更是仿真的基础。可以说，没有模型就无法对电路进行特性分析，就无法给出设计的技术要求，就无法对电路进行定量分析和精确计算。模型不仅是工程技术领域的重要概念，也是工程技术中的重要分析方法。

有关电子系统的基本概念为模型提供了约束条件和描述概念，分析理论为建模提供了方法，而仿真分析则为模型验证提供了最好的技术。

有关电子系统建模的基本概念可以归结为如下几个方面：

（1）电路的基本约束条件

基本约束条件，是指保证电路能正常工作或使电路处于某一正常工作范围的约束条件，是建立模型的重要基础。任何电路模型都是在一定约束条件之下建立的。对于模拟电路来讲，所谓基本约束条件是指建立模型的前提条件，也就是在什么条件下建立的模型。同时，基本约束条件也是使用模型的前提条件，它指明了所建立模型的适用范围。三个主要的电子系统建模约束条件如下：

① 线性时不变条件。由于模拟电路的核心是半导体元件，而半导体元件具有明显的非线性特征，所以，一个重要的约束条件就是对模型的线性化要求。同时，为了能够定量地计算电路的参数和物理量，要求电路的结构不能随时间变化，这实际上就是要求电

路的参数不能随时间变化。因此，时不变是对模型的另一个重要约束条件。由此可知，如果建立的模型中各个参数都是常数，则电路必然是线性时不变电路，即 LTI 电路。这就是说，建立 LTI 模型的约束条件是电路具有线性时不变特性，建立模型时必须指明所建立模型是否具有 LTI 特性。例如，三极管的特征方程 $I_c = \beta I_b$，如果β不是常数，则该方程就不是一个线性方程，根据这个方程建立的电路模型就不是一个线性模型。当需要进行定量分析和精确计算时，就必须指明β的变化规律。无论是模拟电路还是数字电路，由于电路都工作在随时间变化的电信号状态下，因此，线性时不变条件是电子系统正常工作的基本保证。

② 温度条件。对于电路来说，由于组成电路的元件，特别是半导体元件，都具有较明显的温度特性，即元件的电学参数的数值与温度有关。不同温度下的元件电学参数的数值会不同，从而可能会引起模型参数的变化。因此，温度对电路参数具有十分重要的意义。很明显，要满足定量分析和精确计算的要求，就要求电路元件和电路结构参数不能随温度变化，或者在一定的温度范围内可以认为是固定的，这就是建立电路模型的温度约束条件。在建立模型时，必须指出所建立模型适用于什么样的温度范围。

③ 频率条件。从物理学和频率分析的角度看，任何一个电路都具有相应的频率特性，也就是说电路对不同频率的信号具有不同的响应，这种不同的响应可以看成是电路对不同频率的信号具有不同的参数和结构。对于模拟电路，频率条件决定了电路的频率特性技术指标。对数字电路器件和系统，其频率条件对门电路的时间特性提出了具体的设计要求。例如，MOS 管的低频小信号模型，其基本应用条件之一就是认为信号的频率很低，以至于可以忽略寄生电容，即认为寄生电容对于信号的工作频率来说是开路的（容抗无限大）。图5.1-1 示出了 MOS 管交流小信号模型和交流低频小信号模型。

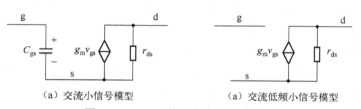

（a）交流小信号模型　　　　　（a）交流低频小信号模型

图 5.1-1　MOS 管的交流小信号模型

④功率工作条件。功率条件指出了电子线路的基本输出能力，是电子线路的一个重要特征，也是电路模型的重要约束条件。在电子线路的理论和技术中，功率是一个重要的特征，是电子线路的一个重要参数。根据电路理论，各种不同的电子线路，特别是具有半导体元件的电路，总可以等效为具有受控源的电路。因此，在什么条件下受控源具有模型所提供的参数和功能，直接与功率条件有关。在建立受控源模型时，必须指出电路模型在什么样的功率输出条件下成立，可以在什么样的功率输出条件使用所建立的模型。

⑤ 静态工作条件。静态工作点是电子线路的一个重要的特征，特别是具有半导体器件的电路和集成电路，静态工作点更是电路模型的一个重要约束条件。静态工作条件给出了电源电压、器件的静态工作点等重要的约束，表明只有在指定的静态工作条件下，电路才具有相应的 LTI 或频率特性。因此，在建立电路模型时，必须同时提供电路的静态工作点，指明所建立模型是在什么样的静态条件下才成立，这也是所建立模型应用条件之一。例如，对于MOS 管或 BJT 管设计的单管放大器，其交流放大倍数只有在电路满足有关的静态工作点

时，才能成立，否则会因为饱和或截止而失效。

通过以上对电路的建模约束条件的分析，可以得出这样的结论：模型是在一定约束条件下建立的，所以，这些约束条件也是使用所建立模型的充分必要条件。对一个电子线路进行建模之前，必须首先确定有关的约束条件。

（2）模型的基本描述方法

在确定了约束条件的前提下，可以有不同的方法建立模拟电子系统的模型。

① 电路模型。把一个实际工程电路，用电路的方式描述下来，就构成了电路模型。电路模型中用具体的符号代替实物元件，同时，根据实际情况确定约束条件，并根据约束条件对电路进行适当的简化。例如，用几何线段代替元件之间的连接线路，忽略元件的分布参数特性（主要是频率特性）等。可以看出，这就是教科书中的电路原理图。

② 等效电路模型。直接利用电路原理图作为分析模型往往会给分析带来许多困难，如交流信号分析、半导体元器件的分析等。因此，在电子线路中利用电路理论提供的基本电路元件（包括线性和非线性元件）模型，来取代实际的电路元件，从而形成了与电路原理图模型具有相同电路功能、特性和参数的电路，这就是等效电路模型。例如，在交流小信号放大电路分析中，使用低频小信号 BJT 或 MOS 管的低频小信号模型，可以建立交流小信号放大电路的交流等效电路。再例如，把一个功率放大器在约束条件限制下，用一个受控电压源电路代替实际的电路原理图模型，从而形成一个简单的受控电压源等效电路。

③ 二端口网络分析模型。在电路理论的二端口网络理论中，把电路看成是一个黑箱（即完全不知道电路的结构、功能和参数），通过测试两个端口的电压电流关系，可以确定二端口方程的四个系数，从而建立二端口网络的模型（见图 5.1-2）。由于电子线路可以看成是一个二端口网络，因此，在电子线路中可以使用二端口网络方程和测试建立相应的电路模型。二端口网络方程就是

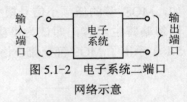

图 5.1-2　电子系统二端口网络示意

电子线路的一种模型。必须注意，在二端口网络实际建模过程中，仍然必须首先确定约束条件。可以想得到，如果不能确定 BJT 电路的静态工作条件及 LTI 特征，就无法通过测试的方法得到正确的二端口模型。使用二端口模型的一个优点是可以不考虑电路的具体结构，不对电路的具体结构进行分析，仅通过测试就可以得到相应的模型。另一个优点是可以根据二端口模型直接建立等效电路模型。二端口网络建模方法的不足之处是，当二端口网络是一个完全黑箱时，难以通过简单测试就确定其约束条件。

④ 分析模型。分析模型是指用解析表达式描述的电子线路，是电子线路的重要模型。分析模型的最大优点就是直接提供了电路的行为特性（动力学方程、传递函数等）、参数的物理意义以及电路参数之间的关系。分析模型可以通过二端口模型、等效电路模型或曲线拟合得到，因此不是一个直接模型，而是具有间接特性的电路模型。这种间接特性主要体现在分析模型约束条件必须与原始模型的约束条件一致。分析模型往往是设计电子线路的基础。在设计电子线路时，可以根据设计要求形成设计规范，而分析模型往往就是设计规范的一种表达方式。例如，设计一个放大器电路时，首先应当根据设计要求确定电路的约束条件，在约束条件的限制下，给出相应的传输函数作为具体电路的设计依据，同时也作为分析电路设计指标的依据。

（3）电路的仿真模型

随着仿真工具的日益发展，仿真已经成为现代电子技术的基本分析和设计方法。所谓仿真

模型，是指适合于仿真软件编制和计算的电路描述方法，如用 Spice 描述电路，用 C 语言描述电路的卷积计算等。这种仿真模型不再是电路结构，也不再是可见的等效电路，而是以计算机程序方式出现的。仿真模型的最大优势是更加适合计算机仿真计算。目前，EDA 软件可以根据设计输入的电路图自动形成仿真程序对电路进行仿真计算，这为仿真模型的建立提供了极大的方便。

仿真模型的一个突出特点就是程序性。与前面介绍的几种模型不同，程序性模型的基础是前面介绍的几种模型，同时，可以具有与基础模型完全不同的约束条件。因为利用电路模型、等效电路、分析模型等建立仿真模型时，一般不要求所建立仿真模型具有与基础模型完全相同的约束条件，甚至可以用仿真模型来确定基础模型的约束条件。这是因为仿真模型利用了 EDA 软件提供的基本元件模型，所以在仿真过程中只根据仿真数据设置的范围对电路的各个变量进行计算，而不考虑基础模型的约束条件。由此可知，仿真模型具有如下两个明显的特点：

① 在所选择的元件模型基础上，可以对电路的真实特性进行仿真。在电子线路分析中，仿真模型往往是确定电路模型约束条件的一个重要方法。

② 如果使用理想元件描述建立仿真模型，则对电路进行的仿真就是无约束条件仿真。因此，在使用仿真模型分析电路时必须注意这一点。注意，这里所说的无约束条件，是针对半导体元件仿真模型而提出的，是指仿真模型的设计者在建立模型和分析之前，可以不用考虑 LTI、温度、频率等电路约束，直接进行仿真分析，再根据仿真分析结果推导出相应的约束条件。无约束模型往往作为等效电路等其他模型的验证方法。

目前最常用的仿真模型就是描述电路的 Spice 程序。建立仿真模型的方法有图形输入建立方法、编程语言输入建立方法，以及函数输入建立方法。

5.1.2 电子科学与技术分析中的宏模型

由于电子器件和系统日趋复杂，如果采用直接电路的方式建立模型，则会使分析和计算方法变得十分复杂，甚至无法实现。例如，对一个具有 200 万个 MOS 管的微处理器进行电路分析，如果采用直接建立模型的方法，则需要建立具有 200 万个受控电源的模型，其方程的个数约为 200～400 万。为了解决分析的复杂性问题，电子科学与技术中采用了宏模型技术，即用一个能够描述器件或系统的简单电路模型代替系统。

宏模型的基础是电子器件的有源性，即任何一个电子元器件都可以用由受控电源与其他无源器件组成的简单电路代替。

1. 数学函数宏模型

数学函数宏模型是指用数学解析函数、方程或传输函数来描述电路特性的一种模型，即用数学表达式描述的数学模型。例如，$y = 3x$。由于数学函数宏模型所描述的是电子系统的行为（即对输入信号处理的作用），与电子元器件或系统的结构没有任何关系，因此也叫作行为级模型。

由于数学宏模型用数学表达式描述电路元器件和系统的行为，因此，可用来实现较为复杂的电路功能。同时，由于数学宏模型不需要设计电路的结构，只需要考虑电路的行为，因此，在电子系统设计的时候，一般总是用数学宏模型对所设计的目标功能和技术特性进行仿真，为电路结构设计提供依据。所以说，数学宏模型扩展了电路仿真的能力和灵活性。同时它是模拟电路高层次仿真的基础。

（1）多项式宏模型

由数学理论可知，可以使用多项式逼近多种函数，因此，多项式是电子科学与技术中的一种十分有用的数学工具。多项式模型一般用来描述非线性受控源，是用一组多项式描述非线性受控源的输入输出的函数关系。多项式由一组系数 p_0，p_1，…，p_n 来描述，其阶数和自变量维数都是任意的，由自变量维数决定多项式中系数的含义。

多项式受控源模型是构造电路宏模型时经常用到的模型形式，它可以很方便地表示各种不同信号的相加、相减、相乘、开方等运算。可构造加法器、减法器、相乘器、平方根电路、倍频电路等，还可以组合起来构成更为复杂的行为级电路模型。

例如，$V(3) = 3\sin \omega t - 4\sin^3 \omega t = \sin 3\omega t$，就是一个可以实现 3 倍频输出电压源的宏模型，可以用来模拟输出电压频率等于 3 倍输入电压频率的电子器件或电路。

（2）代数方程宏模型

这是一种用简单数学表达式描述非线性受控源的输入/输出函数关系的宏模型。数学运算的算子可以是"＋"、"－"、"×"、"/"及数学函数，包括求绝对值 abs(x)、求平方根 sqrt(x)、求以 e 为底的指数 exp(x)、求以 e 为底和以 10 为底的对数 $\ln x$ 与 $\lg x$、求 x^y 的 pwr(x，y)、sin(x)、cos(x)、tan(x)和 arctan(x)等。

代数方程宏模型就是由上述算子和函数组合而成的数学方程或表达式。

（3）拉普拉斯（简称拉氏）变换宏模型

拉氏变换是线性时不变（LTI）系统分析中的一种十分有用的工具，利用拉氏变换宏模型可以直接求得电路的频域特性和时域特性，并可以直接用拉氏变换宏模型的系统函数来模拟所要设计的 LTI 电子元器件或系统的行为特性。同时，拉氏变换宏模型与电路的关系十分密切，可以根据拉氏变换宏模型直接修改电路参数。因此，拉氏变换宏模型是设计模拟电路器件的一个重要的模型。

数学宏模型的功能是提供行为特性的仿真，既可以用于电路设计之前，还可以用于电路设计之后。

2. 电路宏模型

在电子系统的分析中，有时还希望能够用简单的电路元件来描述电子系统的行为特性，这种方法的优点是直观，工程技术人员可以直接通过电路元件和电路结构对电路进行分析。因此，在工程实际中还广泛地使用电路宏模型。

所谓电路宏模型，就是用等效电源和其他无源器件来逼近实际电路的行为特性，包括电路的功能、性能和技术指标。例如，一个运算放大器是由 20 几个 MOS 管构成的比较复杂的电路，在分析其电路特征时，就可以用一个带有输出电阻、输入电阻和受控电压源的简单电路来描述。

5.1.3 电子系统常用 EDA 工具简介

EDA 是电子设计自动化（Electronics Design Automation）的英文缩写，属于计算机辅助设计（CAD）范围。

电子系统的 EDA 工具基于 PC、工作站及网络资源的专用计算软件，用来完成电子系统的设计和分析，其功能包括电路分析与设计、印制电路板（PCB）设计、电子元器件和集成电路设计、电子元器件和电子系统应用开发和管理等。

传统的电路设计，需要经过画图、搭试验电路、制电路板和测试分析等，不仅工作量巨大，而且纠错很困难。例如，用传统的方法设计规模在每片十万个晶体管以上的集成电路（IC）需要耗费 60 人年的工作量。利用 EDA 软件对电路进行设计和仿真分析验证，则可大大缩短设计时间。而且电子电路的 EDA 软件工具通常具有设计规则检查（DRC）、电气性能检查（ERC）等功能，从而大大减小了返工率。

1. 电子系统的设计方法

利用 EDA 工具设计电子系统，一般都采用高层次设计提供的一种"自顶向下"的设计方法。这种设计方法首先从系统级设计入手，在系统级进行功能方框图的划分和系统结构设计。通过系统级的仿真分析和验证，可以确定系统设计模型的正确性。系统级设计完成后，再用 EDA 提供的综合与优化工具生成具体电路结构，这个电路结构对应于物理电路，可以是印制电路板或专用集成电路。

由于设计的主要仿真和调试是在高层次上完成的，这不仅有利于早期发现结构设计上的错误，避免设计工作的浪费，而且也减少了逻辑功能仿真的工作量，提高设计的一次成功率。更重要的是，可以为非电子科学与技术的应用领域提供简单的设计工具，从而大大地促进了电子技术的应用领域和范围。

2. EDA 工具的主要作用

（1）验证电路方案设计的正确性

当要求的系统功能确定以后，首先采用系统仿真或结构模拟的方法验证系统方案的可行性，这只要确定系统各环节的传递函数（数学模型）便可实现。这种系统仿真技术可推广应用于非电专业的系统方案设计，或某种新理论、新构思的方案设计，进而对构成系统的各电路结构进行模拟分析，以判断电路结构设计的正确性及性能指标的可实现性。这种精确的量化分析方法，对于提高设计水平和产品质量，具有重要的指导意义。

（2）电路特性的优化设计

器件参数的容差和工作环境温度将对电路工作的稳定性产生影响。传统的电路设计方法很难对这种影响进行全面的分析和了解，因而也就很难实现电路的优化设计。EDA 技术中的温度分析和统计分析功能，既可以分析各种恶劣温度条件下的电路特性，也可对器件容差的影响进行全面的计算分析。其中包括：

① 对不同的容差特性进行规定次数的跟踪分析（蒙特卡罗分析）；

② 单独分析每一器件容差对电路的影响量（灵敏度分析）；

③ 分析全体器件容差对电路性能的最大影响量（最坏情况分析）。采用统计分析方法，便于确定最佳元件参数、最佳电路结构以及适当的系统稳定裕度，真正做到电路的优化设计。

（3）实现电路特性的仿真测试

电子电路的设计过程中，大量的工作是各种数据测试及特性分析。受测试手段及仪器精度所限，有些测试项目实现起来十分困难，甚至不可能进行测试。例如，超高频电路中的弱信号测量及噪声测量，某些功率输出电路中具有破坏性质的器件极限参数测试，再如高温、高电压、大电流等。由于 EDA 工具是根据模型进行仿真计算的，因此可方便地实现全功能测试，也可以直接模拟各种恶劣工作环境及各种极限条件下的电路特性而无器件或电路损坏之虑，较之传统的设计方式要经济得多。

3．系统仿真工具 MATLAB

MATLAB 是 Mathwork 公司提供的重要的建模与模型仿真计算工具，是当前全球流行的工程计算工具。

利用 MATLAB 可以比较方便地建立电子系统的宏模型，求解各种方程，用各种二维或三维图表显示仿真计算结果。

MATLAB 的另一个重要特点，也是其广泛使用在科学研究和工程技术领域的原因之一，是 MATLAB 提供了多种电子信息工程系统的仿真模块。利用这些仿真模块，可以十分方便地构建出工程系统的宏模型，通过对工程参数和环境参数的调整，对电子系统进行分析研究。利用 MATLAB 可以极大地简化电子系统的设计工作。

4．数字逻辑系统仿真工具 ModelSim

ModelSim 是 Mentor Graphic 公司提供的数字逻辑系统设计工具，它提供了有关数字逻辑电路的设计和仿真工具，是一个比较流行的数字集成电路设计或 FPGA 设计的自动化工具。

ModelSim 支持所有工程中使用的数字电路硬件描述语言，具有功能强大的仿真核心。

5．Spice 仿真工具

Spice（Simulation Program with Integrated Circuit Emphasis）是一种通用的电路分析程序，能够模拟和分析一般条件下的各种电路的特性。

Spice 的发展已有 50 多年的历史。20 世纪 60 年代中期，IBM 公司开发了 ECAP 程序用于对电路的简单模拟和分析。以此为起点，美国加州大学伯克利分校（U.C.Berkeley）于 20 世纪 60 年代末开发了 CANCER 电路分析程序，并在此基础上，于 1972 年推出了 Spice 程序。

Spice 源程序是开放的，能够迅速地进行扩展和更新，具有强大的器件库并可进行多种电路性能和技术分析。随着 Spice 的发展，各公司推出了多种基于 Spice 的产品，包括 PSpice、Hspice、Xspice、Tspice 等。其中 PSpice（Personal Simulation Program with Integrated Circuit EmphasisPSpice）是 1984 年由美国 Microsim 公司推出的可应用于 PC 的 Spice 程序，是 Spice 家族的一个主要成员，其主要算法与 Spice 2 相同。

目前，Spice 程序已经成为几乎所有 EDA 工具的电路分析的核心部分。

6．常用几种电子电路 EDA 软件及特点介绍

目前，国际上公认的电路仿真软件以美国加州大学伯克利分校（Berkeley）开发研制的 Spice（Simulation Program with Integrated Circuit Emphasis）程序最为著名，它奠定了日后计算机模拟电子电路软件的基础。在设计领域常见的几种 EDA 软件有 OrCAD 公司的 OrCAD 系列，通用设计软件 Protel 系列，电路设计软件 Multisim 系列，系统模拟软件 System view 和 PCB 开发软件 Power PCB，另外还包括 Tanner 公司和 Candence 公司的工业级软件。

（1）OrCAD 与 OrCAD Capture CIS

OrCAD 公司的 OrCAD 软件是一个功能齐全的 EDA 软件包，包括原理图设计软件

OrCAD Capture CIS（Component Information Systems）、PCB 板图设计软件 OrCAD Layout、数模混合仿真软件 OrCAD Pspice AD 和可编程逻辑器件设计软件 OrCAD Express。

原理图设计和元件信息管理系统 OrCAD Capture CIS 软件支持"plug-ins"和内建式设计数据管理器，其原理图设计工具符合事实上的工业标准，支持前端到后端的全程设计过程。CIS 提供了最有效的数据输入方法，可以直接访问内建在 CIS 管理系统中的每个设计页面、元件、仿真文件、模型和其他设计文件。通过 CIS 连接到 MPR、ERP、PDM 系统和其他工程数据中心得到完整的元件信息。可以在原理图设计中利用 Internet 与制造商及分销商直接交换信息，可以确认设计元件的完整性，自动产生元件的价格、分类和参数分析报告。

OrCAD 中也集成了 PSpice 中模拟和混合信号仿真器组件 PSpice AD，它可以在同一个环境中创造设计项目、控制仿真并解释仿真结果。利用 OrCAD PSpice AD 可以定义仿真激励端，任意选定所要观察节点的波形，直接在 OrCAD Capture 环境下编辑电路模型。在同一个环境下执行数字及模拟混合仿真，可以在器件参数变化和噪声环境下分析直流、交流、噪声、暂态特性和热效应。与其他同类软件相比，OrCAD 软件在原理图设计、仿真及 CIS 管理方面极具特色。

（2）通用设计软件 Protel 与 Protel Advanced Schematic 99SE

Protel 99SE 是 Protel 公司推出的基于 Windows 平台的第六代产品，是一种比较流行的 PCB 设计软件。Protel 99SE 的主要模块：

- 多功能高效率的原理图设计工具 SCH 99SE
- PCB 设计工具 PCB 99SE
- 无网格自动布线器 Route 99SE
- 先进的信号完整性分析器 Intigrity 99SE
- 高级数模混合电路信号仿真器 SIM 99SE
- 通用可编程逻辑器件设计工具 PLD 99SE
- 全设计过程管理的智能化 SMART 技术及综合设计数据库

（3）电路设计软件 EWB 与 Multisim

现在 EWB 的基本组成部分包括 Multisim、Ultiboard、Ultiroute 及 Commsim，能完成从电路的仿真设计到电路板图制成的全过程。但它们彼此相互独立、可以分别使用。与其他电路仿真软件相比，EWB 模拟软件系统高度集成，界面直观，操作方便，将原理图的创建，电路的测试分析和结果全部集成到同一个电路窗口中。

（4）电路设计软件 Tinna

Tinna 是一种与 Multisim 相类似的电子电路设计软件，使用 Tinna 软件可以完成一般电路的原理电路设计、参数模型仿真直到 PCB 设计。

Tinna 的一个特色是，可以把电子测量仪器或相应的硬件电路，与 Tinna 软件通过 PC 提供的串行通信接口相连接，从而形成了虚拟仪器系统。

（5）系统模拟软件 System View

Elanix 公司的 System View 软件是国际比较流行的一个动态系统设计、仿真和分析的可视化设计软件。它是一个适合多种操作系统的单机和网络平台，它主要用于以下几个方面：信号处理、通信与控制工程、DSP 及线性或非线性系统。

（6）Tanner 公司软件

Tanner Pro 是一套集成电路设计软件，包括 S-Edit，T-Spice，W-Edit，L-Edit 与 LVS，

各软件的主要功能表如表 5.1-2 所示。Tanner Pro 软件的设计流程可以用图 5.1-3 来表示。

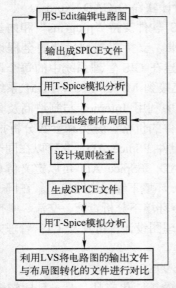

图 5.1-3　Tanner Pro 软件的设计流程

表 5.1-2　Tanner Pro 的功能表

软件	功能
S-Edit	编辑电路图
T-Spice	电路分析与模拟
W-Edit	显示 T-Spice 模拟结果
L-Edit	编辑布局图、自动配置与绕线、设计规则检查、截面观察、电路转化
LVS	电路图与布局图结果对比

5.2　电子系统工程分析的目标与内容

电子科学与技术是一门应用科学，目的是提供工程应用技术。电子科学与技术的一个重要研究内容，就是电子系统的分析方法和理论。

5.2.1　电子系统分析的目标

电子系统的分析，不仅是电子科学与技术的重要研究内容，也是应用电子技术的重要方法。

1．分析的基本概念

所谓分析，就是对已经存在的电子系统或设计中的电子元器件与系统进行研究，目的是发现电子系统的技术特征、技术特性和技术指标。通过对分析结果的研究，可以对电子系统做出相应的技术判断。

以下是有关电子系统分析的几个重要基本概念。

（1）约束

所谓约束，是指分析的前提条件，即在什么条件下对电子系统进行分析。对电子系统进行分析时，要特别注意约束条件，因为即使是对同一个器件或电路，如果约束条件不同，分析的结果也不同。

【例 5.2-1】　设某电压信号放大器采用 9V 电源电压时正常工作，各项指标能满足设计要求。当电源电压为 5V 时，放大器在同样的输入信号条件下就会出现失真。因此，分析时必须把电源电压作为一个约束条件。

【例 5.2-2】　设某数字电路器件要求使用电源电压为 5V、时钟频率为 100MHz、环境温度为 $-25\sim+70℃$，电源电压、温度以及时钟频率就是分析该电路中必须考虑的约束条件。

有关约束条件的详细概念，可以参考 1.6 节。

（2）功能

所谓功能，是指电子元器件和电路所具有的技术功能，如放大、滤波、整流、二进制运算等。对一个电子系统进行分析时，应当注意功能模型的描述。必须注意，任何电子系统所具有的电路功能，只能在相应的约束条件下才能成立。

（3）参数

参数是指实现电子系统的功能和技术性能所必需的电路指标。在电子科学与技术中，无论是材料、器件还是电路系统，参数就代表了技术特征和特性。在应用电子系统中，参数则代表了电子系统的技术特征及所能达到的具体技术指标，如运算放大器的开环放大倍数、双极型三极型管的电流放大倍数等。电子系统建模的基础，也是有关的参数。在电子系统分析中，如果已知某些参数，则需要通过分析来验证这些参数是否存在或正确；如果需要通过分析得到系统的特征，则需要分析和推算技术参数。

（4）行为

行为是对电子系统的一种工程描述概念。所谓行为，是指电子元器件和电路所具有的电路运行特征。行为特性描述了电子系统的基本特征和技术性能。行为特性往往是描述电子元器件或电子系统的基本方程，在科学研究和工程实际中这些方程叫作系统的动力学方程。由此可知，行为描述的结果是电子系统的基本方程，这些基本方程也是电子元件和系统的基本模型。

注意，对电子系统描述时，由于所要描述的目的不同，所以其动力学方程也不同，也就是说，行为的描述具有很强的目的性。例如，对于滤波器电路的描述，可以用系统方程（描述输入与输出关系的动力学方程）描述其滤波行为；如果十分关心其动态特性，则必须使用描述时间参数的微分方程并对其求解；如果所关心的是有关输入阻抗问题，则需使用电路分析中的策动点阻抗方程来描述。

根据上述讨论可知，电子系统的行为具有如下特点：

① 行为集中代表了系统的全部或某些主要特征，是系统分析的基本模型。

② 行为具有针对性，即需要考虑针对电子系统的什么特征进行描述。

由行为的特点可知，可以根据行为模型（方程）得到电子系统的功能，以及重要参数的计算和分析方法。

（5）简化

简化是电子系统分析中的重要手段。如第 1 章讨论的那样，由于电子系统的物理基础是电磁现象，因此其真实的描述属于场分析的范围。为了应用和分析方便，采用了简化的电路分析方法。

简化的另一个含义是根据约束条件和分析目的，有意识地忽略一些分析内容和部分参数的影响，从而使分析变得简单。注意，简化分析是电子科学与技术及应用电子技术的重要分析概念，也是一种重要的分析方法。

根据前面有关模型的讨论可知，分析的基本概念都是围绕着模型展开的。这些基本概念都是为了建立正确的模型并得到正确的模型分析结论而建立的。

2．分析目标

要分析电子系统，首先应当明确为什么要分析，以及根据分析要得到什么结果。从工程技术的角度看，可以把电子系统的分析目标分为确定行为特性、确定工作原理、确定技术指标和确定验证方法四项基本内容。

（1）确定行为特性

电路元器件和系统的行为设计是应用的基础。在电子科学与技术的研究中，如何满足电子系统的行为特性设计要求，是研究的基本目标与核心之一。在应用电子技术中，电子系统的行为特性是选择元器件与电路结构的基本要求之一。同时，行为分析也是电路综合与设计的基础。因此，对于已经设计完成的电子系统必须首先确定其行为特性，以便确认电子系统所具有的功能和技术性能，由此才能确定分析对象在电路系统中所起到的作用。

注意，根据行为特性分析的结果确定电子系统的功能，是一个十分重要的分析目标。功能是从应用角度提出的一个基本技术特征，行为特性则是从技术角度对电子元器件和电路进行的描述，因此，如何根据行为特性确定电子系统功能，需要对电子系统的应用有充分了解。

（2）确定工作原理

通过原理分析，可以了解电子系统的本质。所以，确定电子系统的工作原理是电子系统分析的重要内容和目标。所谓确定工作原理，就是能够根据行为特性分析所建立的模型，提出电子系统的物理工作模式（所谓模式，就是基于什么物理原理工作的），从而得到电子系统的基本工作原理，包括所使用的基本理论、结构相互作用与影响、信号处理的过程和处理方法等。例如对 MOS 管的行为特性分析可以建立相应的分析模型，而这些模型提供了 MOS 管的基本物理模型、电流电压之间的关系、所符合的物理定律，以及最终的效果等。

实际上，由于行为特性代表了电子系统的基本特征，因此，根据电子系统行为特性模型分析和总结电子系统的工作原理，是一个理论研究与分析的过程，是对所建立电子系统的更深刻的认识，更是新的发明创造的基础。

（3）确定技术指标

行为特性分析建立了电子系统的基本模型，工作原理提供了基本工作模式和物理特征，这两个分析结果，提供了技术指标的具体要求。为了满足行为特性，电子系统的技术指标必须满足一定的要求，如电源电压的范围、材料的电气特性、具体的频率范围等。因此，确定技术指标，就是要根据技术指标的分析和测试，来确定所分析的电子系统能否实现所确定的行为特性，能否满足工作原理的要求。对于已经设计好的电子系统来说，其行为特性和工作原理的保障就是各项技术指标，因此，电子系统分析的重要目标之一，就是确定系统的技术指标。技术指标的分析结果，是电子系统的应用方法、应用范围和应用条件的基本内容。

（4）确定验证方法

验证的目的是检查电子系统是否与设计目标相一致。无论是设计电子系统还是应用电子系统，都需要确定基本的验证方法。所谓验证，就是通过理论分析和实际测量，检验并证明电子系统行为特性、工作原理和技术指标的观察和测量方法。在电子科学与技术的研究方法中，验证方法是一个十分重要的研究内容，特别是对于元器件结构、材料特性及复杂系统的研究，如何确定验证方法更是一个十分重要的研究内容。

值得指出的是，在电子系统分析和设计时，上述四项工作中都可以使用前面所提到的仿真分析工具。特别是在系统设计阶段，MATLAB 将会起到极大的作用，可以有效地缩短设计分析时间，提高设计准确性和设计工作的效率。

5.2.2 电子系统分析的基本内容

从理论上看，电子系统分析技术的内容可以归结为建模与模型分析。达到分析目标的有效技术就是模型分析中的行为特性分析和参数分析。

值得指出的是，电子系统（特别是电子元器件）都具有非线性和时变的技术特征，如果在分析中考虑非线性和时变特性，会使电子线路的分析变得十分复杂，甚至无法得出结论。另一方面，电子元器件在一定的电压、电流和时间范围内，又可以被看成是线性和非时变的，这时可以认为电子元器件具有 LTI 特性，或者说具有理想的 LTI 特性。因此，除非特殊需要，在工程实际中进行电子线路分析和设计时，总是假设电子元器件具有 LTI 特性（把参数限制在 LTI 范围内），这是分析电子系统的基本前提。

电子系统的分析包括如下几个方面：

（1）元器件建模与分析

根据所提供的元器件物理或电路结构，建立相应的物理模型和分析模型（行为特性和参数特性），是分析电子系统的一个重要内容。建模的目的是对电子系统进行有效而简单的描述，为进一步的分析提供基础。

（2）电路建模与分析

根据具体的电路结构，建立相应的电路模型和分析模型，这是在元器件模型之上的建模方法，也是电子系统的模型分析基础。电路分析的结果可以提供系统工作条件及系统的基本行为特性和工作原理。同时，电路分析也是验证方法的设计基础之一。电路建模的另一个重要作用，就是提供电路工作原理的研究基础。

（3）系统建模与分析

系统分析是对电子系统的理论抽象分析，目的是得到对电子系统的精确理论描述，从而在元器件和电路分析所建立的模型基础上，确定电子系统的精确工作特性。系统建模的另一个作用，是为分析电子系统的理论基础正确与否提供依据。在电子系统设计中，如果系统的理论基础发生错误，则系统就不能实现。因此，系统建模与分析的意义就在于提供了系统可以实现并能正常工作的最好证明。因此，系统建模与分析也是验证方法的设计基础之一。

电子元器件和系统仿真分析的基础，是分析模型。这里所说的分析模型包括电路原理结构图、电路行为模型和参数模型。电路原理图提供了仿真电路的结构，这是仿真分析的核心部分之一。在仿真分析中，必须根据电路的设计要求和设计结果，忠实地在仿真平台工具中建立电子线路的电路结构，否则仿真结果将没有任何意义。

5.2.3 电子系统分析的基本方法

电子系统分析的基本方法是分层分析，所采用的基本分析工具是 CAD 仿真分析工具。

在电子系统分析时，把系统分为系统级、电路级和元器件级。

1. 系统级分析方法

电子系统的系统级分析方法，属于行为建模方法。这种方法的特点是能够快速建立系统的行为特性，确定系统行为模型。

行为建模不涉及电子系统实现的具体方法（如物理实现、数学实现等），也不涉及所使用的具体电路和元器件。因此，行为建模方法属于理论分析建模方法，重点是电子系统行为特性的描述。

行为级模型往往是描述系统的动力学方程或方程组。

行为级模型的建模和仿真分析一般采用通用的建模和仿真工具。目前电子系统中广泛采用的是 MATLAB、System View、Math 等软件工具。

2．电路级分析方法

电路级分析是采用电路分析模型的分析方法，就是根据实际电路或设计要求建立电路模型，通过对电路模型的分析，得到电路的行为特性和有技术指标的参数特性。

电路级分析的重点是建立电路模型，通过建立电路模型以及对电路模型的分析，得到电路的基本工作原理和技术指标，并确定具体的测试验证方法。

电路级分析所涉及的基础理论包括物理电学、基本电磁理论、电路分析理论及信号与系统理论。

电路级建模和仿真分析一般采用专用的电子系统仿真分析工具。目前电子系统分析中广泛使用的电路级仿真分析工具包括 MultiSim、OrCad，以及 Spice/Pspice。

注意，电路级分析设计的是具体的电路结构和所使用的电子元器件，因此，电路级仿真是一个与电子系统物理实现方法与技术直接相关的分析，在分析中必须特别注意电路的结构、工作原理及所涉及的具体元器件的技术指标。

3．器件级分析方法

器件级分析是采用物理模型和电路模型的分析方法。所谓物理模型就是根据器件的实际物理结构，构建电子元器件的基本电路模型，进而得到电子元器件的行为特性和相关的电路参数。

器件级分析所涉及的基础理论包括半导体物理学、物理电学、基本电磁理论、电路分析理论及信号与系统分析理论。

器件级建模与仿真分析一般采用专用的电子仿真分析工具，其中包括电路及仿真分析所使用的基本工具，同时，对于半导体器件，还使用有关集成电路设计的仿真工具，如 Tanner Pro。

注意，器件级分析中将涉及到器件的物理结构和所使用的具体材料。

5.3　电子系统仿真基本原理

随着计算机技术和电子科学与技术的发展，仿真分析已经成为电子科学与技术和应用电子技术的基本分析和研究方法。特别是在电子科学与技术中有关电路系统应用中，仿真分析已成为设计、分析和研究的基本工具。

电子系统仿真的基础是元器件模型和电路分析中的计算方法。其基本原理就是利用电子元器件的电路模型和相应的电路分析理论，通过计算机对电路结构和元件进行电路分析计算，从而提供相应的分析结果。仿真分析的结果是有关电子元器件和系统的各种技术指标参数和反映各种特性的曲线，如节点电位、支路电流、频率特性曲线、信号随时间或电路参数变化的曲线。

电子系统仿真结果与传统计算方式相比较，可以形象和全面地反映电子系统的行为特性、指标和参数特性。因此，仿真分析方法可以比较方便地对电子系统进行设计验证。同时，仿真中也必须利用电子测量的基本概念和基本技术。

各种 CAD 仿真方法和 EDA 软件，其基础都是电子元器件的电路模型和电路分析，以及信号与系统的计算分析理论与方法。如果电子元器件的模型与实际元器件之间存在较大的差别，则仿真结果就不能真实反映电子元器件和系统的行为特性与参数特性，即得不到正确的仿真结果。所以，仿真分析工具的应用要求对电子元器件的模型和建模方法有正确的认识，并能正确分析各种约束条件对模型的影响。由此可知，各种电路元器件的电路模型和电路分析方法，不仅是电子系统仿真工具的基础，也是各种仿真工具的应用基础。

注意，任何一种计算机仿真工具，都只能根据所提供的模型进行电路分析或信号系统方面的计算。如果模型不正确，则仿真结果也不会正确。所以，使用仿真工具的能力实际上部分地反映了对电子科学与技术基本理论的应用能力。

5.3.1　电路的描述

在仿真技术中，利用电路分析的方法对电路进行描述，以便利用电路分析的方法计算电路中的电压、电流等参数，然后利用曲线的方法提供电路的行为特性。

1．电网络基本概念

电路由各种电子元器件相互连接而成，在电路分析中，为了描述电路的连接结构和方法，提出了支路、节点和回路的概念。

支路——组成电路的每个二端元件。

节点——支路的连接点。

回路——由支路构成的闭合路径。

电网络——表示电子系统电气连接和元器件连接特性的网络。

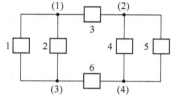

图 5.3-1　电路网络图例

图 5.3-1 所示为由 6 个元器件相互连接而成的电路，图中每一个方框代表一个电路元件，括号表示的数字代表节点，数字代表元器件。此电路共有 4 个节点和 6 条支路。其中的回路有（1，2）、（4，5）、（2，3，4，6）等，括号中的数字是电路中的元件编号。

2．电路的图

在计算机仿真计算中，首先把要分析的电路输入计算机。CAD 软件和 EDA 软件利用数学图论的方法对电路进行处理。因此，要了解计算机是如何对电路进行仿真分析的，就必须了解一些有关图论中描述图的方法。这里简单介绍一些有关图论的初步知识，主要目的是研究电路的连接性质并讨论应用图的方法选择电路方程的独立变量。

（1）电网络图基本概念

一个图 G 是节点和支路的一个集合，每条支路的两端都连到相应的节点上。图 5.3-2 中画出了一个具有 6 个电阻和两个独立电源的电路。如果认为每一个二端元件构成电路的一条支路，则图 5.3-2（b）就是电路图的"图"。可以看到，用图表示电网络时，只保留了电路的结构，而不关心元件的数值和性质。

根据需要可以把串联或并联的元件组合为一条支路，这样可以简化图的结构。例如，图 5.3-2（b）所表示的图中，把节点（1）、（2）和（3）的串联支路合并为一个支路，把节点

（1）、（5）之间并联的支路合并为一条支路，就可以把图5.3-2（b）所示的图简化为图5.3-2（c）。

如果对电路中每一条支路的电流方向做出规定，即流出支路的电流方向，则这个电流方向叫作该支路电流（和电压）的参考方向。对于具有预先规定支路方向的图称为"有向图"，如图5.3-2（d）所示。未赋予支路方向的图称为"无向图"。

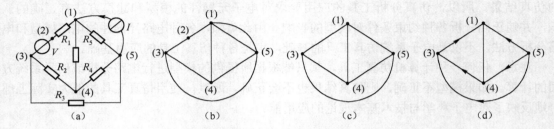

图5.3-2　电网络及其图表示

（2）树与方程

利用基尔霍夫环路电压定律 KVL、节点电流定律 KCL 和欧姆定律，可以列写出关于电网络图中节点电位和支路电流的方程，通过对所列方程求解，可以计算出电网络中各个节点电位和支路电流，从而完成电路的基本分析计算。所以，通过图描述一个电网络，CAD 和 EDA 软件可以自动建立相应的方程，并对方程求解。这就是电子系统 CAD 和 EDA 的基本计算原理。

列方程求解电路时，需要确定独立方程的个数并能够利用仿真软件自动列写有关电网络节点电位和支路电流的独立方程。要自动地列写方程，需要设计一个规则，以便计算机能够对所有的节点根据电路分析理论列写方程。为此，电子系统的仿真软件利用图论中的"树"的概念对所得到的电网络图进行处理，从而自动地列写出关于节点电位和支路电流的方程。

在图论中，把经过所有节点并且不存在闭合回路的支路集合，叫作图的树。利用"树"的概念有助于快速正确地寻找出图的独立回路组，从而得到独立的 KVL 方程组。

为了明确树的作用，需要有关连通图的概念，并由此建立树的基本概念。

连通图——当图 G 的任意两个节点之间至少存在一条路径时，G 称为连通图。

树——一个连通图 G 的树 T 包括 G 的全部节点和部分支路，而树 T 本身是连通的且不包括回路。树中包含的支路称为树枝，而图 5.3-2 中其他支路则称为对应于树的连枝。树枝和连枝一起构成图 G 的全部的支路。可以证明，任一个具有 n 个节点的连通图，它的任一个树的树枝数为 $n-1$。

一个图中可以包含若干棵树，例如对图 5.3-2（a）的电路来讲，可以确定出如图 5.3-3（b）、（c）和（d）所示的三棵树。

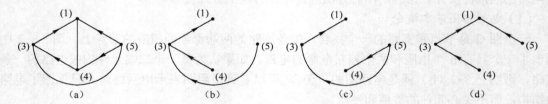

图5.3-3　树的概念

由于连通图 G 的树枝连接所有节点又不形成回路，因此对于 G 的任意一个树，加入一个连枝后，就会形成一个回路，并且此回路除所加连枝外均由树枝组成。这种回路称为单连枝回路或基本回路。每个基本回路仅含一个连枝，且这一连枝并不出现在其他基本回路中。由全部连枝形成的基本回路构成了电网络的基本回路组，基本回路组是独立回路组。所以，根据基本回路列出的 KVL 方程是独立方程。所以，对一个节点数为 n、支路数为 b 的连通图，其独立回路数 $L=b-n+1$。

当电路结构比较简单时，利用回路电压法和节点电流法不难列出电路方程。在实际工程中，电路的规模日趋复杂。为了便于利用计算机作为辅助手段进行电路分析，有必要研究系统化建立电路方程的方法。而且为了便于用计算机求解方程，还要求这些方程用矩阵形式表示。有关的内容在电路分析的理论课程中将会详细讲述。

5.3.2　电路综合

所谓电路综合，是指选择实际电路实现所要设计的电子系统模型，即根据设计要求和模型，选择适当的具体电路结构并确定电路元件参数的过程。电路综合的基础是电路分析。把电路综合的具体方法用计算机软件来实现，就形成了 EDA 技术中的综合技术。

例如，函数 $y=Ae^{xt}$ 是对一个电路的描述，根据电路分析的理论，要实现这个函数，可以用图 5.3-4 的电路来实现。

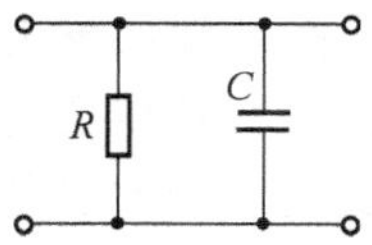

图 5.3-4　$y=Ae^{xt}$ 的实现电路

当利用计算机进行综合时，计算机利用智能化的算法进行电路形式（电路图）与表达式的对照。例如，当查到公式表中的公式 Ae^{xt} 时，就把对应的电路图调出来，并根据公式中的运算符号把所选出的电路连接起来。这就是 EDA 技术中的电路综合原理。

电路综合的基础是电路分析，因为电路分析提供了电子元器件和系统的基本特性。对电路结构分析可以建立相应的电路模型和行为特性模型。这样一来，就可以把行为特性模型与具体的电路结构一一对应，从而为电路综合奠定基础。由此可知，电路综合所依靠的就是电路分析所提供的电路模型。

在科学研究和工程实际中，一个电路的行为特性模型往往可以用若干不同的电路与其相对应。因此，电路行为特性模型确定后，往往有多种可以选择的电路结构，因此模型与实际电路的对应关系并不是唯一的。由电子科学与技术的理论可知，不同的电路具有不同的工作原理和性能技术指标，因此，电路综合的过程中必须考虑多种约束条件。由此可知，电路综合是一项十分复杂的工作，其复杂程度远远大于电路分析的复杂程度。

5.4　数字逻辑电路设计工具

数字逻辑系统数学描述的目的，是建立相应的数学模型，以便用数字电路或其他方法实现相应的数字逻辑系统。从上述讨论的内容可以看出，如果一个数字逻辑系统比较复杂，则采用人工分析方法就变成了一个十分复杂的工作。如果使用数字电路实现一个数字逻辑系统，在系统逻辑表达式建立之后，就必须完成相应的数字逻辑电路系统分析和设计，并且对设计结果进行测试和验证。这种工作对于稍微复杂的数字逻辑系统电路实现来说，无疑是十分复杂的工作。特别是当用集成电路实现一个复杂的数字逻辑系统时，分析、简化和测试验证的工作内容和工作量就变得十分巨大。例如，一个含有 10 个变量逻辑表达式的化简工作就是十分复杂的。

从 20 世纪 70 年代开始，人们开始对电子系统设计的计算机辅助设计（CAD）技术进行研究。20 世纪 80 年代后期，随着超大规模集成电路的发展，出现了几种用于描述数字电路的计算机编程语言，如 VHDL、Verilog HDL、System C 等。到目前为止，VHDL 和 Verilog HDL 已经成为通用的国际标准编程语言。使用计算机编程语言的目的，是提供人类和计算机都能理解的数学模型，这种模型可以由计算机进行自动处理，并把程序运行结果以人类能识别的方式显示出来。这里的程序，实际上就是数字逻辑系统的一种程序化数学模型，是数字逻辑系统数学模型的另一种表示方式。

5.4.1 数字逻辑电路的基本特征

所谓数字逻辑，就是用数字方式描述事物逻辑关系的工程方法。在数字逻辑中，使用逻辑变量作为基本量，数字逻辑中使用的逻辑变量只能取逻辑 1 和逻辑 0 两种逻辑值。逻辑变量之间的关系，构成了数字逻辑系统的基本逻辑关系。

所谓数字电路，就是用电子技术实现的、具有数字逻辑信号处理能力的电子电路。数字电路只能处理代表逻辑变量的电信号——数字逻辑信号。

在对客观事物之间的逻辑关系进行描述和分析时，需要建立数字逻辑模型。当使用数字电路实现一个数字逻辑系统时，不仅需要建立数字逻辑模型，还需要建立电路的物理模型。数字逻辑模型描述了系统的理想逻辑行为特性，而物理模型则描述了实现数字逻辑行为的电路行为特性。数字电路行为特性是实现逻辑模型的基础，也是实现逻辑模型的基本约束条件。

随着电子技术和信息技术的飞速发展，现代数字逻辑和数字电路系统的规模不断地扩大，单纯依靠手工进行分析和计算已经是不可能的了。因此，现代数字逻辑与数字电路系统的自动化分析和设计工具（EDA 工具）对现代数字逻辑与数字电路系统的设计和分析具有十分重要的作用，在学习数字逻辑和数字电路系统时，必须注意学习和掌握 EDA 工具。

数字逻辑是用数字方式研究和处理事件之间逻辑关系的科学。工程中许多问题可以转化为数字逻辑问题，如计算机对问题的处理、工业控制系统的开关等。数字电路是数字逻辑关系处理的物理实现方法之一，也是现代电子技术的重要组成部分。

数字逻辑系统研究的是如何使用数字逻辑概念描述工程基本问题，如何建立工程实际问题的数字逻辑模型，如何对数字逻辑系统进行分析和设计。

数字电路是电子科学与技术和应用电子技术中的重要内容，数字电路所研究的主要问题是数字逻辑的电路实现方法。数字逻辑系统最早的工程应用是 100 多年前的铁路信号系统，随着科学技术的发展，特别是随着计算机和集成电路技术的发展，数字电路与系统已经成为现代工业的技术基础。从第一个数字逻辑厚膜电路的诞生到现在，已经过去了将近 50 年，在这 50 年中，数字电路和数字逻辑应用系统得到了突飞猛进的发展。特别是 20 世纪 70 年代以来，由于电子器件和系统制作工艺和设计技术的长足进步，数字电路从小规模集成电路（SSI）发展成为中规模集成电路（MSI）、大规模集成电路（LSI）和超大规模集成电路（VLSI），目前已经进入系统集成（SoC）阶段。在数字电路支持下的数字逻辑系统技术，已经成为现代信息技术的支柱，是现代科学技术的重要基础技术。

由于现代信息技术的基础之一是数字逻辑系统，所以，数字逻辑系统的基本理论和分析技术已经成为现代电气、电子和计算机工程师必须掌握的基本工程理论与技术，特别是如何建立工程问题的数字逻辑模型，对现代工程技术人员具有重要的意义。

数字逻辑系统与数字电路从技术上可以分为硬件与软件两个部分。所谓硬件，就是数字电路系统的分析、设计和实现技术。所谓软件包含两层含义，一层含义是指需要软件控制才能工作的数字逻辑电路系统中的控制软件（如计算机中的程序），另一层含义是指与数字逻辑系统应用、分析和设计有关的软件工具。对于现代数字逻辑系统和数字电路来说，软件与硬件已经融为一体。没有软件的支持，就无法完成数字逻辑系统和数字电路系统的分析设计任务，数字电路系统也无法正常工作，甚至不能工作（如计算机）。同样，如果没有硬件的支持，再好的数字逻辑系统也只能是纸上谈兵。所以，数字逻辑系统和数字电路中的硬件和软件技术是不可分割的统一体。

1. 数字逻辑系统与数字电路的基本概念

数字逻辑的基本分析概念，是数字逻辑与系统分析和设计的基础，也是学习数字电路的基础。

所谓数字逻辑，是指用数学方法描述和研究事物之间逻辑关系的科学和工程技术。

（1）逻辑关系和逻辑系统

在工程实际中，有些事件之间的关系不需要考虑数量的大小，而只需要考虑各事件的"有"、"无"及逻辑因果关系，这种关系就叫作逻辑关系。描述逻辑关系的系统叫作逻辑系统。

例如，考察电子系统是否正常时，对于系统来说就可以用两个相互对立的概念描述，一个是"正常"，另一个是"不正常"，即可以用"是"和"否"描述一种电子系统状态。电子系统是否正常取决于各部分电路是否正常，如果系统中各部分电路是串联工作的，只要其中一个不正常，整个系统就不可能正常，这样就可以看到各部分电路是否正常与系统是否正常之间的关系，这种关系可以用逻辑关系表示。

（2）数字逻辑

由于事件的逻辑状态只有"有"或"无"两种可能，所以可以用 1 或 0 来代表某一个事件的逻辑状态，这样就可以利用数学方法描述事件逻辑状态和各不同事件之间的逻辑关系。这种用数字 1 或 0 描述的逻辑关系叫作数字逻辑。

（3）数字逻辑中的数

逻辑系统描述了事件的逻辑状态和各事件之间的逻辑关系，本书所涉及的都是二值逻辑，所以数字逻辑中只需要用两个数字表示逻辑事件的状态。科学研究和工程实际中用 1 和 0 表示两种不同的逻辑状态，因此叫作逻辑 1 或逻辑 0。数字逻辑中的数字叫作逻辑值，逻辑值没有数量的概念，只代表有或无、是或非，即 0 和 1 只代表两种逻辑状态，而不具有数字的意义。所有数字逻辑运算只与事件的逻辑状态有关，即只处理逻辑状态，例如 1+1=1 表示了两个逻辑变量或运算的结果，其中 1 代表一种逻辑状态。

（4）数字逻辑变量

数字逻辑变量也叫作逻辑变量。所谓逻辑变量，是指代表事件逻辑状态的变量，如 A、B、C 等。在二值逻辑中，逻辑变量只有两个逻辑值，即 0 或 1。例如使用两个开关控制同一个电灯，这两个开关就代表两个逻辑事件，每一个逻辑事件都有开和关两种状态，所以，两个开关对电灯的控制就可以用数字逻辑来描述，描述中用两个逻辑变量分别代表两个开关。如果设开关闭合时为逻辑 1，断开时为逻辑 0，则可设两个开关为逻辑变量，分别是 A 和 B，电灯亮的逻辑变量为 F。

对一个有输入信号和输出信号的数字电路而言，与输入信号对应的逻辑变量就是输入变量，与输出信号对应的逻辑变量就是输出变量。常常也把输入变量称为自变量，把输出变量称为因变量。

（5）数字逻辑基本运算

使用 0 和 1 表示不同逻辑状态的目的，是要用数学运算描述各逻辑状态之间的关系。数字逻辑的基本运算只有"或"、"与"和"非"三种。

① 逻辑或运算。所谓"或"运算，表示的是 n 个逻辑状态中，只要其中之一满足条件即可。或运算的运算符号为"+"，与代数中的加法相同。例如，$1+1=1$，$1+0=1$ 等。

② 逻辑与运算。所谓"与"运算，表示的是 n 个逻辑状态必须同时满足条件才行。逻辑与运算的运算符号为"·"或者不要符号，与代数中的乘法符号相同。例如，$1 \cdot 0 = 0$。

③ 逻辑非运算。所谓"非"运算，表示的是使逻辑状态变成相反状态的运算，符号是在原逻辑状态顶部加一条横线。例如，$\bar{1} = 0$，$\bar{0} = 1$。

（6）数字逻辑系统

数字逻辑系统是指以数字方式工作的逻辑系统。数字逻辑系统能处理的是基本逻辑信号，也就是逻辑变量。数字逻辑系统的基本工作方式是处理逻辑变量之间的逻辑关系，没有数量的代数或算术运算关系。

（7）用数字逻辑系统也能实现数学运算

数字逻辑系统的基本操作和工作原理是数字化的逻辑运算，但如果利用相应的数学变换和逻辑组合，就可以利用数字逻辑系统实现相应的代数或算术运算。例如，使用 1 位逻辑变量代表一个数，则这个数的值包括 0 和 1，设 A 和 B 分别表示两个用 1 位逻辑变量表示的数，并且 $A=1$，$B=0$，通过"或"运算得 $A+B=1+0=1$，这个结果既表示一个逻辑状态，同时也表示两个数的加法结果。这个结果表明，经过适当的数学变换和逻辑结构组合，就能建立起以逻辑运算为基础的数学运算系统，这就是计算机的基本设计思想。

（8）数字逻辑模型

所谓数字逻辑模型，是指用数字逻辑方法对一个实际逻辑系统的描述结果。数字逻辑模型代表了系统中各逻辑信号之间的逻辑关系，反映了数字逻辑系统的行为特性。在工程中，往往把数字逻辑系统简称为数字系统，把数字逻辑模型简称为逻辑模型。

逻辑模型是分析、研究和设计数字逻辑系统的基础，也是本课程所要讨论的基本内容。数字逻辑系统的逻辑模型具有以下几个特点：

① 表征逻辑特性。表征逻辑特性是说逻辑模型不代表各逻辑信号之间的数值关系，只代表数字逻辑信号之间逻辑状态的相互影响和逻辑运算关系。这是用数学方法研究事物之间逻辑关系时要特别注意的一个特点，逻辑关系只有真和假、有和无，不存在连续变化的可能性。也就是说，逻辑关系中不存在似是而非的可能性。

② 表现形式多样性。同一个逻辑模型可以有不同的表现形式。所谓不同的表现形式，是指对同一逻辑模型的不同数学描述形式，这是由研究问题的出发点和数学逻辑关系描述方法所决定的。例如，对同一个逻辑系统，可以使用表格作为逻辑模型（表格中的 0 和 1 代表逻辑状态），也可以使用状态图形作为逻辑模型。任何工程问题都可以用不同的数学工具进行研究，这也是逻辑模型具有不同表现形式的重要原因。必须注意，尽管逻辑模型的表现形式不同，但所描述逻辑系统的功能却应当是相同的，否则就变成不同的逻辑系统了。这个特性说明，逻辑模型的不同表现形式之间可以相互转换。

③ 逻辑模型多样性。对同一个数字逻辑系统或工程问题，当限制条件或分析目的不同时，可以有几种不同的逻辑模型，但都能在一定条件的限制下实现相互转换。对一个数字逻

辑系统，由于实现方法和要求的不同，可以形成几种不同的逻辑模型。由于所有逻辑模型描述的是同一个逻辑系统，所以在给定的限制条件下（如不考虑实现方法的技术差别），各逻辑模型之间可以相互转换。这种转换在数学上叫作映射关系。例如，不考虑数字电路的延迟特性或信号电平时，用软件实现的逻辑模型和用数字电路实现的逻辑模型是完全相同的。因此在相同的限制条件下，当不考虑实现方法和技术差异时，同一个数字逻辑系统的各逻辑模型具有相同的逻辑功能和逻辑行为。

2．数字电路的基本概念

所谓数字电路是指与模拟电子电路相对应的一种特殊电路，是用来实现数字逻辑系统的基本电子电路。

逻辑变量是数字逻辑系统处理的对象，任何数字逻辑系统都是针对逻辑变量间逻辑运算关系而设计的。数字电路中使用数字逻辑信号代表逻辑事件，通过对数字逻辑信号的相应处理达到实现数字逻辑系统的目的。

（1）数字电路信号和逻辑电平

模拟电子电路所处理的是模拟电信号，数字电路只能处理数字逻辑信号（工程中简称数字信号或逻辑信号）。模拟信号是时间连续、幅度也连续的信号，如常见的正弦波、三角波、锯齿波等。自然界的很多物理量都是模拟的，如温度、速度、压力等。为了便于分析和处理，常常用传感器将这些信号转换成电学量，如转换成模拟电流或模拟电压。

在数字电路中，为了表示逻辑变量的逻辑值，用电压信号的高（或叫作高电平）和低（或叫作低电平）来代表逻辑值 1 或 0，这种高电平和低电平统称为逻辑电平。由此可知，数字电路信号是指在时间上连续，但幅度只有高和低两种电压值（也叫作电平值）的信号。以逻辑电平表示的信号叫作数字电路信号（或叫作数字逻辑信号），简称数字信号或逻辑信号。理想的数字信号如图 5.4-1 所示。

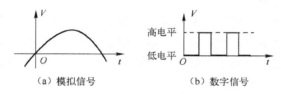

（a）模拟信号　　　　　　　　（b）数字信号

图 5.4-1　理想的数字信号波形

由以上讨论可总结出数字电路信号的基本特征：

① 数字电路信号用电压高低表示逻辑值。

② 数字信号在高电平和低电平之间快速变化，因此又叫作脉冲信号。

③ 数字电路对数字信号采用门限值判别的方法识别。如果信号幅值高于某一规定的高电平门限值，则认为是高电平；如果信号幅值低于某一规定的低电平门限值，则认为是低电平。对处于高低门限值之间的电平信号不予处理，被当作错误信号。

使用电平信号表示数字逻辑信号的优点是可以极大地简化数字逻辑电路。如果使用多级电平（不同电平高度）表示逻辑信号，数字逻辑电路就必须有多种识别方法。

（2）数字电路的基本特点

数字电路有如下特点：

① 数字电路只能处理逻辑电平信号。数字电路的应用目的是处理数字逻辑信号，因

此，数字电路采用的是开关电路结构和工作原理。数字电路的功能是判断输入信号是高电平还是低电平，并根据电路输入信号和电路的逻辑结构确定输出是高电平或低电平。所以说，数字电路所完成的是逻辑处理功能，只能处理数字信号，而不能处理任何模拟电压和电流信号，这是数字电路应用的一个重要基本概念。

② 数字电路系统结构设计的基本依据是逻辑系统结构。在现代科学技术中，数字逻辑系统可以采用软件在计算机上实现，也可以直接采用相应的逻辑电路实现。计算机之所以能实现软件的运行，依靠的是用数字电路实现的计算机硬件系统，硬件系统在软件的控制下实现逻辑变量的处理。因此，归根到底，数字逻辑系统都是由数字电路实现的。数字电路系统要实现的是逻辑处理功能，所以其系统结构设计的基础是所要实现的目标逻辑系统的结构。

③ 数字电路的基本参数都采用标准参数。在工程实际中，为了实现电路的通用性，数字电路的基本参数都采用标准参数，如电源电压、输出驱动能力、输入输出电平值等都有统一的标准。这与模拟电路参数的多样化结构、信号运算关系等形成了鲜明的对照。这种参数的标准化是数字电路得以广泛应用的基础，也是学习数字电路时要特别重视的一个基本概念。

④ 数字电路能实现相应的数字逻辑运算关系。必须强调指出，数字电路是一种工作在开关状态下的电子电路，只能处理数字逻辑信号，其电路结构的基本设计依据是目标逻辑系统。因此，数字电路所能实现的基本功能就是数字逻辑运算。

（3）数字电路的物理模型

在数字逻辑系统中，数字电路的作用是实现逻辑运算，因此在进行逻辑分析时最关心的就是电路的逻辑功能和结构。

所谓数字电路的物理模型，是指根据数字电路的工作条件和电路结构所绘制的数字电路图。数字电路的物理模型提供了建立数字电路逻辑模型的限制条件和依据，是用数字电路技术实现逻辑模型的分析基础。

在工程实际中，任何电路的功能都只能在一定条件下才能实现。因此，对数字电路进行分析时必须首先建立数字电路的物理模型，以便根据有关限制条件判断数字电路能否实现相应的数字逻辑系统，或根据对物理模型的分析提出有关实现相应逻辑系统的限制条件。

（4）数字电路系统的设计方法

① 传统数字电路系统的设计方法

当设计师使用传统设计方法设计一个新的数字电路时，一般的步骤是：

a. 设计电路实现方案。

b. 根据方案的需要，使用数字逻辑电路器件设计具体的电路。

c. 绘制并制作印刷电路板。

d. 安装电路器件，并通过实验的方法进行检验，以便确认电路系统的正确性。

e. 如果是批量生产，则还需要设计电路制作的工序划分、工艺要求、测试要求等。

上述工作中，一般用计算机绘图工具绘制电路原理图和 PCB 图，再通过焊接最终实现电路，接下来就是在对制作好的电路板做调试测试。如果电路不能满足设计要求，则重新设计和制作。

在上述工作中，绘制逻辑原理电路图和 PCB 图通常是用计算机绘图工具完成的。这时，电路连线和电路器件以图形符号的方式出现，设计者根据需要将其连在一起组成线路图，器件符号来自设计工具中提供的各种元器件库。设计者设计的电路系统，全部由符号和信号连线（或网线）连在一起，这样可以根据互连得出一张网表，设计实现之前用网表建立验证设计的仿真模型，一旦设计已经被验证，为了由实际的设计网表向布线软件包提供所需的信息，布线软件将建立实际的连接数据，或者是为了建立 PCB 所需的连线信息。

② 现代数字电路设计方法

在上述电路的设计中，除了完成电路系统的理论设计，还有大量的调试、测试工作。这些工作包括电路安装，选择适当的信号源和测试仪器，观察在信号源作用下电路的工作情况等。这些在传统的电路设计中只能等到电路制作完成后才能进行。

现代数字电路的设计中，一般分为行为级设计与仿真验证、RTL（Register-Transfer Level，寄存器传输层）级设计与仿真验证和电路级设计和仿真验证三个层次。

行为级设计与仿真验证时用 HDL 语言（硬件描述语言）描述所设计的数字逻辑系统模型，并通过仿真对逻辑系统的逻辑功能、逻辑信号和逻辑信号之间的关系进行仿真验证。行为级设计与仿真验证仅考虑设计目标的理想逻辑模型，不能对系统做电路级设计验证。

RTL 级设计实际上是基于功能模块的设计，即把所设计的目标数字逻辑系统划分为若干模块，各模块之间使用寄存器连接，这样做的目的是尽量保证数字信号时序关系正常，这是在使用 FPGA、CPLD 设计系统时常用的设计和仿真方法。但在具体设计时，需要考虑为了提升电路性能而取消传输寄存器后的影响。

电路级设计和仿真验证是基于逻辑电路结构的数字电路设计与仿真验证技术。在数字集成电路设计中，电路级设计与仿真验证通常在行为级和 RTL 级设计验证基础之上，利用集成电路制造厂商（也叫代工厂）提供的电路和版图库，使用集成电路设计 EDA 工具来自动完成。在集成电路设计中，基于电路版图的仿真也叫作"后仿"，而基于 HDL 工具的仿真叫作"前仿"。

使用 FPGA 设计数字逻辑电路系统的方法：

a. 绘制逻辑原理图或使用 VHDL/Verilog 语言描述电路工作原理。

b. 设置仿真条件（输入输出信号等）进行仿真。

c. 针对仿真结果进行调试直到满意为止。

d. 将调试好的电路通过通信线写进可编程逻辑器件 FPGA/CPLD 中。

这里可以看到，所有的调试工作基本上是在计算机中通过软件的方法完成的，因此，如果设计不能达到应用要求，则可以通过软件的方法进行电路调整，直到满意为止，再写进硬件器件中。可以看出，这不仅省时省力，更能节省大量的硬件设计成本。此外，如果需要对原有系统进行改进，只要重新写 FPGA/CPLD 器件就可以达到目的。

3. 数字电路系统技术的发展趋势

数字技术的应用范围越来越广泛，数字电路与系统技术也在电子技术和信息技术的支持下以极高的速度在发展。数字电路与系统技术所关心的已不再是简单的数字电路集成，而是关心数字逻辑系统的集成，就是把整个数字逻辑系统制作在一个集成电路芯片（SoC）上。

数字电路与系统技术的发展可以概括为两个方向，一是硬件系统集成技术，二是系统设计软件技术。

系统的硬件集成技术包括电路集成和系统集成。集成电路的基本特点是实现完整的电路功能，用户不必关心具体的实现技术，只关心器件的使用参数。这样就把复杂的电路设计和调试工作，变成了简单的模块电路连接设计和调试工作。不仅提高了工作效率，也提高了电路的可靠性和其他技术特性。

数字电路的系统集成，是指把完整的系统功能集成在一块集成电路芯片中。集成后的系统满足所有功能和技术指标，用户不必再对系统进行功能和技术指标调试，只要根据使用要求附加少量外部元件，就可以设计应用系统。

总之，数字电路和系统技术在现代电子技术和信息技术的支持下，正在突飞猛进地发展，新的电路原理和逻辑结构不断地涌现。特别是随着 SoC 技术的出现，数字电路和系统的软件电子技术时代已经到来。

5.4.2 VHDL 语言

所谓硬件描述，是指通过计算机编程的方式建立数字逻辑系统和数字电路的模型。计算机对所编制的数字逻辑电路描述程序进行编译后，可以根据一定的规则对所设计的数字逻辑系统进行逻辑综合（根据程序综合出逻辑网络和对应的数字电路），然后对逻辑功能和系统逻辑行为特性进行仿真。同时，还可对数字电路的电路技术参数进行综合仿真计算。这样就可以在制作电路之前对电路的行为特性和参数特性进行测试，提高设计的成功率。

由此可以看出，采用硬件描述语言可实现自顶向下的数字系统设计。

VHDL 是 VHSIC（Very High Speed Integrated Circuit）Hardware Describing Language 的缩写，意思是高速电路硬件描述语言，是一种用于在计算机中设计数字电路的计算机语言。

对于集成电路应用工程师来说，数字电路系统的设计工具可分为手工、计算机辅助和 EDA 集成处理三种。

手工是指数字电路的设计用人工方法实现，包括绘制电路原理图和印制电路板（PCB）图。这种方法适合于使用中小规模集成电路实现数字系统。

计算机辅助是指利用某种计算机软件作为辅助工具，由人工完成设计任务。主要用于大规模集成电路的应用设计。一般对应用工程师来说是比较复杂和并不常用的工具。

EDA 集成处理是指通过一种通用的电子设计自动化平台，向应用工程师提供完整的设计和仿真实验工具。这不仅能帮助应用工程师快速地完成设计任务，还能提供仿真实验手段，使设计任务能全部或基本全部在计算机上完成。VHDL 是 EDA 工具的一个组成部分。

数字电路的基本特点就是易于集成。其原因很简单，数字电路只有两个逻辑值，所以，基本逻辑运算关系只有与、或、非三种。任何一个数字逻辑系统，全部由这三种基本逻辑门电路组成。所以，数字系统可以十分方便地实现系统集成。自 20 世纪 90 年代以来，数字电路的设计开始以系统集成为主。与之相对应的是 ASIC 器件的推广使用。对大多数工程而言，主要使用 PLD 和 FPGA 器件。由于这种器件的特点是提供基本逻辑门电路，由用户自己实现电路的连接设计，因此，没有相应的计算机辅助设计工具就无法完成设计和使用任务。

1．VHDL 的基本概念

VHDL 语言的功能，是提供便于计算机处理的数字逻辑电路系统描述工具。VHDL 作为一种硬件电路的描述语言，需要考虑几个方面的问题。

（1）电路器件模型（系统描述）

电路器件描述包括元件基本开关特性和基本结构特性的描述。这种描述不仅需要计算机能理解，以便计算机能方便地实现对实际电路生产的控制，同时还必须符合一般工程师阅读规律。因此，应当能十分方便地用程序语言描述出电路元器件，以便用户能组成不同的电路。

（2）电路运行模型（仿真描述）

VHDL 语言既然能描述一个电路或系统，因此也应当能检验这个电路或系统的工作情况。这与传统的数字电路仿真有比较大的区别。传统的电路系统仿真，是基于系统方程实现的，而 VHDL 所提供的是对器件和电路连接的描述，不能直接提供系统方程。因此，需要在语言中考虑有关仿真实现的问题。

VHDL 语言应当实现如下功能：

● 电路结构的描述。

● 系统连接的描述。

● 基本器件功能描述。

● 系统运行机制描述。

● 底层电路连接与实现的描述。

与其他计算机语言相同，VHDL 语言也是通过约定好的程序格式来工作的。

VHDL 语言描述一个数字系统的基本程序框架和格式如下：

> 系统说明（包括对运行的设置、电路结构的描述等）
>
> 运行描述
>
> 电路结构描述
>
> 结束

2．VHDL 的基本术语

为学习 VHDL 工具，有必要对 VHDL 的一些基本术语加以说明。

实体（entity）：实体是设计中最基本的模块，用于描述电路外部接口。实体中允许包含其他实体。所有电路设计均与实体有关。在描述一个数字电路时，可使用多个实体的组合描述某个电路器件，并形成新的实体。这与一般程序中的子程序、函数或过程相类似。这样可以分清设计层次。实体设计的顶层是顶级实体，包含在其中的其他实体叫作较低级的实体。

结构体（architecture）：结构体用来描述实体的行为功能和电路结构，以便使计算机能清楚地知道该实体要做什么和怎样去做。因此，所有能被仿真的实体都由结构体描述。对于一个实体，可以有多个结构体，一种结构体可能是行为描述，另一种结构体可能是电路设计的结构描述。

配置（configuration）：配置是一种语句，用于把一个具体元件安装连接到一个实体-结构体对中。配置可以被看成电路设计的一个清单，它描述对每个实体用哪一种行为，所以它非常像一个描述设计每部分用哪一种零件的清单。

程序包（package）：这是设计中使用的子程序和公用数据类型的集合，以便为设计人员提供必要的基本器件、行为描述。可以把程序包看成是构造设计工具的工具箱。

驱动（driver）：驱动是指能输出信号的信号源。在 VHDL 中，每一个输出信号都被看成是一个驱动。例如，某信号由两个三态反相器所驱动，当两个反相器都起作用时，信号将有两个驱动源。

属性（attribute）：属性是附到 VHDL 对象上的数据或者是有关 VHDL 对象的预定义数据。例如，缓冲器的电流驱动能力或器件最大工作温度之类的数据。必须注意的是，属性是系统管理的重要参数。

类属（generic）：VHDL 中，类属是形容把信息参数传递给实体的术语。例如，如果实体是带有上升和下降延时的门级模块，则上升与下降延时的数字值将由类属传给实体。

进程（process）：在 VHDL 中，进程是对电路运行进行描述和说明的程序部分，可以把进程看作是在电路仿真中的基本执行单元。在 VHDL 描述仿真时，将把所有的运算都划分为单个或多个进程。可以看出，VHDL 的主体实际上就是一个进程。

5.4.3　Verilog HDL 语言

Verilog HDL（以下简称 Verilog）是 20 世纪 80 年代后期出现的一种描述数字逻辑电路系统的计算机程序语言，用于对数字电路系统的逻辑功能、电路连接等进行详细的描述。目前，Verilog HDL 已经成为电气电子工程师协会的标准，即 IEEE 1364-2001。

众所周知，仿真就是根据所提供的数学模型进行数值计算，由于数字系统都是在系统统一时钟控制下完成的，所以电路系统仿真需要建立基本的时间长度来划分计算点，然后按时间点计算每个时间点上数学模型的数值，这就引出了仿真步长的概念。所谓仿真步长，是指仿真计算中所使用的时间间隔Δt，仿真步长累加的结果就是仿真结果数值所对应的时间坐标。例如计算机计算 $\sin t$ 时就必须分别计算 $\sin 0$、$\sin \Delta t$、$\sin 2\Delta t$、$\sin 3\Delta t$ 等，每一个仿真结果所对应的时间坐标分别是 0、Δt、$2\Delta t$、$3\Delta t$ 等。仿真步长对仿真结果的精度有很大影响。

由于硬件描述语言所描述的是数字逻辑结构和数字电路系统，所以，也是数字逻辑系统和数字电路的一种模型。只不过这种模型同时包括行为级和参数级的特征。

1. 逻辑表达式的 Verilog 描述方法

逻辑表达式的功能是对数字逻辑系统进行数字化的描述，逻辑表达式所代表的是数字逻辑系统中各逻辑变量之间的数字逻辑关系。这种数字逻辑关系同样也可以用 Verilog 进行描述，这样计算机就能根据程序对数字逻辑系统进行仿真运行。

Verilog 中模块的结构如下：

```
module <module name> (<port list>);
<declares>
<module items>
endmodule
```

其中：

<module name>用来提供模块的名称，模块的名称必须是唯一的。

<port list>是输入与输出变量的列表，这些输入和输出变量与其他模块相连接。

<declares>用来详细说明数据对象，例如作为寄存器、存储器、连接线，或一个函数 **function** 或任务 **task** 的过程。

<module items>可以是 **initial**（初始）结构，**always** 结构，连续赋值或模块的实例。Initial 和 always 是模块的两种结构，initial 结构中会指出仿真时间的长短，当仿真时间达到 initial 规定的时间后，initial 结构中的语句不再继续执行；always 结构中的语句则在全部仿真时间内都执行。

Verilog 编程规定，除了 end 开头的语句外（如本例中的 endmodule），每一个执行语句都必须以分号";"作为结束。

【例 5.4-1】 $F(X,Y,Z) = \bar{X}Y(Z + \bar{Y}X) + \bar{Y}Z$ 的 Verilog 描述。

解：利用 Verilog 可以对给定的逻辑表达式进行如下编程：

```
//A example of Boolean expression
module logic_bln（f, X, Y, Z）;
    input X, Y, Z;
    output f;
    assign f=~X & Y & （Z|~Y & X）| （~Y & Z）
endmodule
```

例 5.4-1 中：

//——程序说明标识符，Verilog 的编译系统在编译程序时将忽略其后一行之内的内容。程序说明部分也可以用与 C 语言相同的符号"/*"和"*/"来标识程序中的说明部分。程序中的说明用来对程序的目的或功能进行说明，以便使程序员能识别不同的程序模块，或帮助其他人阅读程序。

module——Verilog 的关键字之一（Verilog 中有 100 多个关键字），用来指明模块名称。在 Verilog 中，所有的功能都用模块方式来描述，不同的模块组成完整的数字逻辑系统。在使用 Verilog 语言编程时，可以先把数字逻辑系统分割成不同的功能模块分别描述，然后再通过一个系统模块描述不同模块之间的连接关系来描述完整的系统。Verilog 程序中，模块名称独占一行，模块名称的表示方法如下：

module modulename（变量）

关键字 module 与模块名称之间用一个空格隔开，modulename 是模块的名称，模块名称在程序中必须是唯一的，这样才能正确地被其他模块调用。另外，如果需要用不同的英文词作为模块名称，则可以在不同的词之间接一个下划线，如 logic_bln。括号中给出模块中所使用的逻辑变量，不同的逻辑变量之间用逗号隔开，如（f, X, Y, Z）。模块调用的方法与 C 语言相同。

endmodule——表示模块结束的关键字。

input——变量说明，指明逻辑变量是输入变量，输入变量也提供了一个模块与其他模块的连接通道。

output——变量说明关键字，指明逻辑变量是输出变量。

assign——赋值语句关键字，用来指明逻辑赋值操作，如本例中用来表示输入变量与输出变量之间的逻辑关系。

|——Verilog 中的逻辑运算符号，也叫作逻辑算子，表示对两侧逻辑变量实行逻辑"或"运算。这个逻辑算子与本章中的"+"具有相同的功能。

~——逻辑非算子，用于表示对其后的逻辑变量做"非"运算。

&——逻辑与算子，用来表示对其前后两个逻辑变量做逻辑"与"运算。

从这个例子中可以看出，用 Verilog 描述一个逻辑表达式是十分方便的，与本章用逻辑代数描述逻辑表达式的思维方式基本相同。

需要注意，Verilog 语句中逻辑算子的执行是按先后顺序的，因此，如果需要先对某几

个逻辑变量进行逻辑运算后再与其他的逻辑变量进行运算，就应当把需要单独运算的逻辑变量和算子用圆括号括起来，如例 5.4-1 中的（Z |~Y & X）。

除了上述对逻辑表达式的描述外，Verilog 编程中还应当包括测试部分（testbench），测试部分也是一个模块。

从前面的两个例子可以看出，虽然对逻辑表达式进行了描述，但如果要对逻辑表达式进行仿真实验分析，则必须要由外部提供相应的输入信号（如例 5.4-1 中的 X、Y 和 Z）。同时，还必须能够观察到仿真实验的结果。对于数字逻辑系统来说，从本章的讨论可知，可以用逻辑电平的波形来表示逻辑变量之间的关系。所以，测试部分的任务就是提供相应的测试输入信号。Verilog 仿真实验软件平台可提供相应的波形显示分析的功能。

2．真值表的 Verilog 描述

Verilog 除了可以描述逻辑表达式外，还可以描述真值表。

作为一种组合逻辑的模型，Verilog 提供了三种不同的描述方法，这三种方法实际上就是 HDL 所提供的三个层次描述：

（1）门级描述

门级描述使用基本逻辑门和用户定义的模块来描述数字逻辑系统。门级描述的特点是，通过对基本逻辑门和用户定义模块连接的描述，形成对数字逻辑系统结构的描述。门级描述是一种十分接近硬件底层结构的描述方式。

Verilog 为门级描述提供了如下基本逻辑门，基本逻辑门的关键词如下：

and——与门，完成输入逻辑变量的"与"操作。

nand——与非门，完成输入逻辑变量的"与非"操作。

or——或门，完成输入逻辑变量的"或"操作。

nor——或非门，完成输入逻辑变量的"或非"操作。

not——非门，完成输入逻辑变量的"非"操作。

xor——异或门，完成输入逻辑变量的"异或"操作。

xnor——同或门，完成输入逻辑变量的"同或"操作。

buf——三态门，完成数字信号的三态缓冲控制。三态是数字逻辑电路的一种高阻抗状态，当数字电路设置为三态时，相当于从电路连线上断开。

Verilog 门级描述的基本逻辑门具有四种输入或输出可能值，其中包括两个逻辑值 1 和 0，还包括 X 和 Z 两个变量。X 表示未知变量值，在仿真计算中用来处理不能确定的输入或输出变量值。例如，没有对相应逻辑变量赋值，这时就认为逻辑变量值是未知的。Z 用来提供三态效果，当仿真中出现 Z 时，就认为处于高阻状态。例如，当 Verilog 中对输出变量已经赋值但没有提供连接线（编程出错），这时就按高阻处理。

（2）数据流模型描述

数据流描述与 C 语言相类似，用赋值语句 assign 描述数字逻辑系统。数据流描述主要用于组合逻辑系统的模型描述。

数据流描述与门级描述不同，数据流描述不是直接对数字逻辑系统的逻辑结构进行描述，而是通过对数据之间关系的描述完成对数字逻辑系统的功能描述。

（3）行为模型描述

一般使用程序进程语句 always 描述数字逻辑系统。行为描述用来在较高的层次上对数字逻辑系统进行描述，而不是直接描述基本逻辑门之间的连接结构。

Verilog 的行为级描述，是指对数字逻辑电路系统功能和算法层次的描述。行为级描述并不描述数字逻辑系统的逻辑结构或电路结构，而是根据具体的设计要求对数字逻辑系统的逻辑功能以及实现逻辑功能的算法进行描述。所以，行为级描述更接近 C 语言的描述。

5.5　电子系统测量技术概念

电子系统是一个物理系统，因此，其分析和设计中必然会与相应的测量技术紧密相关，因为只有测量结果才是检验分析与设计是否正确的标准。

5.5.1　电子系统的物理测量与仿真测量概念

广义地讲，电子系统测试技术包括物理测量与仿真测量。

物理测量是指在电子系统制作过程和制作结束后，利用各种电子测量仪器对所设计的器件或系统进行功能和技术性能测试，通过测试对所设计器件和系统进行检查验证，以保证所设计器件与系统完全符合设计要求，达到设计目标。这是任何电子器件或系统在设计制造时必须完成的一个工作。实际上，电子器件和电子系统的设计并不仅仅是完成模型构建和系统参数选配就算完成任务了，只有当通过物理测量对器件或系统进行了验证之后，才算完成设计工作。

仿真测量是指在用 EDA 工具设计电子器件或系统时，利用 EDA 平台所提供的软件操作对所设计对象进行的仿真数据分析。例如，设计 MOS 管时，利用设计软件中提供的工具获得管子的静态工作点、动态特性曲线等。严格地讲，仿真测试是一种对仿真结果进行分析的方法。必须注意的是，仿真测试实际上是对仿真结果进行有选择的读取和分析，因此，要求掌握仿真中所使用的模型（器件模型和电路模型），只有这样，才能通过对仿真结果的分析得到正确的结论。

任何电子器件与系统都必须经过物理测量后，才能完成设计任务，仿真测试仅是设计过程中的一个基本的和重要的参考。

5.5.2　电子测量的概念

在工程实际中，电子测量是指利用相应的测试仪器，对电子系统的电学参数进行测量，再根据测量结果判断系统的工作状态，分析其是否符合设计要求或达到了设计目标。

1．测量的基础

电子系统测量的目的，是对分析结果或设计结果进行检验，通过测量观察分析结论是否正确，检查设计结果是否满足设计要求。

对于电子系统来说，通过测量仪器能够测试的都是基本电学参数，即电压、电流、频率等。这些变量代表了被测系统或器件的状态，要判断状态是否正确，就必须依赖于所建立的分析模型和设计模型。因此，测量的基础就是电路系统的模型。通过模型可以比较清楚地确定测试点与测试变量，并根据模型的技术特性，正确选择测量仪器，确定正确的测量方法。

2．测量的基本内容

电子系统测量的基本内容，是通过测试检验模型，如果测试结果与所建立的模型不相符合，则说明建立的模型或所设计的电路存在问题。因此，电子系统测量的基本内容，就是对所建立模型的检验。

电子科学与技术中，测量内容可以划分为两大类：

① 功能测试。功能测试的目的是检验所建立的模型或所完成的设计是否具有所要求的功能。例如，放大器的放大功能、滤波器的滤波功能、数字逻辑系统的逻辑功能等。这是电子电路设计中经常要做的测量工作。功能测试的依据是基本模型，在功能测试之前，必须对测试对象的功能模型有十分清醒的认识，这样才能正确地确定测试步骤，才能对测试结果有清醒的认识，才能用测试结果判断系统功能是否正常。

② 参数测量。参数测量的目的，是对电子电路的性能进行检验，以确保电路工作正常并完全符合设计要求。由于电子电路的复杂性及测试设备的限制，参数测量是一项复杂的测量技术。参数测量技术包括建立测量模型、确定测量方法和选择测量仪器。特别是对于难以直接测量的参数，尤其需要建立正确的测量模型才能完成。由此可见，参数测量时必须掌握电路的分析模型及模型成立的前提条件，然后根据电路分析模型和前提条件建立具体的测试模型。分析模型和测量模型是确定测量方法和选择测量仪器的基本依据。

5.5.3　电子系统常用测量仪器介绍

万用表。传统的万用表是电磁式的，测量结果通过电磁式指针表头显示。现在使用的万用表基本都是电子式的数字万用表，通过机械开关选择不同的测试项目，再通过相应的传感器电路、取样电路、信号处理器和 LCD（液晶显示器）完成数据的处理和数字显示。

示波器。示波器的功能是以波形方式显示随时间变化的电压或电流。目前示波器已经全部实现了数字化，即除了信号输入电路外全部实现数字处理，所以现在的示波器具有波形幅度测量、时间宽度测量、频率测量等许多功能，还能与 PC 或其他数字终端连接，把测量数据传送给其他数字设备以进一步分析或保存。示波器一般以所能测量信号的频段来划分。需要指出的是，一般的示波器所测量信号必须是周期信号，如果不是周期信号则一般示波器不会提供稳定波形而是闪烁的屏幕，当需要观察某个信号的非周期的瞬时波形，则需要使用专用的波形记录仪。随着集成电路的发展，目前一般万用表都是使用一个专用集成电路和少量外围电路构成，有些较高档次甚至带有波形显示和无线数据传输的功能。

频谱仪。模拟电子电路的一个重要特性就是元器件、电路模块或电路系统的频率特性，频谱仪的功能就是通过测量电子电路的输入信号或输出信号，生成对应信号的频谱（幅度频谱和相位频谱）。对模拟电子系统来说，通过频谱分析可以确定电路的许多基本特征，所以频谱仪是模拟电子系统、特别是高频电子系统测量的关键仪器。

逻辑分析仪。逻辑分析仪是观察数字系统数字电平信号波形的显示仪器，可以同时观察 8、16、24、32、64 或更多 bit 的数字电路信号。逻辑分析仪可以提供所测量数字逻辑信号的数字表示（包括二进制、十六进制），还可以测量不同逻辑电平信号的时间关系（例如数字电路输出数据 bit 之间的时间差等）。逻辑分析仪实际上是一个以处理器为核心的数字处理系统。

信号发生器。信号发生器的作用是提供测试工作中所需要的各种输入信号，例如不同频率的正弦波、三角波、锯齿波、方波、任意波形等。目前和今后一段时间里，数字信号发生器都是使用数字合成信号（DDS）技术实现波形发生。目前一般除了输出驱动电路外，多数都实现了单一专用集成电路实现信号发生系统。必须指出，使用不同的处理系统也可以实现相应的信号发生系统。信号发生器可以分为数字信号发生器和模拟信号发生器两大类，数字信号发生器输出的是不同频率的多输出通道的数字逻辑电平信号，模拟信号发生器则是输出连续电压波形的模拟电压信号。

5.6 绿色电子系统设计基本概念

在 1.5.3 节中介绍了绿色电子元器件和系统的基本概念，这些基本概念是设计绿色电子系统的基础，也是绿色电子系统应用研究的基础。

由于目前还没有一个确定的绿色电子系统标准，因此，设计绿色电子系统时一般采用参考与应用要求相结合的方法。

1. 参考设计法

所谓参考设计法，是把所设计系统与已有相同或相似系统对比分析、进而确定所设计系统的最低功率损耗或所使用能源的设计方法。参考设计法的一个重要优点，就是能够在设计时比较快速地找出重点能耗部分，从而在设计之初就能有针对性地对系统和电路结构进行分析研究，从而为低功耗系统设计打下基础。另外，参考设计还可以在设计之初，就确定好全系统的电源等级和电源要求，从而使各部分的设计能够统一在绿色设计的要求之下。

2. 应用要求设计法

按照所要求的绿色限制条件设计电子系统的方法，叫作应用要求设计法。一般情况下，电子系统的应用要求会对设计提出具体电源和环保要求，如电磁兼容要求、使用寿命要求、电源功率要求等。这些具体的要求就是电子系统设计中的绿色限制条件，所有的设计都必须符合绿色限制条件。应用要求设计法的优点是，绿色限制条件由应用系统提出，具有简单明了的设计目标。应用系统提出的绿色限制条件一般包括功率损耗要求、电源电压要求、电磁环境要求、电磁辐射要求、噪声环境要求、热辐射要求及制作过程中的污染限制等。对于电子系统设计者来说，这些绿色要求对电子系统是比较严格的限制条件，在设计中必须认真考虑，并保证满足所有限制要求。否则，所设计的电子系统就不能投入使用。

在实际工作中，绿色设计一般是一个涉及范围广泛的技术内容，需要设计者比较熟悉各种不同的节能技术，特别是各种基本的绿色限制条件。所以，一般都是把参考设计法和应用要求设计法结合使用。

本 章 小 结

本章对电子科学与技术所涉及的基本研究方法进行了介绍，特别突出了应用电子系统设计中的主要研究分析方法。这些分析方法及其相关联的基本概念，对于研究电子元器件和系统都是十分重要的。

在电子科学与技术以及应用电子技术的研究中，模型是一个十分重要的概念。无论是设计电子元器件和系统还是应用电子元器件和系统，模型既是分析的核心，也是设计的依据。

电子系统测量和仿真是电子科学与技术的重要组成部分，不仅提供了电子元器件和电路系统的观察手段，也是验证设计结果的重要技术。特别是仿真测量分析方法已经发展成为电子科学与技术和应用电子技术的研究和工程应用不可或缺的核心技术之一。仿真测量分析方法的核心是根据模型进行计算，没有正确的模型，就不会有正确的分析结果。所以，仿真分析结果的正确与否完全取决于模型。

随着电子科学与技术和计算机技术的发展，CAD 方法和工具已经成为电子科学与技术的重要研究内容和主要分析工具，在应用电子系统设计领域，EDA 工具则已经成为主要的设计和分析工具。仿真分析理论与技术是 CAD/EDA 的核心部分，因此，在电子科学与技术以及应用电子技术中，CAD/EDA 是最基本的工具。

此外，有关绿色电子系统的设计方法还在不断地发展之中。

练习题

5-1　什么叫作模型？简述模型在电子科学与技术中所起的作用。

5-2　用万用表测量一个电阻可以得到电阻的阻值，试问这利用了什么原理和电阻模型？

5-3　已知智能手机包括天线、信号调制、放大滤波、数据解码、数据处理、音频输出驱动、视频显示、音频信号采集、视频信号采集等部分，能否根据这些绘制一个简单的系统结构模型？

5-4　已知某电子电路连接到 5V 直流电源后，其输出端口会输出一个直流电压信号，通过调整输出端口旁的控制旋钮，可将这个直流信号的电压幅度从 0 调整到 4V，注意，调整控制旋钮时，输出电压会随旋钮变化而变化。能否建立这个电路的数学模型（输出电压信号与电源电压的数学关系）？

5-5　能否使用智能手机设计一个万用表？如果可能，建立这个万用表的物理模型（即绘制这个万用表的组成部分，例如电压测试电路、电流测试电路、信号检测模块、处理显示模块等）。

5-6　选择一款 EDA 工具（例如 MultiSim），建立一个简单的电路（例如一个电压源连接一个电阻，电阻的另一端为电路输出），查找一下这个仿真工具在进行电路仿真时有哪些重要的环境设置（例如环境温度、器件数值、器件的温度特性、测试精度限制等）？

5-7　在建立电子元器件和系统的模型时，需要考虑什么问题？

5-8　利用红外传感器可以在一定距离内准确地测量物体的表面温度，红外传感器的输出电压信号与物体表面温度成正比。由于红外传感器输出的信号电压比较低（一般在 mV 数量级），所以需要把红外传感器的信号进行电压放大，之后还需要滤除干扰信号的滤波电路，最后把滤波后的信号转换为数据在显示器（例如液晶显示器、LED 显示器）上显示出来。请根据这个处理过程建立一个描述红外测温仪系统的结构模型（用文字框代表每个信号获取或处理部分后再用线段把这些文字框连接起来）。

5-9　简述约束条件在建立模型的过程中所起的作用。

5-10　如果设计要求半导体器件工作在−20℃～50℃的环境温度下，使用 EDA 工具对电路做仿真分析时，需要怎样选择 EDA 工具提供的器件温度设置？

5-11　什么叫作宏模型？为什么要使用宏模型？

5-12　简述电子测量技术在电子系统设计与分析中所起的作用。

5-13　电子测量技术的基础和主要内容是什么？

5-14　试想你设计了一个直流电压信号放大器，要求输入电压信号为 0～10mV DC、输出电压信号为 0～0.3V DC、电源电压为 3.3V DC，请确定完成这个电路后需要测量的数据、需要使用的测量仪器。怎样判断你所设计并调试后的放大器是否满足设计要求？

5-15　什么叫作 CAD 和 EDA？

5-16　简述电子系统的 EDA 工具在分析和设计中所起的作用。

5-17　使用你所熟悉的一个 EDA 软件（例如 MultiSim）仿真测量一个 100 欧姆的电阻，通过设置软件中电阻测量工具的参数（例如精度、电流测量最小值、电压测量测量值等）观察不同设置下的测量结果。测量结果不同说明了什么？

5-18　什么叫作电子系统的设计目标？

5-19　在设计电子系统时，需要考虑哪些问题？

5-20　如果要求你设计一个工作在较高温度环境（例如环境温度为-25℃～50℃）的电子系统，请问在设计中选择元器件和其他系统部件（例如支架、表壳等）时要注意什么？

5-21　什么叫作电网络图？电网络图中为什么提出树的概念？

5-22　数字电路的基本特点是什么？

5-23　绿色电子系统设计中，应用要求设计法的基本特征是什么？

5-24　对于数字集成电路来说，芯片的功率损耗与芯片使用的电源电压、芯片工作频率的平方和芯片总的等效电容（芯片面积与单位面积等效电容的乘积）成正比，试建立一个函数表达式来表示芯片的功率损耗。调整哪个功率损耗相关的参数能最快降低功率损耗？

5-25　根据上题的结论，在设计一个使用数字集成电路构成的电子系统时，怎样估计系统的功率损耗？怎样在满足系统设计要求的条件下使数字电路部分具有最低的功率损耗？

第6章 应用技术概述

电子科学与技术向应用领域提供的技术包括两方面，一方面是对已有电子元器件和系统进行行为特性和参数分析，另一方面就是根据要求设计电子元器件、电路或系统。

应用有关的分析和设计理论与技术，与电子科学与技术具有相同的基础，其基础理论都是物理学，基本工具都是数学。电子科学与技术的应用有一个突出的特点，就是必须与应用领域紧密配合，否则就不能满足应用的需要。

电子科学与技术的应用是一个比较复杂而又宽泛的技术领域，主要是因为把电子技术应用在不同的领域时，必须充分考虑所应用对象的特殊要求。而电子科学与技术的应用技术，就是要研究如何根据应用对象的特殊要求设计满足要求的电子系统。

本章的目的是对电子科学与技术的应用技术——电子技术的基本内容加以简单介绍，以便使读者建立比较完整的电子科学与技术应用的概念。

6.1 系统实现技术

在应用领域中，电子技术所起的作用是利用电子科学与技术提供的理论和技术，实现应用电子系统。例如，通信工程领域提出了通信系统中的编码算法，电子技术的任务就是利用电子元器件实现所设计的编码算法，使其能在无线设备中工作。由此可知，电子科学与技术提供的电子技术是应用领域的一种系统实现手段。

1. 实现技术

在应用领域中，电子元器件、电路和系统的设计，就是根据设计要求提出电路的基本结构并计算出元器件参数，再通过分析对设计结果进行检验，确认电路符合设计要求后，通过实际电路调试来实现所设计的电路。

【例 6.1-1】 智能手机中为了显示所接收到的图像，需要有解码电路、显示驱动电路和存储器电路，这些电路都需要符合显示图像的编码处理和显示尺寸的要求。

2. 应用技术的内容

电子元器件和系统设计涉及电路结构综合技术、电路仿真技术、电路调试和测试技术。

（1）结构综合

所谓综合，是指通过选择具体电路模块，实现已经设计好的电路行为特性和参数特性。综合的过程实际上是电路结构选择和设计的过程，综合的目标就是提供一个满足设计要求（模型）的具体电路和系统结构。

（2）电路仿真

电路仿真是现代电子科学与技术提供的一个重要的应用技术。所谓仿真，是指对综合出来的电路利用软件平台进行仿真调试和研究，并在仿真调试和研究中修改电路参数（甚至电路模块结构），使之达到设计要求。现代电子电路的设计已经进入人工智能的时代，电子设计自动化技术（EDA 技术）已成为电子电路设计的基本工具，所以，仿真研究分析方法和技术在电子元器件和系统的设计中十分重要。

（3）电路调试

调试的目的就是使所设计的元器件、电路或系统完全满足设计要求，因此，电路调试的基础是所设计元器件、电路或系统的模型，无论是仿真调试还是对已经完成的硬件系统进行调试，都需要根据模型确认调试结果。

（4）电路测试

在电子电路设计中，还有一个十分重要的技术，就是电路测试技术。完成仿真并制造出具体的电子元器件、电路或系统后，需要通过实际测试对设计的最终结果进行检验，即对设计结果进行验证。电路测试的目的，是通过实际电路行为特性和参数的测量，对电子电路的行为特性和参数进行实际检查。对于现代电子电路设计技术来说，测试还是电路或系统仿真工具的一个重要组成部分。电路测试的核心是测试方案、方法的设计与选择，而正确的测试方案与方法选择的基础，是对所设计对象的模型有深刻的理解。

6.2 电路设计的基本方法

对于应用领域中的设计来说，包括两个主要内容，一个是电子元器件的设计，另一个是系统的设计。

从设计技术上看，电子元器件设计的基本技术是集成电路设计技术，电路或系统的设计则是在已有集成电路的基础之上完成的。

从设计理论上看，无论是元器件设计还是电路或系统设计，都具有相同的设计过程，即系统级设计和电路级设计。

无论是电子元器件的设计还是系统的设计，都包含两个部分，一个是根据设计要求建立设计模型，另一个是根据设计模型完成元器件或系统的结构与参数设计。其中，设计模型是元器件或系统的设计目标，而结构与参数设计则是达到设计目标的手段。

6.2.1 应用电路结构设计与建模

所谓结构设计，就是通过功能电路组合，使电路能完整地实现设计要求的行为特性和技术指标。所以，电路结构设计的内容就是电路综合，也是电子元器件和系统设计的第一步。

1. 结构模型

电路结构模型是对所要设计电路的功能结构的物理描述。建立电路结构模型的过程，是根据设计要求建立电子电路行为特性的过程。工程中最常用的方法是采用功能框图描述电路结构模型，同时，功能框图描述的结构模型也是现代电子电路设计自动化技术（EDA 技术）的重要组成部分。

所谓结构模型，是指用方框图方法描述所要设计的电子电路系统，方框图中的每一个方框代表了所要设计电子电路的一个或部分功能。通过对方框图的分析、合并、分解，最后可以确定电子电路的整体结果，为进一步提出电路行为特性和参数计算提供依据。所以，结构模型设计实际上就是电子电路的整体设计方案。

电路结构模型，应当能够完全实现设计要求的电路功能和其他技术要求，也就是要反映出设计目标的行为特性和参数特性。电路结构设计包括对设计要求的功能进行分解、对设计技术要求进行分析等。

【例 6.2-1】 为了能控制冰箱压缩机的工作，需要测量电冰箱中冷冻室和冷藏室的温度。设冷冻室的温度变化范围是−24～0℃，冷藏室的温度变化范围是−4～4℃，温度的变化十分缓慢，可以估计为 0.01Hz。设计一个电路结构，能够把上述温度变化转变成相应的电压信号，输出电压最大不超过 5V。

解：根据设计要求可知，所要设计的电路中应当包括温度/电压变换电路、电压信号处理电路和输出电路。由此，可以绘制出相应的系统结构框图模型，如图 6.2-1 所示。

图 6.2-1 中的"温度传感器"就是所要求的温度/电压变换电路，它负责把温度转换为相应的电压信号，经过电压信号处理电路的处理后，再经输出电路把温度信号传送给冰箱的控制单元。由于一般温度传感器输出的电压信号比较低（一般为 mV 级），考虑到给定温度信号的特点，可以确定电压信号处理电路实际上应当包括电压放大单元和滤波器单元。由于没有特殊要求，所以输出处理电路只是作为输出驱动来使用的。由此，可以得到进一步细化的电路结构框图如图 6.2-2 所示。

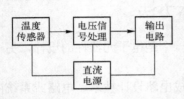

图 6.2-1　例 6.2.1 的图 1

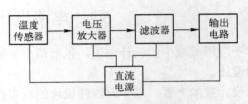

图 6.2-2　例 6.2.1 的图 2

结构框图模型的建立方法如下：

① 分解设计功能。所谓分解设计功能，是指把所要实现的系统功能分解成为若干个相互独立的子功能，每一个子功能都是一个独立的功能单元。一个功能电路中也可以包括若干不同功能的电路，但必须是能独立实现设计要求的某个电路功能。随着集成电路技术的发展，单元电路包含的功能与所使用的集成电路器件有关。从系统优化的角度看，单元功能电路能实现的系统功能越多越好，这样可以提高系统的集成度和可靠性，降低电子电路成本和维护费用，同时还极大地简化了电路制造工艺。

② 确定功能单元。确定功能单元是为了进一步的电路设计，具体内容就是根据对功能的分解得到子功能，并形成功能单元。例如，放大单元、滤波单元、信号变换单元、振荡器单元等。注意，一定要在对分解功能单元的结果进行优化之后再确定功能单元。确定功能单元时要特别注意电路的连接条件和要求。

③ 连接功能单元。把确定好的单元功能电路，按照分解设计功能时所确定的相互关系连接起来，形成完整的功能结构框图。这个结构框图就是最终确定的系统结构模型。

【例 6.2-2】 PC 机多媒体双声道音频信号输入电路的系统功能框图如图 6.2-3 所示，试提供分解设计功能单元方案。

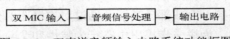

图 6.2-3　双声道音频输入电路系统功能框图

解：双声道音频输入电路是由两个独立的 MIC 输入、音频信号处理和输出电路组成的。根据所给系统框图和题目内容，可以先设置一个通道的电路功能。分解设计的过程如下：

① 基本功能单元分解。MIC 输入电路可以由一个独立的电路完成，也可以与信号处理电路组合在一起。考虑 MIC 的灵敏度和音频信号保真的需要，希望 MIC 输入电路具有较宽的频带和较高的信噪比。在讨论放大电路时曾经介绍过运算放大器的行为特性，为了保持高的频带并提高信号的信噪比，放大电路的放大倍数要保持适中。所以本例选择独立的 MIC 输入电路。

信号处理电路主要是对 MIC 输入电路输出的信号进行放大和滤波处理。由于 MIC 输入电路已经具有了适当的放大功能，所以信号处理电路分为信号放大和滤波两个功能单元电路。这样可以有效地提供放大器的品质因数 Q，保证音频信号的质量。

输出电路的目的是驱动 PC 声卡，应当选择对信号处理影响小、具有相应模拟信号驱动能力的独立单元。分解设计的功能单元如图 6.2-4 所示。

图 6.2-4　双声道音频输入电路功能单元分解

② 功能单元优化。如果考虑高品质音频放大电路对工艺的要求，可以看出上述分解结果具有明显的电路分散性，这对实现电路技术指标要求是不利的。所以，优化的出发点应当放在提高电路集成度上。目前，工程上多使用双声道音频集成电路，电路中包括了音频信号放大、滤波和功率驱动等几乎所有的电路。因此，应当选择专用双声道音频集成电路，使系统只包括 MIC 输入放大和双声道信号处理单元两部分。

2. 电路设计基本方法

结构模型确定后，需要根据结构模型确定每一部分的具体电路，也就是对电路进行设计。电路设计的基础是结构模型所规定的应用目标和要求，其中包括功能和性能指标要求。这种情况下往往需要参考已有实际电路，对其进行改造，这种设计方法叫作参考设计方法。还可以通过列出系统传递函数，使用所设计的电子电路实现这个传递函数。这种设计方法又叫作有源综合方法。

（1）参考法

参考法的基本思想是，参考已有电路结构、使用的器件和电路参数设计自己的电路。使用参考法设计模拟电路的基本步骤如图 6.2-5 所示。

（2）综合法

综合法是根据单元电路模块所对应的传递函数，在电路传递函数分析的基础上，用基本单元电路模块实现电路传递函数。例如，模拟电路中的基本单元有微分、积分、比例积分、比例放大、延迟等电路模块，数字电路中的基本单元电路包括基本逻辑门、寄存器、计数器、译码器等。

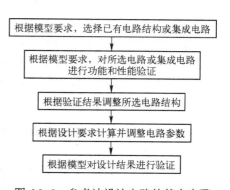

图 6.2-5　参考法设计电路的基本步骤

6.2.2　电路仿真模型与参数的设计

确定结构模型后，还必须对初步设计的系统进行分析研究，以便确定所设计系统的正确性。判断所设计的系统是否正确，唯一的方法就是检查所设计系统能否满足全部功能要求。

1．模型仿真方法

模型仿真方法是电子电路或系统设计的重要方法之一。所谓模型仿真方法，是指根据设计的系统结构，分别列写出每一个框图的物理模型或分析模型，再利用仿真工具对其进行仿真，以检查是否能满足功能设计要求。通过仿真手段对所设计电路进行检验，通过仿真的过程确定电路参数，并考察电路参数对电路行为的影响。

仿真的方法有两种：一种是分析模型仿真，一种是物理模型仿真。

分析模型仿真是根据电路功能和技术指标的设计要求，列写出电路的传递函数（行为特性方程），再利用仿真工具对电路行为特性进行仿真研究。在仿真研究过程中，通过调整传递函数的参数和结构，使电路行为特性接近理想设计特性。

物理模型仿真往往与电路设计原理图的绘制同时进行。通过对电子电路器件和连接结构的描述，直接在仿真环境中建立物理模型。需要指出的是，在对电路进行物理模型原理仿真时，必须先确定电路中所有元器件的参数。同时还要确定设计要求的环境参数和限制条件，否则仿真结果是不可信的。

2．行为特性设计

电路物理模型提供了分析模型的推导基础，可以根据物理模型推导出电子电路的分析模型，包括电路行为特性、参数关系等。在确定电路的物理模型时，必须注意满足电路设计中的基本工作环境和技术指标要求。

电路的分析模型代表了电子电路行为特性与参数之间的关系，往往能直接给出参数的计算公式和选择条件。分析模型的基础是电路的物理模型，没有电路的物理模型，就无法确定电路元器件基本参数。

物理模型和分析模型是电路仿真的基础，电路仿真的基本依据，就是物理模型提供的结构以及分析模型提供的电路行为特性和元器件参数。

与电路设计相同，实现行为特性的方法也分为参考法和综合法两种。

参考法是选择一个已知功能和行为特性的电路，通过对传递函数的分析和参数修改，得到所需要的电路分析模型和参数。

采用综合法时，直接利用所设计的传递函数对电路行为进行元器件和结构综合。前一种方法可以有效地利用现有电路，特别是可以直接利用原有电路器件完成电路设计。后一种方法则可以不考虑电路器件的影响，当全部电路设计完成后，再选择相应的器件。

3．电路参数设计

电路参数设计的依据是电路分析模型，只有确定了电路参数，才能对电路进行行为特性分析和设计功能检查。

在电子系统设计中，电路参数是根据系统模型通过分解而得到的，就是说，电路参数要能满足系统模型参数。由于具有相同功能的电路有多种，因此，电路参数还与所选定的电路结构有关。

6.2.3　分析和设计工具的应用特征

如前面几章所介绍的，电子科学与技术研究与应用的基本设计工具是基于 CAD 的分析和设计软件。从系统分析到系统设计都可以使用 CAD 或 EDA 工具。

1. 现代电子电路分析和设计工具的基本技术概念

电子电路设计的基础是设计者对电路和约束条件的认识。由于对电子电路和约束条件认识上的区别，以及多约束条件下分析设计的复杂性，所以传统电子电路设计采用了简单约束为基础的分步设计方法。因此，传统设计电路中有关电路实际情况的考虑和设计计算，都必须进行相应的简化，然后通过实际电路调试过程一个一个地加以克服。

现代电子电路设计工具是计算机、人工智能和信息网络系统支持下的设计环境，是一个复杂的数字信号处理系统，其中包括有大量手工计算无法想象和完成的分析过程和计算过程，不同的设置条件可以采用不同的计算方法。所以，现代电子设计环境允许设计者充分估计可能影响电子电路性能和行为特性的各种约束条件，如温度、电源波动、分布参数、半导体器件非线性等的影响。只要按设计软件环境要求的格式输入约束条件，就可以实现多约束条件下的电路仿真。

（1）数字化模型分析

所谓数字化模型分析，是指电路分析和设计过程全部基于数字计算技术。其基本特点是无法提交解析解答，只能以图形或数字方式给出分析结果。数字化模型的另一个应用概念是非实时性，所谓非实时性不是指数字化模型不是以时间为基本坐标，而是指根据模型、选定的时间增加步长Δt和时间步长累加结果 $t=n\Delta t$（代表某个时刻），来计算不同时刻点上数字化模型的输入信号、输出信号和各个参数的数值，完成一个时刻点 $t=n\Delta t$ 对应的各个数值计算后，再计算下一个时刻点 $t=(n+1)\Delta t$ 上数字化模型中信号和参数的数值。数字化模型仿真的结果是电路数字化模型在不同时刻点上的数值，仿真结果是一个数据集合。非实时性为电子电路的分析和设计提供了极大的方便。同时，由于半导体元器件和集成电路的复杂性，使得数字化模型分析具有很强的器件针对性。

（2）器件针对性

任何现代电子电路分析和设计工具都具有器件针对性。所谓器件针对性是指针对某个特殊集成电路所建立的分析模型。之所以具有器件针对性，是因为现代电子电路分析和设计工具必须针对具体器件的模型建立数字化模型。这是在使用分析和设计工具时要十分注意的。在各种不同的现代电子电路分析和设计软件工具中，都会提供相应的元件库，便于用户使用各种专用集成电路。当分析和设计中需要特殊器件或需要对器件模型进行相应的修改时，必须由用户自己用相应的图形方法或计算机语言完成器件模型的建立。

（3）整体计算

现代电子电路分析和设计软件工具中，并不是通过对电路进行分段计算完成电路整体分析计算的，而是通过建立网络节点方程进行整体计算的。所以，电路越复杂，所使用的元件约束条件参数越多，计算分析时间越长。

（4）工具的模块结构

由于需要考虑复杂的分析约束条件，以及电路元器件在对应约束下不同的分析模型，现代电子电路分析和设计工具一般都由不同的模块软件组成。这不仅是工具软件设计的需要，也是同一个工具能完成较大范围内应用电路设计的需要。

2. 分析和设计工具的技术特征

现代电子设计工具的基本技术特征有：

（1）全部数字化处理

计算机软件工具的基本特征是，所有电路行为分析全部是基于数字计算的，也就是说，现代电子系统设计工具属于数字信号处理系统。全数字化处理系统的基本特点是，系统行为仿真以系统结构、参数和行为特性分析为主要目标。系统分析的基础是电路的网络拓扑结构和元器件参数。同时，电路处理中允许用户加入相应的参数控制。

由于全数字化分析和设计工具的数字信号处理特征，所以，约束条件设置技术和计算误差是现代电子系统分析和设计软件的基本技术特征。

（2）可设置多约束条件

由于使用的是仿真处理方法，所以现代电子系统分析和设计工具结果的正确性和准确性主要依赖于模型和所加入的约束条件。

对于电子元器件和系统的分析设计工具来说，基本约束条件包括频率参数、器件模型、温度参数等。这些约束条件所对应的参数，都必须由用户自己通过分析对设计软件进行相应的设置，否则软件就只能按理想约束条件对电路进行仿真。

实际上，现有的仿真软件工具还不能实现全智能的约束条件和工作环境设置，所以，如何确定约束条件和如何设置约束条件及其参数，已经成为现代电子电路和系统设计的基本技术之一。例如，考虑到半导体器件温度特性对电路运行的影响时，就必须设置相应的仿真温度范围，并根据所建立的温度随时间变化模型对电路做受温度影响时的仿真分析。

（3）多种输入方法

CAD 或 EDA 软件一般都具有电路图形输入、电路描述语言输入和数学模型输入几种输入方法。

电路图形输入方法是一种直观的电路分析和设计输入方法，设计者只要把所设计的电路用电路图形符号绘制成电路图，就可以完成电路的输入，然后就可以进行软件仿真了。这种输入方法的优点是对中小规模的电路比较方便，比较适合于电子电路初学者使用。缺点是对于大规模的电路设计工作量大，同时电路约束条件的设置比较困难。

6.2.4　电子电路测试设计与分析

电子电路能否满足设计要求的最终检验方法，就是电路测试。电路测试也是电路设计的重要组成部分。只有通过了电子电路的实际测试，才叫作完成了电子电路的设计。

1. 参数测试的概念

电路测试的目的，是检查电路的行为特性和参数特性是否符合设计要求。通过电路测试，可以确定电子电路的实际参数。通过对电路约束条件、物理模型和分析模型的分析可知，电路参数测试与行为特性观察是检查系统的唯一方法。

（1）电路状态和现象

通过测试仪器，可以观察到电子电路的状态与行为现象。这些状态和行为现象都与电路参数直接相关。

① 电路状态

电路状态是指电路行为特性（包括功能特性、参数影响特性等）在一定条件下和一定时间范围内的表现，是用来描述电路行为的基本要素。通过电路状态和状态之间变化关系的描述，可以形成电路行为特性的整体描述。电路状态一般有静止状态、零输入状态、稳定状态、过渡状态等。

静止状态：电子电路在没有输入信号时，电路处于各点电位、各支路电流都不随时间变化的状态。符合给定条件下的电路静止状态是电路正常工作的基础，不符合给定条件的电路静止状态属于故障状态。例如，三极管或场效应管放大电路的直流工作点就是半导体电路的静止状态。

零输入状态：对于电子电路来说，零输入状态是指电路的输入信号为 0。输入信号为 0 有两种情况：1）电路所连接的信号源与电路输入端断开，2）电路输入信号为 0 电位、但没有与信号源断开连接。不同的零输入可能会引起电路不同的零输入状态。对于电子电路来说，零输入状态是一种特殊静止状态，在工程实际中必须针对具体的电路输入端做分析才能得到正确的结论。

稳定状态：是指电路稳定地工作在一个状态，不存在不同电路状态之间的变化，如放大器的正常工作状态、振荡器稳定的信号输出等，都是电路的稳定状态。图 6.2-6 是一个电路振荡的波形，从中可看出经过一段时间的不稳定状态后电路进入稳定的输出状态。

过渡状态：过渡状态也叫作电路的暂态，是与电路的稳定状态相对应的一种电路工作状态。电路处于暂态时不能稳定地工作在一个工作点上，而是处于从一个稳定状态向另一个稳定状态过渡的过程之中。例如，低通滤波器从零输入状态到稳定工作之间的状态就是一种过渡状态。图 6.2-7 是电路的一种过渡状态。

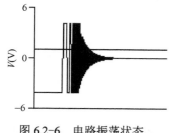

图 6.2-6　电路振荡状态　　　　图 6.2-7　电路的一种过渡状态

② 电路现象

电路现象是指电路行为特性的宏观表现。电路现象是用来说明电路行为和技术特性的状态集合。例如，当电路输出端对地短路时，所能观察到的仍然是输出为零，但这时却反映了电路的故障状态，是一种故障现象。

当电路处于正常工作状态时，能够观察到电路的设计行为特性。当电路处于故障状态时，所能观察到的是电路的故障现象。所以，电路状态和现象观察是电子电路测试技术的内容。

（2）电路变量

电路状态是通过电路变量的测量得到的。在电子电路状态观察中，最直接和最便于观察的电路变量就是电路的节点电位（被测试节点到电路参考点之间的电压）。在电路变量观察中，必须注意测量方法和测量条件，不同测量方法和测量条件所能得到的测量结果是不同的。

（3）测量条件

电子电路的状态和现象是有条件存在的，每一种现象都与测量条件直接相关，而电路状态则直接由电路测试条件所决定。所以，在进行电路测试时，必须根据设计提供的条件进行测试，否则将不能根据测试结果对电路的状态和现象做出正确判断。必须注意，在工程实际中，测量仪器输入端必须与被测量电路在信号和功率上匹配，这样才能保证测量结果正确。

（4）电路状态的观察与测量技术

电路状态观察使用的测量技术，需要由观察目的和电路行为特性决定。通过电路行为特性的讨论，可以得到对电路状态观察方法的限制条件。例如，交流放大器状态观察就必须分为交流信号观察和直流信号观察两个部分。

2. 电子电路测试设计技术

电子电路测试设计的目的，是确定观察电路功能和行为特性的技术方法。由于现代电子电路日趋复杂，实际上测试设计技术已经成为电子电路设计技术的重要组成部分。也就是说，在设计电子电路时必须充分考虑各种状态、行为特性和参数的观测方法，使系统具有特征可观测性。

电子电路测试设计技术的基本内容包括状态与行为特性测试设计、参数测试设计。测试设计的基础是电子电路分析模型。电子电路测试设计的结果，应当能明确指出所需要观察的状态和现象（通过现象确定系统功能）、电路的行为特性观察方法及根据测试推算各种参数技术指标的具体算法。可以看出，电子电路测试设计的过程，实际上就是电子电路设计结果的一个检验过程。

（1）电子电路的可测性设计

由于电路集成化和复杂化，在设计现代电子电路时必须考虑系统的测试特性。也就是说，设计中必须同时进行可测性设计。注意，这里的可测性与自动控制理论中的可测性不是一个概念，是指电路中具有可连接测试仪器的测试点。

可测性设计的基本内容包括：
- 确定行为特性的测试结构
- 技术指标直接测试
- 状态测试的基本要求

（2）电路状态与行为特性测试设计

电子电路的行为特性，是由一系列电路状态组成的。所以，电子电路行为特性测试的基础是电路状态测试。电路状态与行为特性测试设计包括确定测试目标、测试方法及测试仪器。

测试目标是指所要测试的电子电路状态。在工程实际中，要充分反映系统的行为特性，就必须观测所有关键状态。所以，确定测试目标实际上就是要确定所需要测试的状态。通过测试静止状态，可以测试电子电路的某些参数，并能判断电路是否正常。通过测试零输入、稳定状态和过渡状态，可以测试系统的基本技术指标和基本行为特性。为了确定电子元器件和系统的行为特性，必须测试静止、零输入、稳定和过渡等四种状态，这样才能满足行为特性和技术指标测试的要求。必须注意，进行各个状态测试时，必须满足相应的测试条件。

测试不同的状态时，必须采用不同的测试方法。测试方法的确定与电子电路的行为特性、所使用的元器件、信号的特点等有密切关系。工程实际中常用的测试方法有直接测试法和间接测试法。直接测试法，是指通过测试直接得到所需要的测试结果，换句话说，就是直接测量所需要测试的物理量。例如，测量三极管电路的静态工作点电位、测量放大器电路的稳态特性等，都可以用直接测量相应观测点的电位实现。间接测试法，是指通过测试电子电路中的其他物理量，间接地得到所要测试的物理量。间接测试不能直接得到测量结果，但可以通过电子电路电压、电流等物理量之间的关系推算出所要测试的物理量。换句话说，就是要先确定被测物理量与直接测量的物理量之间的计算关系，然后通过测试结果计算要测量的物理量。例如，测量三极管电路静态时各电极中的电流，就可以使用间接测试法。必须指出，间接测试法的测试结果与转换计算精度有直接的关系。

【例 6.2-3】 确定图 6.2-8 所示电路的测试目标和测试方法。

解：测试要解决电路是否正常工作及电路的时间和频率特性，所以需要测试电路的静态、零输入响应，以及电路稳态特性。此外，还必须测试电路暂态特性，所以需要测试电路的过渡状态。

① 通过输入接地测试电路输出是否为零。

② 通过输入悬空，测试电路输出是否为零。

③ 输入一个低频方波，测试电路的过渡特性。方波的频率和占空比由电路的设计参数（时间常数）决定。

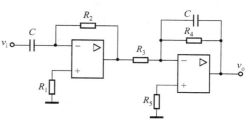

④ 输入一个正弦波，测试电路的稳定状态。

⑤ 通过输入扫频信号，测试电路的频率特性。

⑥ 所使用的仪器必须满足电路频率和精度的要求，需要示波器和信号发生器。

图 6.2-8 微分和积分串联电路

6.2.5 电子系统电源电路设计与分析

电子系统设计技术中的一个重要内容，是电子系统的电源设计。没有良好的电源保证，电子系统就不会正常工作，也不会达到预期的设计指标。

1. 电子系统的电源

现代电子系统以半导体集成电路为核心，半导体集成电路对电源有一定的要求。这些要求主要表现在电路种类和电源质量两个方面。

（1）电源稳定性满足半导体器件的要求。半导体器件对电源波动的抑制能力是有限的，如果电源波动的范围超出了半导体器件抑制能力，电路就不能正常工作，并且可能损坏器件。所以，电子电路的电源必须要满足电路中对电源要求最苛刻的器件。

（2）具有一定的过载能力。短时过载是电子电路的一个常见电路现象，如由于电路中电容或电感的存在，电子电路在接通电源的瞬间，会出现脉冲电流输入。过载能力不仅要求电源能在短时间内提供超出额定负载的功率，还要求电源具有适当的保护能力，以防止电路器件损坏时烧毁电源。

（3）与电子系统设计目标相匹配的环境适应能力。由于电子元器件和系统都使用的是直流稳压电源，而直流稳压电源本身也是由电子器件组成的，所以电源能否正常工作与环境有直接的关系。特别需要指出的是，由于电子系统电源使用的是功率器件，因此对环境条件的要求可能会超过电子系统本身。

（4）电源效率高。现代电子系统的一个十分重要的特点就是低功耗，因此，电源是否具有相应的效率直接关系到电子电路能否满足设计要求。

（5）良好的电磁兼容性。尽管现代电子器件在电磁兼容特性上有了很大的提高，但由于绝大多数电子元器件和系统是用于信号处理的，电子系统仍然是电磁环境敏感的系统。同时，电源的电磁兼容性会对电子元器件产生直接的影响，所以，电子系统对电源的电磁兼容性要求比较高。

（6）较高的安全可靠性。电子电路电源的安全可靠性包括有三个含义，一是电源自身具有良好的安全保护特性，（不会因为电路中器件的损坏而破坏电源），二是当电源内部发生故障时不会烧毁其他电路器件，三是能在额定输出功率下长期稳定、可靠地工作。

（7）合理的性能价格比。随着电子元器件和系统集成度的提高，电子元器件和系统的性能价格比一直在不断地上升。作为电子系统的重要组成部分，电子系统中电源的性能价格比会直接影响到电子系统的实用性。所以，电子系统中的电源必须具有合理的性能价格比。

【例 6.2-4】 如果某电子电路板正常工作时需要 3.3V 直流电压和 100mA 的电流，电路启动时需要 3.3V 直流电压和 200mA 电流。试计算该电路电源的最小功率。

解： 根据物理学中有关功率的概念，电路板正常工作和启动时所需的功率分别是

$$电压×电流 = 3.3×0.1 = 0.33（W）$$
$$电压×电流 = 3.3×0.2 = 0.66（W）$$

为保证电路能启动，电源的最小功率应当是 0.66W。

2．电子系统电源设计内容

电子系统电源设计的内容有：

（1）器件电源电压分析

当电子电路中使用的半导体器件比较多的时候，电源设计的第一步就是要分析所选器件对电源电压的要求。从电源电压需求角度看，半导体器件可以分为两类，一类是使用单一固定电压的器件（如数字电路器件），另一类是电源电压可在一定范围内选择的器件（例如运算放大器、三极管等）。电源电压分析的目的，是根据设计目标要求（功能及技术指标要求），在同一电子系统中尽量统一电子元器件的电源电压，避免在同一系统中使用过多种类的电源电压。

（2）电源功率分析

确定了电源电压后，一个重要的工作就是分析电源功率，只有确定了电源功率，才能最终确定所要使用的电源类型或电源器件。电源功率分析必须充分考虑电路可能形成的正常过载现象，以保证电源能输出足够的功率。

（3）电源类型的选择

电源类型的选择，是指确定使用线性电源还是使用开关电源。线性电源的纹波系数小，但效率低，一般适用于小功率的电子电路。开关电源的纹波系数大，电磁兼容性差，但效率高，过载能力强，一般适用于大功率或要求效率高的场合。

【例 6.2-5】 要求把某电子系统设计在一块电路板上，且电路板上只允许有一个电源插口。如果这个电路板上的电路需要 5V、3.3V 和 1.5V 三种直流电压源，试确定电源插口的输入电压。

解： 一般情况下可以采用降压的方法从 5V 电压中获得 3.3V 和 1.5V 电压，所以电源插口的输入电压应当是 5V 直流电压。

6.3 典型模拟信号处理电路

处理连续时间模拟信号，是电子科学与技术提供的一个重要应用技术。在电子技术中，把处理连续时间信号的电路叫作模拟信号处理电路。能处理模拟电压或电流信号的集成电路叫作模拟集成电路。

模拟信号处理电路包括有放大电路、振荡电路、滤波电路、信号运算电路等。这些电路的一个共同特点，就是电路容易受到外界环境的干扰。同时，由于电路元器件的原因，电路的设计参数也将随时间发生变化。这些都是模拟信号处理电路或系统的重大缺陷。在模拟信

号处理电路的分析中，必须十分注意分析的约束条件，同时还要注意根据分析目的的不同，考虑各种干扰对模拟信号处理电路技术特性的影响。

目前，为了克服模拟信号处理电路的缺点，提高模拟电子电路的特性，绝大多数系统都采用集成电路，并向着片上系统（SoC）和专用集成电路的方向发展。

6.3.1 放大器电路

放大电路是组成各种连续时间模拟信号处理电路的基本单元，也是工程实际中应用最多的电路模块。在工程实际中，放大器的关键参数包括电源电压、频率、摆率、增益、噪声、输入输出电阻、温度和功率损耗，这些就是放大器电路的约束条件。在电子系统中，一般使用集成运算放大器实现放大器电路，在特殊的场合（例如高频、低噪声、功率放大等）还使用专用的放大器件。

1. 反相放大器

所谓反相，是指输入和输出信号的相位相反。例如，三极管共射极电路就是一个反相放大器。运算放大器实现的反相放大器和等效电路如图 6.3-1 所示，其中 v_i 和 v_o 分别代表输入电压和输出电压信号。

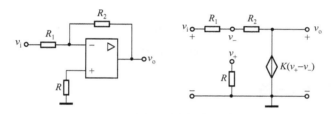

图 6.3-1　反相放大器和等效电路

图 6.3-1 电路的输入、输出关系（基本行为特性，代表了电路的功能）是

$$v_o = -\frac{R_2}{R_1}v_i \tag{6.3-1}$$

式（6.3-1）就是反相放大器的电路行为描述，表明反相放大器具有信号电压的放大能力，并且电压放大倍数可以是从零开始的任何数。注意，式（6.3-1）是在理想运算放大器约束条件下得到的反相放大电路理想行为特性，如果需要考虑运算放大器非理想因素对电路的影响，则需要采用反馈分析方法对电路进行分析。

【例 6.3-1】　设有需要把电压信号 $v(t) = V_M \sin \omega t$ 的幅度放大为 500mV，已知 $V_M = 5\text{mV}$，如果使用图 6.3-1 所示电路，试计算式（6.3-1）的 R_2/R_2。

解：根据式（6.3-1）可得

$$\frac{R_2}{R_1} = \frac{500}{5} = 100$$

2. 三运算放大器差分放大器

三运算放大器差分电路如图 6.3-2 所示，这是一种在工程中常用的差分放大器结构。其中 A_1 和 A_2 叫

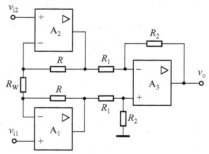

图 6.3-2　三运算放大器构成的差分放大器

作输入放大部分，A_3 叫作差分放大部分。可以看出，图 6.3-2 所示电路具有相当高的输入电阻，同时可以做到较高的共模抑制比。

在理想运算放大器和理想电路条件下，可以得到图 6.3-2 所示电路的行为特性

$$v_o = \frac{R_2}{R_1}\left(1+\frac{2R}{R_w}\right)(v_{i1}-v_{i2}) \tag{6.3-2}$$

式（6.3-2）就是理想运算放大器条件下，三运算放大器组成的差分放大器的行为特性。其中 R_2/R_1 是差分放大部分的差分信号放大倍数，$1+\dfrac{2R}{R_w}$ 是输入放大部分差分信号放大倍数。

除了运算放大器的基本参数外，上述分析还说明要保证式（6.3-2）成立，A_3 中的四个电阻就必须保证一定的精度要求。在工程实际中，使用集成电路技术把三运算放大器制造成专用芯片，这样才可以保证电路参数的精度。

【**例 6.3-2**】 某电子系统输入信号为 $x(t)$，要求该系统输出信号为

$$y(t) = 100x(t)$$

试用图 6.3-1 的电路实现这个系统。

解： 根据式（6.3-1）可知，如果使用图 6.3-1 所示电路，就必须使用两个相同电路串联起来，这样才能实现本例的要求。这样就是每级放大 10 倍。设第一级放大器输出为 $v(t)$，则最终输出为

$$y(t) = 10v(t)$$
$$v(t) = 10x(t)$$

6.3.2 信号发生器电路

信号发生器电路是现代电子系统的重要组成部分，它用来形成各种控制和测试信号。

电子系统中的信号分为周期信号和非周期信号。周期信号就是对时间做周期变化的信号，例如正弦波、方波等。非周期信号则是根据系统的需要，在特定的时间内出现的信号，例如阶跃、脉冲信号等。

1. 信号发生器的基本概念

任何工程信号都可以用一条随时间变化的曲线来描述，工程上把随时间变化的曲线叫作波形。从数学上看，任何曲线都对应着一个函数，如正弦波曲线对应于函数 $f(t)=A\sin(\varphi)$。对信号发生器电路来说，其输出的是一条随时间变化的曲线，也就是通常所观察到的信号波形。由此可知，只要用电子电路实现一个函数运算就可以达到信号发生的目的。正因如此，工程上把能够产生多种信号的仪器设备叫作函数发生器。

信号发生器电路一般包括如图 6.3-3 所示的三个部分。图中信号发生部分是电路的核心，各种信号都在这里产生。控制电路则根据系统的需要，向信号发生部分发出各种控制信号，控制信号发生电路的工作。信号输出部分则是根据系统对信号幅度和功率的要求实现对信号的驱动输出。电源部分向其他电路提供所需要的电能。注意，电子元器件和系统对信号发生电路的技术指标要求比较高，而电源是影响技术指标的一个重要因素，因此要特别注意信号发生器系统的电源设计。

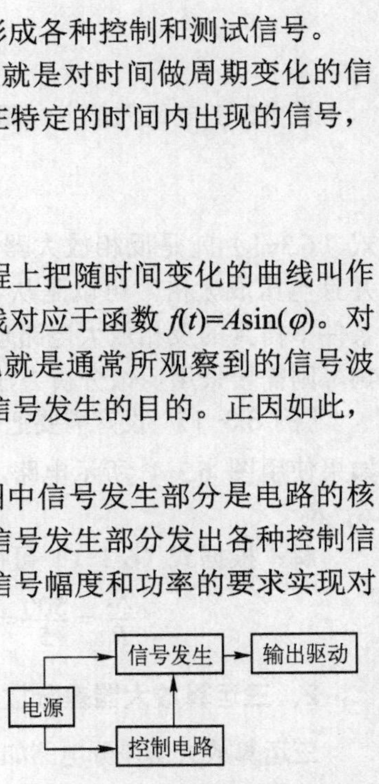

如果信号发生器或函数信号发生器的输出信号是一个周

图 6.3-3 信号发生器电路组成

期性信号，则这个周期性信号可以用振荡电路产生。

所谓振荡，是指电子电路所处的一种特殊状态。发生振荡时，电路中的信号是周期性时间信号，这个信号仅与电路结构和参数有关，不受输入信号的控制。对大部分电子电路来说，振荡是一种非正常现象，表示系统进入了不稳定状态并失去了控制。而对信号发生器来说，则需要形成受系统结构和参数控制的周期信号。因此，振荡电路是大多数信号发生电路的核心技术，掌握振荡电路形成振荡的基本规律，不仅是信号发生电路分析设计的基础，也是避免其他电子电路发生振荡的基础。

对信号发生电路来说，另一个重要的基本概念就是信号波形的失真。所谓失真，是指电路输出信号波形与所设计波形之间的差别。在电子技术中，可以用频率分析的方法描述信号失真，就是采用谐波分析方法描述信号的失真。例如，对于正弦波信号，如果输出的信号不是一个单一频率的正弦波信号，则其中必然含有其他频率的正弦波信号。这时把其他频率正弦波信号的幅度有效值与所希望信号幅度的有效值之比叫作谐波失真。

2. 信号发生电路的基本工作原理

信号发生电路（也可以叫作函数发生电路）的基本工作原理是，以信号数学表达式为基础，通过相应的电路实现信号波形输出。由于不同信号的波形不同，因此其数学表达式的实现方法也不同。但对比较复杂的信号来说，都是通过数学中的拟合法来实现函数波形的数学表达式的。因此，信号发生电路的设计和分析，都是围绕如何实现一个函数的数学表达式进行的。

应用电子技术提供了两种方法实现一个连续的时间信号源，一种是利用拟合法实现数学表达式，另一种则是利用电路振荡实现某种周期信号。

（1）拟合法信号发生电路的基本工作原理

拟合法信号发生电路的基本原理是，利用相应的电路实现对输入信号的某种运算，使输出信号波形满足相应的函数。例如，正弦波信号发生电路的输出信号就是一个具有相应幅度和频率的正弦波形。

设某波形 A 对应于函数 $f(x)$，根据在 a 点幂级数展开方法，可以得到

$$f(x) = f(a) + (x-a)f'(a) + \frac{(x-a)^2}{2!}f''(a) + \cdots + \frac{(x-a)^n}{n!}f^{(n)}(a) + \cdots \tag{6.3-3}$$

令 $a = 0$，则

$$f(x) = f(0) + xf'(0) + \frac{x^2}{2!}f''(0) + \cdots + \frac{x^n}{n!}f^{(n)}(0) + \cdots \tag{6.3-4}$$

从式（6.3-3）可知，一般情况下，要实现某种函数波形，可以先对波形所对应的解析函数进行幂级数展开，经过简化处理后，再利用相应的电路（如乘法电路、指数电路、加法电路等）实现能产生对应波形的信号发生电路。

例如要实现正弦函数，则

$$f(x) = A\sin x = A\left(x - \frac{x^3}{3!} + \frac{x^5}{5!} + \cdots\right) \tag{6.3-5}$$

根据式（6.3-5）可知，把 x 作为输入信号（当实现正弦函数波形时，x 是直流电压），就可以用乘法器、加法器、减法器电路实现上述函数。实际上，幂级数展开的近似方法，也是计算机中实现函数计算的基本方法。

（2）振荡电路的工作原理

对于某些比较特殊的波形，如方波信号、正弦波信号、三角波信号等，可以直接利用振

荡电路和积分电路等实现。例如，要产生三角波信号，可以先产生方波信号，再利用积分电路对方波进行积分，就可以形成三角波信号。由于工程实际中使用最多的是周期信号，因此，绝大多数函数发生电路都是以振荡电路为基础的。

在没有外来输入信号作用时，仍能输出具有一定幅度的周期信号的电路，叫作振荡电路。振荡电路是周期信号发生电路的核心。

根据电路频域分析和反馈分析的基本概念和理论，对于具有正反馈结构的电路将具备了形成振荡的基本条件。一个电路只有满足振荡条件和起振条件时，才会形成幅度稳定的振荡信号输出。同时，只有当电路参数稳定不变时，才能保证输出信号的幅度和频率能稳定在一个固定的数值上。对于信号发生电路来说，总是希望幅度和频率能稳定；如果电路不能输出一个稳定的振荡信号，就必须采取相应的措施。

3．基本振荡电路

基本振荡电路主要有正弦波振荡电路和方波振荡电路。其他波形的振荡电路可以由这两种振荡电路派生而成。

（1）正弦波振荡电路

图 6.3-4 是一个正弦波信号发生电路。从图中可以看出，电路具有正反馈通道，因此具备了形成振荡的基本条件。根据有关的电路分析理论和方法，由图 6.3-3 可得

$$V_o = \frac{R_1 + R_2}{R_1} \frac{Z_1}{Z_1 + Z_2} V_f \tag{6.3-6}$$

其中 Z_1 和 Z_2 是正反馈通道阻抗。

令 $\qquad\qquad V_o = V_f$，则 $1 = \frac{R_1 + R_2}{R_1} \frac{Z_1}{Z_1 + Z_2}$ $\qquad$ (6.3-7)

式（6.3-7）可以用图 6.3-5 所示的系统方框图表示，并且环路增益等于 1。

（2）脉冲信号发生电路

在计算机等数字电路系统中，系统需要有一个统一的节拍信号，以便使系统各部分电路协调一致地工作，这个节拍信号就叫作系统时钟。对于数字系统，节拍信号只能是脉冲信号。电子技术中产生脉冲信号的电路叫作脉冲信号发生电路，也叫作时钟发生电路。显然，能输出一个连续不断、频率稳定、满足设计波形要求的时钟电路，必然是一个振荡电路。

图 6.3-6 是一个用运算放大器设计的脉冲信号发生器电路。注意，用这个电路产生脉冲信号时，必须使用单电源运算放大器，否则就是一个方波发生器电路了。

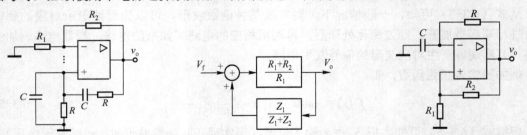

图 6.3-4　简单的正弦波振荡器　图 6.3-5　正弦波振荡器的等效闭环系统　图 6.3-6　时钟脉冲信号发生电路

从具体的电路工作状态分析可以知道，图 6.3-6 所示电路之所以能实现连续的、等间隔的脉冲输出，原因是电容充放电和运算放大器连接成正反馈。如果没有电容，电路就会成为一个正反馈电路。如果没有正反馈，电容也不可能得到充电电压。

6.3.3　模拟信号运算电路

模拟信号运算，是指电路对输入的电压信号进行数学运算，并把结果以信号波形方式输出。从技术上看，模拟信号运算电路容易受到环境的干扰，因此其精度控制比较困难，对电路的实现技术要求比较高。

此外，由于运算电路是利用电路的传输函数实现的，所以，对于模拟电路来说，实现信号运算的能力十分有限。目前只是在工程技术中必须使用模拟信号运算时才使用模拟信号运算电路。只要条件许可，一般都采用数字信号处理技术。

1. 加法/减法电路

加法和减法运算电路是模拟信号运算电路中最简单的，也是最容易实现的电路。

（1）加法电路

加法电路的功能是实现输入信号求和放大。图 6.3-7 所示电路是对两个输入信号求和放大的电路，多个信号的加法电路可以仿照这个电路实现。

根据理想运算放大器的基本约束，可以得到反相输入加法器的行为特性为

$$v_o = -\frac{R_2}{R_1}(v_{i1} + v_{i2}) \qquad (6.3\text{-}8)$$

同相输入加法器电路如图 6.3-8 所示，其行为特性为

$$v_o = \left(1 + \frac{R_2}{R_1}\right)\frac{1}{2}(v_1 + v_2) \qquad (6.3\text{-}9)$$

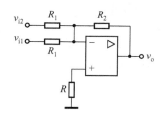
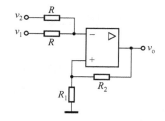

图 6.3-7　两信号反相输入加法电路　　图 6.3-8　两信号同相输入加法电路

（2）减法电路

减法电路一般有两种，一种是直接利用差分电路，另一种是先对一个输入信号实现反相，再做加法运算。

用差分电路实现减法功能的电路如图 6.3-9（a）所示，用信号取反再相加的电路如图 6.3-9（b）所示。

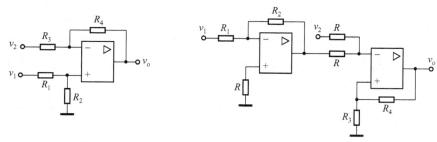

（a）差分电路实现减法器　　　　（b）反向电路实现减法器

图 6.3-9　用运算放大器实现的减法电路

对于差分电路实现的减法电路，有

$$v_o = \left(v_1 \frac{R_2}{R_1 + R_2} - v_2 \frac{R_4}{R_3 + R_4} \right) \frac{R_3 + R_4}{R_3} \tag{6.3-10}$$

如果 $R_1 = R_3$，$R_2 = R_4$，则

$$v_o = (v_1 - v_2) \frac{R_2}{R_1} \tag{6.3-11}$$

由此可知，利用差分电路实现模拟信号的减法功能时，电阻的匹配是相当重要的。

【例 6.3-3】 某系统输入的是正弦交流信号，但使用的是单电源 5V 直流电源和单电源放大器，这时需要使用加法电路来对输入交流信号进行放大。

2. 乘法电路

乘法和除法电路比较复杂，一般采用专用的集成电路，叫作集成乘法器。

在电子技术中，基本数学运算式是通过特殊电路结构实现的。乘法器的基本工作原理就是对数放大器。因为对数相加再取反对数就是做乘法。

设输入信号为 v_x 和 v_y，希望输出结果为 $v_o = K v_x v_y$。对希望输出结果取对数

$$v_o = A \ln v_x + A \ln v_y$$

再对上述结果取反对数，就可以得到理想乘法器。乘法器的电路符号如图 6.3-10（a）所示。

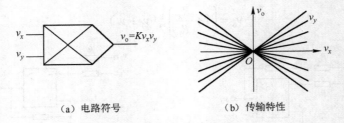

(a) 电路符号　　　　　　　（b) 传输特性

图 6.3-10　四象限乘法器

理想乘法器的基本行为特性为

$$v_o = K v_x v_y \tag{6.3-12}$$

其中，K 是比例系数。当 $K = 1/10\text{V}$ 时，叫作 10V 制通用乘法器。

从式（6.3-12）可看出，乘法器每一个输入电压都可能有正负两个极性（也就是乘数的符号），这就会有四种输出组合。如果以输入的两个信号分别作为两个坐标轴，则乘法器输出的符号就会对应于四个坐标区，也就是数学上 xy 坐标平面的四个象限。对于乘法器来说，如果输入信号被限制为一种极性（如只能是正电压或负电压信号），则这种乘法器的输出信号的极性就只有一种，这种乘法器叫作一象限乘法器。如果对输入信号的电压极性没有限制，则这种乘法器的输入电压信号极性就会有四种组合状态，输出信号电压也会分别出现在 xy 坐标平面的四个象限，这种乘法器叫作四象限乘法器。四象限乘法器的传输特性如图 6.3-10（b）所示。

【例 6.3-4】 设式（6.3-12）中 $v_x = A \sin \omega_x t$，$v_y = \sin \omega_y t$，试计算乘法器的输出。

解： 根据所给条件得到

$$v_o = KA \sin \omega_x t \sin \omega_y t = \frac{KA}{2} [\cos(\omega_x t + \omega_y t) - \cos(\omega_x t - \omega_y t)]$$

上式就是通信中的调幅波。

3．积分和微分电路

积分电路和微分电路主要用于信号处理，如对信号电压进行平滑处理或提取信号中的交流成分等。

（1）一阶积分电路

图 6.3-11 所示为由理想运算放大器构成的一阶积分电路。根据电路分析可以得到其输入、输出关系为

$$v_o = -\frac{1}{RC}\int v_i \mathrm{d}t \tag{6.3-13}$$

积分电路实际上也是一种低通滤波器。

（2）一阶微分电路

图 6.3-12 所示为由理想运算放大器构成的一阶微分电路。其输入、输出关系为

$$v_o = -RC\frac{\mathrm{d}v_i}{\mathrm{d}t} \tag{6.3-14}$$

实际上微分电路可视为一种隔离直流电压信号的电路。

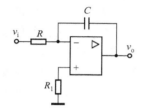
图 6.3-11　一阶积分电路

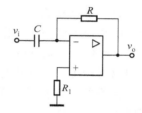
图 6.3-12　一阶微分电路

6.3.4　滤波电路

滤波是信号处理中的一个重要概念。

滤波分经典滤波和现代滤波。经典滤波的概念，是根据傅里叶分析和变换提出的一个工程概念。根据高等数学理论，任何一个满足一定条件的信号，都可以被看成是由无限个正弦波叠加而成的。就是说，工程信号是不同频率的正弦波线性叠加而成的，组成信号的不同频率的正弦波叫作信号的频率成分或叫作谐波成分。只允许一定频率范围内的信号成分正常通过，而阻止另一部分频率成分通过的电路，叫作经典滤波器或滤波电路。

实际上，任何一个电子系统都具有自己的频带宽度（对信号最高频率的限制），频率特性反映出了电子系统的这个基本特点。而滤波器则是根据电路参数对电路频带宽度的影响而设计出来的工程应用电路。

由于数字技术的发展，目前电子系统中还经常使用数字滤波器，其特点是参数稳定，容易实现更好的滤波特性。从滤波器特性参数来看，数字滤波器具有模拟滤波器无法比拟的优点。有关数字滤波器的内容请读者参考有关数字信号处理的书籍。

1．滤波器的基本概念

用模拟电子电路对模拟信号进行滤波，其基本原理就是利用电路的频率特性实现对信号

中频率成分的选择。根据频率滤波时，是把信号看成是由不同频率正弦波叠加而成的模拟信号，通过选择不同的频率成分来实现信号滤波。

高通滤波器（HP，High Pass）：允许信号中较高的频率成分通过。

低通滤波器（LP，Low Pass）：允许信号中较低的频率的成分通过。

带通滤波器（BP，Band Pass）：只允许信号中某个频率范围内的成分通过。

理想滤波器的行为特性通常用幅度-频率特性曲线描述，也叫作滤波器电路的幅频特性曲线。理想滤波器的幅频特性曲线如图 6.3-13 所示，其中 ω_1 和 ω_2 叫作滤波器的截止频率。

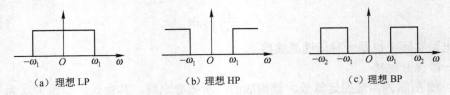

（a）理想 LP　　　　　　（b）理想 HP　　　　　　（c）理想 BP

图 6.3-13　滤波器的幅频特性曲线

对于滤波器，增益幅度不为零的频率范围叫作通频带，简称通带；增益幅度为零的频率范围叫作阻带。例如对于 LP，其通带为 $-\omega_1\sim\omega_1$，其他频率部分叫作阻带。通带所表示的是能够通过滤波器而不会产生衰减的信号频率成分，阻带所表示的是被滤波器衰减掉的信号频率成分。通带内信号所获得的增益，叫作通带增益，阻带中信号所得到的衰减，叫作阻带衰减。在工程实际中，一般使用分贝（dB）作为滤波器的幅度增益单位。

从数学和基本电路理论可知，理想滤波器是无法物理实现的，原因就是这种幅频特性意味着系统是一个非因果系统（请参考有关信号与系统教材）。因此，工程上都是采用多项式函数逼近的方法实现经典滤波器的。

2. 低通滤波器

低通滤波器的基本电路特点是，只允许低于截止频率的信号通过。一阶和二阶 Butterworth 滤波器的电路结构如图 6.3-14 所示。

（1）一阶低通 Butterworth 滤波电路

图 6.3-14（a）和（b）是用运算放大器设计的两种一阶 Butterworth 低通滤波器电路。图 6.3-14（a）是反相输入一阶低通滤波器，实际上就是一个积分电路，其分析方法与一阶积分电路相同。图 6.3-14（b）是同相输入的一阶低通滤波器。

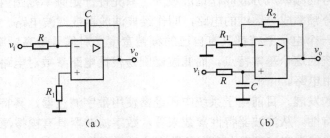

（a）　　　　　　　　　　　（b）

图 6.3-14　基本低通滤波电路

对滤波器来说，更关心的是正弦稳态时的行为特性。对于图 6.3-14 的滤波器，利用傅氏变换分析，有

$$\frac{V_o(j\omega)}{V_{in}(j\omega)} = \frac{R_1 + R_2}{R_1 RC} \frac{1}{j\omega + \frac{1}{RC}} \tag{6.3-15}$$

式（6.3-15）在 $RC=2$ 时的幅频特性和相频特性如图 6.3-15 所示。

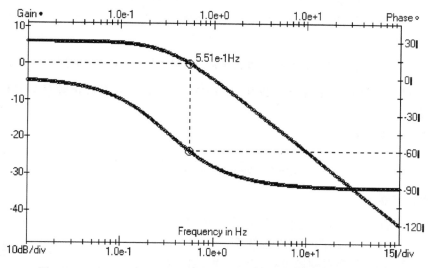

图 6.3-15　$RC=2$ 时 Butterworth 一阶低通滤波器的频率响应特性曲线

（2）二阶低通 Butterworth 滤波电路

图 6.3-16 是用运算放大器设计的二阶低通 Butterworth 滤波电路。根据图 6.3-16，直接采用频域分析方法得到

$$\frac{V_o(s)}{V_{in}(s)} = \frac{k/R^2 C^2}{s^2 + s\left(\frac{3-k}{RC}\right) + \frac{1}{R^2 C^2}} \tag{6.3-16}$$

式中，$k = 1 + R_1/R_2$。令 $Q=1/(3-k)$，$\omega_0 = 1/RC$，则式（6.3-16）可以写成

$$\frac{V_o(s)}{V_i(s)} = \frac{k\omega_0^2}{s^2 + s\frac{\omega_0}{Q} + \omega_0^2} \tag{6.3-17}$$

式中，k 相当于同相放大器的电压放大倍数，叫作滤波器的通带增益；Q 为品质因数；ω_0 为特征角频率。

图 6.3-17 是二阶低通滤波器在 $RC=2$ 时的频率响应特性曲线。从图中可以看出，当 $Q>0.707$ 或 $Q<0.707$ 时，通带边沿处会出现比较大的不平坦现象。因此，品质因数表明了滤波器通带的状态。一般要求 $Q=0.707$。

通常把最大增益 0.707 倍所对应的信号频率叫作截止频率，这时滤波器具有 3dB 的衰减。

利用滤波器幅频特性的概念和式（6.3-17），可以得到截止频率 $\omega_0 = \omega = 1/RC$，即

$$f = 1/(2\pi RC) \tag{6.3-18}$$

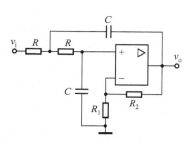

图 6.3-16　二阶 Butterworth
低通滤波电路

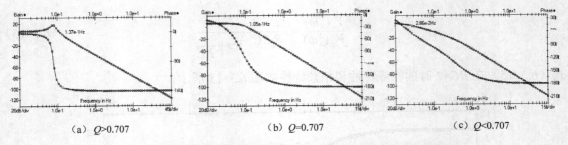

(a) $Q>0.707$ (b) $Q=0.707$ (c) $Q<0.707$

图 6.3-17　二阶低通滤波器在 $RC=2$ 时的频率响应特性曲线

【例 6.3-5】 设图 6.3-16 所示电路中 $R=1\text{k}\Omega$，如果设计要求截止频率 $f=1\text{kHz}$，试计算所需电容的数值。

解： 根据式（6.3-18）

$$C=\frac{1}{2\pi Rf}=\frac{1}{2\pi\times10^3\times10^3}\approx0.1592\mu F$$

3. 高通滤波器

高通滤波器的特点是，只允许高于截止频率的信号通过。图 6.3-18 所示的是二阶 Butterworth 高通滤波器电路的理想物理模型。

根据图 6.3-18，直接用频域分析方法得到其传递函数为

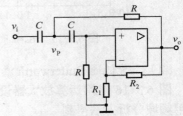

图 6.3-18　二阶 Butterworth 高通滤波电路

$$\frac{V_o(s)}{V_i(s)}=\frac{ks^2}{s^2+s\dfrac{\omega_0}{Q}+\omega_0^2}\qquad（6.3-19）$$

式中，$k=1+R_1/R_2$，$Q=1/（3-k）$，$\omega_0=1/RC$。

二阶 Butterworth 高通滤波器的频率响应特性与低通滤波器相似，当 $Q>0.707$ 或 $Q<0.707$ 时，通带边沿处会出现不平坦现象。

同样，利用滤波器幅频特性的概念，可以得到截止频率 $\omega_0=\omega=1/RC$，即

$$f=1/(2\pi RC)\qquad（6.3-20）$$

6.3.5　模拟信号的变换电路

模拟信号的变换电路，是现代电子系统中的重要电路模块之一，用于对模拟信号进行适当的变换，以便传输或处理。模拟信号变换电路包括有信号调制、信号参数提取以及信号类型转换等。

调制是目前电子系统中最常用的模拟信号变换技术，主要包括幅度调制（AM）、频率调制（FM）、频移键控调制（FSK）等。

信号参数提取电路包括有最大值提取电路、有效值提取电路等。

信号类型变换电路主要有正弦波-方波转换电路、频率-电压转换、电压-频率转换等。

模拟信号变换电路的重要概念是变换精度，因为变换精度直接影响信号的恢复质量。

1. 模拟信号变换的基本概念

在电子系统中，信号的作用是驮载信息，也就是说信号是信息的运输工具。由于系统中存在各种不同信号影响因素，因此在信号传输过程中就会引起信号波形等发生变化，如果这

种变化严重，将会影响到信息传输的正确性。有时为了传输信号，还必须采用一些特殊的方法。例如，为了把语音信号传输到远方，就必须把频率较低的语音信号转变为适合于无线传输的信号。由此可知，信号变换的目的是为了抵抗干扰和方便传输与处理。

对于模拟电子系统来说，信号变换是指把一种波形的信号转变为另一种波形的信号，在变换过程的前后，保持信息不变或不受破坏。信号变换的过程是双向的，也就是说，必须能对信号进行变换和反变换。从保持信息不变的原则出发，要求信号变换电路具有唯一性。

对于连续时间变量的模拟信号，如果能保持信号波形不发生变化，就可以保证其所携带的信息不会受到损害。根据高等数学中的傅里叶级数和变换原理可知，一般工程中的连续时间信号都可以用一组不同频率、相互之间有着固定相位（时间）关系的正弦信号，通过线性叠加而形成。由此可知，要保证模拟信号变换的正确性，就必须注意尽量减少系统的波形变换损失。

模拟信号的变换损失包括幅度损失和相位损失，这两种损失可以用变换误差来表示。

当一种信号被变换为另一种信号后，再恢复到原来的信号，这个恢复信号与原始信号的幅度之差，叫作信号的幅度变换误差。

当一种信号被变换为另一种信号后，再恢复到原来的信号，由于变换电路引起各次谐波之间相位关系的变化，叫作信号的相位变换误差。相位变换误差的特点是引起原始波形和恢复波形之间的形状变化。

对于电子系统而言，在其正常工作的范围内，幅度误差一般是线性的，而相位误差大多是非线性的，这会引起波形形状发生变化。

2. 信号调制电路模块

信号调制电路是通信系统中（包括计算机通信系统）常用的基本电路。信号调制的基本概念是对信号进行某种数学变换，以便于形成易于传输的新信号，在接收端再对所接收到的已调制信号进行反变换，恢复原有的信号。本节只介绍幅度调制（AM）和频率调制（FM）两种信号调制电路。

（1）幅度调制电路

AM 电路的基本特点是，把一个低频信号用一个高频信号驮载起来，形成一个以低频信号为包络线的新的高频信号。

设输出信号为 $v_o(t)$，输入信号为 $v_i(t)$，幅度调制信号的基本数学表达式为

$$v_o(t) = v_i(t)\sin\omega t \qquad (6.3\text{-}21)$$

从电路的数学模型可以看出，使用乘法器可以实现 AM 电路。图 6.3-19 就是一个使用乘法器实现的幅度调制电路。其中，v_i 叫作调制信号，$v_m = \sin\omega t$ 叫作载波信号。

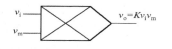

图 6.3-19　四象限乘法器的
传输特性

根据式（6.3-21）设计的电路有一个缺点，就是 AM 信号有零点（信号幅度为 0）。工程中一般采用加入适当比例的直流信号的方法，具体的数学模型如下

$$v_o(t) = [V_{0m} + k_{AM}v_i(t)]\sin\omega t \qquad (6.3\text{-}22)$$

从上式可以看出，V_{0m} 是一个非零常数，因此也就代表了 $v_i(t) = 0$ 时的 AM 调制输出信号幅度。k_{AM} 是一个比例常数，目的是保证不会出现 AM 信号输出为零。

具体的 AM 电路如图 6.3-20 所示，Multisim 仿真结果如图 6.3-21 所示，其中粗实线是

调制信号。可以看出，AM 信号的包络线就是调制信号。

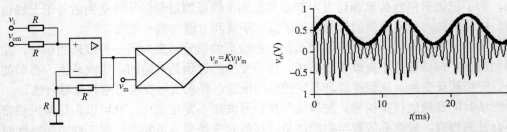

图 6.3-20　AM 实际应用电路　　　图 6.3-21　图 6.3-20　电路的 Multisim 仿真波形

（2）频率调制（FM）电路

频率调制信号 FM 的特点是，输出信号的幅度不变，输出信号的频率随输入信号（调制信号）幅度的变化而变化。由此可知，这实际上是一个电压−频率变换电路。

设 FM 电路的输入为 $v_{in}(t)$ 和 $v_o(t)$ 两个信号，其中 $v_i(t)$ 是任意波形信号，$v_o(t) = A\sin\omega t$。如果 $\omega=2\pi(f_0+\Delta f)$，且 Δf 随 $v_1(t)$ 变化，即

$$v_o(t) = A\sin2\pi(f_0+\Delta f)\,t \tag{6.3-23}$$

则输出信号就是一个频率调制信号，叫作 FM 信号。

在工程实际中，一般的调频信号由下式表示

$$v_o(t) = V_M\cos[\omega_c t + k_f\int_0^t v_i(t)\mathrm{d}t + \varphi_0] \tag{6.3-24}$$

式中，ω_0 叫作中心频率，V_M 叫作信号输出幅度最大值，k_f 是调频比例常数，φ_0 叫作初相。

由调频信号输出表达式可以看出，这是一个比较复杂的电路，一般都采用专用集成电路实现频率调制。

6.4　典型数字逻辑信号处理电路

数字逻辑信号电路就是通常所说的数字电路。从系统角度看，数字电路可以分为组合逻辑电路和时序电路两大类。

组合逻辑电路是指用数字逻辑电路器件实现的逻辑表达式或真值表。其特点是电路输出与电路原来所处的状态无关。

时序逻辑电路是指用数字逻辑电路器件实现的逻辑状态方程。其特点是电路中存在反馈，电路的输出不仅与当前输入有关，还与电路原来所处状态有关。

保证数字电路正常工作的基本条件有两个，一个是电路逻辑结构，另一个是电路参数。电路逻辑结构是所要实现的逻辑功能，而电路参数主要是电平幅度和时间参数。

随着电子技术的发展，数字逻辑系统已经成为应用电子系统的核心，特别是在信息技术领域，更是以数字系统为基本结构的。因此，数字逻辑系统的实现方法往往以大规模集成电路为主要电路器件和实现手段。尽管如此，基本的数字逻辑信号处理仍然是数字电路系统实现技术的基础。

6.4.1　组合逻辑电路

组合逻辑电路是实现数字逻辑系统的基础。时序电路是在组合电路基础之上，增加反馈

环节而实现的，因此，组合逻辑的基本模型电路属于数字逻辑信号处理电路的基础。

组合逻辑电路的基本电路模块一般包括数据开关、逻辑表达式组合逻辑、编译码器，以及逻辑函数发生器等。

1. 8位数据允许开关电路。

数据开关是数字系统中常用的一种单元电路，用来控制数据的流向。

对于图 6.4-1 所示的 8 位数据开关，A_i 是 8 位输入数据，B_i 是 8 位输出数据，P 是控制信号。当控制信号有效时允许数据输出（开关打开），控制信号无效时截止。每一位的输出逻辑为 $B_i = A_i P$。

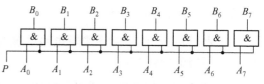

图 6.4-1 用 7408 组成的数据允许开关

数据开关也可使用 MSI（中规模集成电路）器件中的数据缓冲器 74244 实现，74244 的数字电路结构和引脚排列如图 6.4-2 所示。

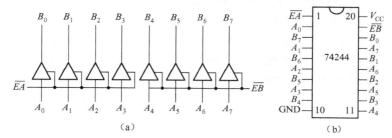

图 6.4-2　74244 的数字电路结构和引脚排列

2. 译码电路

图 6.4-3 是一个把 4 位二进制码显示为十进制数（也叫作 BCD 码）的电路模块。每输入一个二进制数，电路会每次输出一个 BCD 代码，一共可以显示 4 位十进制数。由于只有一个输入端，所以电路中需要增加一个锁存电路。当输入数据按显示先后次序进入输入端时，在显示控制信号的控制下，逐个进入指定的锁存电路并显示为一位十进制数。

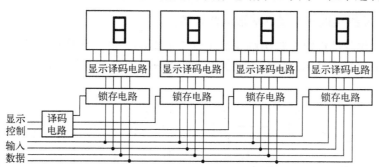

图 6.4-3　BCD 译码电路模块结构框图

锁存电路是一种具有记忆功能的数字逻辑电路，这种电路能够把输入的数据保存在输出端，只要没有更新数据的控制信号，这个数据就一直保存在锁存电路的输出端。

图 6.4-3 的基本工作原理是，由于系统提供的 BCD 码是串行输出的，因此 4 个显示译码电路的 BCD 码输入都来自同一组数据线。也就是说，4 个显示译码电路的数据输入端为

并接关系。平时，各显示译码电路封锁不接收输入数据，只有当对应的数据到来时才允许接收数据，因此每个显示译码电路输入端都应该有数据锁存电路，用于控制与数据总线的连接。共需要 4 个独立的 4 位数据锁存电路。

如果使用中小规模数字集成电路实现图 6.4-3 的功能，可以选择 74139 作为译码器，74HC4511 作为 BCD-7 段锁存、译码显示驱动电路。

6.4.2 同步时序电路

工程实际中的同步时序逻辑电路系统很多。例如模数计数器、序列信号发生器、环形计数器、扭环形计数器等。

1. 用中小规模数字集成电路器件 74161 实现模 13 同步加计数器

所谓模，是指进位数。例如十进制计数时，当计数到 9 再加 1，就会得到结果 10。

74161 是一个异步复位的十六进制同步计数器，具有置入、复位功能。使用反馈清零法和反馈预置法都可以实现任意进制计数器。

根据 74161 的计数原理，在正常计数状态下，74161 从 0000～1111 顺序计数。要实现模 13 计数，必须让 74161 计数到某一个值时返回到初始状态。利用反馈清零或反馈预置能实现这一目的。具体的电路模块如图 6.4-4 所示。

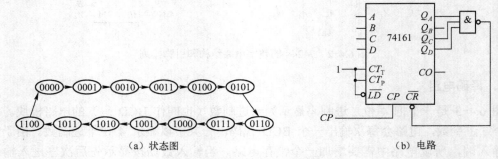

（a）状态图　　　　　　　　　　　　　（b）电路

图 6.4-4　模 13 同步加计数器

2. 用 D 触发器实现一个模 5 环形同步计数器

所谓环形计数器是指每个输出端轮流出现 1（或 0）。模 5 环形计数器必须有 5 位，每一个计数脉冲到来时只有 1 位为 1（或 0）。根据这一原理，可以得到模 5 环形同步计数器如图 6.4-5 所示。

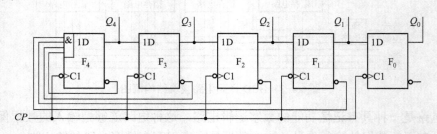

图 6.4-5　模 5 环形同步计数器

除了用触发器实现环形计数器以外，还可以用现成的移位寄存器模块来实现。

6.5　绿色电子系统分析基本概念

随着绿色电子技术概念的提出和应用，绿色电子系统分析理论与方法正在成为电子科学与技术的一个重要研究领域。

1. 绿色电子系统的基本概念

绿色电子系统包括两个方面的概念，一个是低功耗，另一个就是环保。

低功耗电子系统，是指所设计和制造的电子设备所消耗的能量要尽可能的少。到目前为止，低功耗电子系统还是一个相对概念。对于一个电子系统来说，其作用是实现某一种信号和信息的处理，而完成一个信号或信息处理所需的最小能量是多少、是否存在最小能量等，还是一个需要进一步研究的问题。但是有一点是明确的，就是集成度越高，所消耗的电能就越少。

近年来，除了降低集成电路器件的功耗外，还提出了整个电子系统电源管理技术，电源管理的目的是实现全系统最低功耗。电源管理技术的核心，是在电子系统功率损耗分布特征分析的基础上，对电源实现智能控制，例如当某个电路不需要工作时就关闭这部分电路的电源等。近年来电源管理技术在较大规模的集成电路芯片和电子系统（例如手机、移动电脑、无线传感网络终端等）中得到了广泛的应用，例如使用高效率 LDO 电路（线性电源转换电路）取代传统的线性稳压器，来实现电源变换以适应不同电路对电压的要求。

电子系统在制造、使用中是否具有无环境污染性，以及系统到达使用寿命时是否具有可回收或重利用性，是环保型电子系统的基本特征。电子器件和电子系统在加工制造的过程中总会涉及物理材料和化学材料，这些物理材料和化学材料都是人工提取或合成的，这就会涉及环境问题。例如，在印制电路板制作过程中，会涉及照相、冲洗等环节，这些环节中会用到相关的化学试剂（如三氯化铁 $FeCl_3$）等化学物质，而印制电路板的材料，也属于人工合成的，其中包含有环氧树脂、聚酰亚胺树脂、酚醛树脂、或聚酰亚胺等能够污染环境的化学物质。因此，环保型电子系统的设计和制造会涉及多学科多技术领域。此外，环保型电子系统也要考虑电源种类和低功耗，还要考虑系统的可再生性、系统的无污染性等。可再生是指一个电子系统可以通过某种方法达到升级或转换，以保证系统具有较长的使用寿命，例如通过软件升级来延长控制系统的服务年限。

2. 绿色电子系统分析的基本方法

绿色电子系统分析不仅仅是设计者应当考虑的，也是使用者应当考虑的。

（1）设计中的基本分析方法

首先，在设计电子系统时，必须包含有功率分析的部分，在功能和性能相同的情况下，优先选择使用集成电路或低功耗电路。同时，必须对系统电源进行认真分析，确保系统电源所消耗的功率最小。

其次，尽量简化电子系统结构，同时，确保系统只有在最终输出信号而又必须使用驱动电路时，才使用功率输出电路。

此外，尽可能充分利用软件。例如，设计嵌入式系统或单片机系统时，要根据系统的需要分析电路结构，在满足功能与性能指标要求的条件下，尽量使用软件实现所需要的功能，而不是用硬件来实现某些功能。如果不能用软件实现系统所需要的某些功能，则在选择嵌入式器件或单片机时，尽量选择嵌入式器件或单片机中能包含所需要的功能电路。在含有处理器的系统中，软件完成的功能越多，系统的功率损耗越小。

（2）使用中的基本分析方法

任何电子系统都具有相应的使用特性，使用特性中的一个重要内容，就是系统功率损耗与系统使用条件和操作方法有关。这是所有含有半导体器件系统的共同特征。

本 章 小 结

本章介绍了应用电子技术所涉及的基本概念，这些基本概念同时也是学习应用电子技术的重点。

电子科学与技术提供给应用领域的应用电子技术包括系统设计方法、电子器件和系统的结构设计方法，以及仿真分析方法。这些方法的特点是，以设计目标模型为出发点，以实现设计要求的模型为目标。

为了加强理解应用电子技术的设计方法，本章还介绍了典型的应用电子电路基本模块。这些模块电路是设计应用系统的基础。

必须指出的是，绿色电子系统的概念是新一代电子系统的重要基本概念，也是一个具有广阔前景的研究领域。

练习题

6-1　电子元器件、电路和系统设计中的参考法具有什么特点？

6-2　是不是所有电子元器件、电路和系统的设计任务都可以通过参考法完成？为什么？

6-3　电子系统对电源有哪些基本要求？这些要求与半导体器件的什么特性有关？

6-4　什么叫作电路的状态？电路的状态和现象有什么区别和应用价值？

6-5　设图 6.3-1 所示反相放大器零输入，试问输入端接地和开路（输入端悬空，如图中所示）的零输入时，该电路的零输入状态会相同吗？

6-6　电子电路电源的设计原则是什么？

6-7　根据图 6.3-1，设计反相放大器放大倍数测试的方案，给出所使用的测试仪器。

6-8　测试技术对电子电路的设计有什么影响？

6-9　利用仿真工具研究和设计电子电路时，有哪些问题需要注意？

6-10　如果已经有了电路图（电路的物理模型），但电路图上的元件没有具体的数值，能否对这样的电路进行仿真研究？

6-11　零输入状态与静止状态有什么区别？在什么条件下这两种状态可以被看作是相同的？

6-12　仿真设计工具具有哪些重要特征？这些特征对设计和研究有什么影响？

6-13　如果需要把一个最大值为 1mV 的交流电压信号变为最大值为 0.5V 的电压信号，需要使用什么电路？

6-14　模拟运算电路的误差与什么参数有关？如果模拟运算电路中的某个电阻值发生了变化，还能保证计算正确吗？

6-15　如果要实现 $v_o = 5v_1 + 2v_2$，应当选择什么样的电路？

6-16　某电压信号中含有大量高频噪声信号，应当使用什么样的滤波器消除高频噪声？

6-17　模拟信号处理电路与数字逻辑信号处理电路的根本区别是什么？

6-18　用一个实际电子系统为例，说明绿色电子系统的基本概念。

第7章 集成电路

把某个独立功能电路采用集成技术制作在一个芯片中，形成一个独立的电子器件，这个电子器件就叫作集成电路。集成电路是一种特殊的电子器件，其技术特点是：①具有独立的电路功能；②是一个独立的物理器件；③具有独立的外特性。

从应用的角度看，集成电路有如下特点：

（1）易于使用。在使用集成电路设计电子系统时，只需要根据制造商提供的技术数据和连接要求，就可以正确地使用集成电路。

（2）性能良好。与分立元件组成的电路不同，无论是简单电路还是复杂电路，对于集成电路制造技术来说都是相同的工艺和制造程序，因此，设计集成电路时可以附加各种重要而复杂的补偿电路以改善电路性能。同时，由于工艺技术相同，可以保证电路具有比较好的一致性，这些都极大地改善了电路的性能。

（3）参数稳定。集成电路制造工艺和附加的补偿电路，不仅极大地提高了电路的性能，同时，也提高了技术指标的稳定性。

（4）易于推广。由于集成电路提供的是固定功能和技术指标，基本不需要使用者对电路的参数进行调整，因此对使用者的电子科学与技术知识与技术背景要求低。使用者无须掌握多而详细的电子科学与技术理论与技术，就可以根据使用说明在应用系统中使用集成电路。

由集成电路的上述特点可以看出，集成电路的设计概念与分立元件电路的设计概念完全不同。集成电路设计的基本目标是实现高性能的功能电路，甚至是把整个系统集成在一个器件中。分立器件电路设计的目标则是，在实现设计功能和技术指标的前提下，尽量简化电路。因此，高性能的电路只能用集成电路制造的方法保证其功能和技术指标。许多精密或高性能电路是无法用分立元件实现的。

1958 年第一个集成电路出现之后，电子科学与技术的一个重要研究领域，就是集成电路设计、制造的相关理论与技术。在电子科学与技术的研究和应用领域中，总是先有用分立器件或简单功能集成电路构成相应的功能电路，当集成制造技术能够把所有电路集成在一起的时候，原先利用分立器件或小规模集成电路组成的功能电路就会被新的集成电路所取代，这时就会出现新的集成电路，从而使系统的结构更加简单，在同样的体积下可以集成更多的功能电路。使用三极管为基本器件的集成电路制造工艺叫作三极管工艺，使用 MOS 管为基本器件的集成电路制造工艺叫作 MOS 管工艺，三极管工艺比 MOS 管工艺要复杂。

随着集成制造技术的发展，这种从分散器件组成功能电路或系统，到全功能或系统集成的制造技术在不断的发展与循环之中。

集成电路分为模拟集成电路和数字集成电路两种，实现模拟电路功能的集成电路叫作模拟集成电路，实现数字电路功能的集成电路叫作数字集成电路。这样分类是针对输入信号确定的，由于模拟集成电路和数字集成电路处理信号的方式完全不同，这两种电路之间具有十分巨大的差别。

目前，集成电路不仅是电子科学与技术的基本研究对象，是电子系统设计中所使用的基本器件，同时，又是电子系统的一种制造方法。

7.1 集成电路的基本概念

虽然集成电路只是把分立器件组成的电路集成在一个硅片上，但集成后的电路有着与分立器件十分不同的特点。特别是集成电路技术允许在一个器件中制造十分复杂的电路，可以极大地提高电路的性能和技术指标。特别地，由于集成电路提供了十分优越的器件技术性能，因此可以大大地降低对应用技术的要求，简化设计技术并降低对电子系统设计人员的专业技术要求，这是集成电路技术的一个重要的特点。

7.1.1 集成电路的基本特征

无论是理论研究还是工程应用，电路的实现是指根据系统功能和性能指标要求建立电路模型，再由硬件电路来实现电路模型。

从电路设计的角度看，为实现电路功能就必须达到若干技术性能指标，为满足技术指标的要求，就要采用相应的电路技术。由于高技术指标的电路需要复杂的电路结构，因此，电路设计者希望在实现电路功能和技术指标的前提下，电路结构越简单越好。

从电路应用的角度看，电路设计者不仅希望能控制电路的性能和行为特性，还希望能控制电路的基本参数；不仅要求电路完全符合设计要求，还希望电路简单。电子技术应用越广泛，电路的结构就越复杂，因此，工程中希望用集成制造的技术把具有相应功能的电路集成在一个芯片中，使电子电路的设计、调试和生产过程变得简单方便。

集成电路满足了上述简单而精密的技术要求。集成电路是一个物理上独立的电路器件，是一种由基本单元电路组成的、具有专门功能的电子器件。对于集成电路器件，在使用中必须将其看成一个独立的器件，与分立器件的使用相似，也需要了解其基本特性和参数等。但由于集成电路已经具有某种独立功能，因此，使用中的注意力应集中在如何能正确利用集成电路功能和参数上。

1．集成电路简化了电子系统设计

使用集成电路设计电路和使用分立元器件设计电路的一个重要区别，就是在使用集成电路设计电路时，设计和调试工作得到了极大的简化。例如某个电路需要 10 个功能电路连接在一起，设计工作将十分复杂，要保证电路性能指标，就必须采取特殊的措施，这又增加了电路的复杂性。如果把这些电路集成在一个器件中，则电子电路的设计中就只需要针对性能相对稳定的集成电路进行应用分析，使复杂电路变成简单的模块组合电路，极大地降低了电子电路复杂性。使用运算放大器设计应用电路就是一个很好的例子。

如果没有集成电路和集成电路技术，许多复杂的电子电路或系统将无法实现。

2．集成电路提高了电路的性能

从分立器件电路的设计可以看出，设计应用电路是比较复杂的工作，必须考虑管子的特性，对某些参数进行估计，同时还要考虑信号的性质（交流还是直流）等。此外，还必须考虑批量生产的一些问题（例如器件参数一致性）。所以，电路设计者希望所实现的电路受器件特性参数的影响越小越好。实际上，有些电路性能指标是分立元器件电路无法达到的。

对于集成电路来说，分立元件电路设计调试中需要解决的复杂问题，可通过制造工艺和使用相对复杂的辅助电路技术加以解决。集成电路不再是提供简单的电流控制器件，而是提供一个电路整体功能和技术指标的完整的独立器件。

使用集成电路不仅可以极大地减少电子系统设计和制造的工作量，还能够提高电子电路系统的整体技术性能、降低系统功耗和减少系统电路体积。由于集成电路把电路整体集成在一个芯片上，因此电路具有比较均匀的温度特性。同时，由于电路几何尺寸减小、电源电压幅度降低、电路消耗的功率大大下降，使电路因电磁辐射引起的绝大多数问题都会随之消失。所以，采用集成电路技术后，可以极大地提高电子电路的技术性能。

3. 集成电路提高了系统标准化程度

电子电路的一个重要特点，是半导体器件参数对电路特性起着决定性的作用。对于分立器件而言，半导体器件的参数具有相当大的分散性，这对电子产品工业化生产提出了相当高的要求。使用集成电路后，由于集成电路器件的特性参数比较集中，分散性的影响不大，因此提高了电路的标准化程度，为电子产品的工业化生产提供了有利条件。

4. 缩小了电路体积

采用集成电路的电子电路具有一个重要特征，就是可以极大地缩小电路体积。缩小电路体积不仅可以扩大电子技术的应用领域，更重要的是在提供电子电路技术性能指标的基础上，极大地缩小了电路的功率损耗。此外，电路体积的缩小也降低了电子电路和电子系统的总成本，并扩大了电子技术的应用领域。

7.1.2 集成电路分类

从所能处理的信号的性质上，科学研究和工程实际中把集成电路分为模拟集成电路和数字集成电路两大类型。

1. 模拟集成电路

模拟集成电路的功能是处理时间连续的模拟信号。

按基本功能电路划分，主要有运算放大器、模拟乘法/除法器、对数放大器、函数发生器、滤波器、压控振荡器（VCO）、有效值检测电路、峰值检测电路、通信用模拟集成电路、自动测试用模拟集成电路、集成功率放大器、集成稳压电源等。

根据工业工程应用领域，还可以把模拟集成电路分成通用集成电路、模拟信号处理电路、控制系统专用集成电路（如电机控制电路、可控硅控制电路等）、通信系统专用集成电路（如电话电路、无线通信电路、交换专用电路等）、测试系统专用集成电路（ATE 电路、信号变换和处理电路等）、仪器专用电路等。

2. 数字集成电路

数字集成电路的功能是处理用标准幅度表示的脉冲和电平表示的数字逻辑信号。主要有基本逻辑门、触发器、计数器、寄存器、存储器、可编程逻辑器件（PLD）、微处理器（MPU）、单片机（MCU）、数字信号处理器（DSP）等。

必须注意，模拟集成电路和数字集成电路在电路结构和电路性质上有相当大的差别，是两类性质完全不同的集成电路。

7.2　集成电路的基本结构

在当今的电子技术应用领域中，各种不同的集成电路在发挥着重要作用。为了适合不同的需要，这些集成电路采用了各种不同的电路结构。尽管不同的集成电路具有不同的电路功能或系统功能，但作为一个独立器件，其结构有一些相同之处。了解集成电路的结构对研究、设计和应用集成电路是十分重要的。

7.2.1　模拟集成电路的基本结构

在集成电路技术发展的历史上，第一块集成电路就是模拟集成电路。

模拟集成电路的技术特征是能够用来处理模拟电压或电流信号。模拟集成电路是现代电子系统和电子电路的基本器件之一，也是电子科学与技术和应用技术研究的主要对象之一。

图 7.2-1 所示是模拟集成电路中集成运算放大器的外形。

任何一种模拟集成电路的基本结构均可以分为输入模块、功能模块、控制/补偿模块、电源模块、保护模块、输出模块等。

模拟集成电路的基本结构如图 7.2-2 所示。

图 7.2-1　运算放大器外形

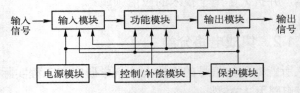

图 7.2-2　模拟集成电路基本结构

输入模块电路的基本功能是根据电路需要提供高输入电阻或阻抗，以降低输入噪声（包括对共模信号的抑制）并减小对前级输出电路的影响，使信号能完好无损地进入集成电路中。对输入模块的要求是，与前级电路的输出端能很好地配合，尽量做到无输入失真并减小干扰影响。

功能模块是实现集成电路功能（例如放大、乘法、信号变换等）的核心模块，是实现模拟集成电路功能、保证技术参数的重要电路模块。注意，功能电路往往需要有相应的控制和补偿电路配合，才能达到系统的设计功能和技术指标要求。在模拟集成电路中，功能电路的技术指标受其自身的电路特点及其他电路部分和环境的影响。例如，功能电路技术参数会随温度、时间或所使用的电源电压、信号频率等发生变化。对于模拟集成电路来说，技术参数就是应用的约束条件，是集成电路器件正常工作的技术状态；如果参数发生变化，则难以保证电路功能的正常实现。为了稳定集成电路的技术指标，必须采取一些电路补偿措施。所谓控制和补偿，是指在原有功能电路结构之上，补充相应的电路，用来控制电路的技术指标以便对变化的电路或环境条件进行补偿。控制/补偿模块就是为了提高系统的技术性能而加入的电路，如温度补偿电路、非线性补偿电路、电源控制电路等。必须指出，控制/补偿模块只能保证模拟集成电路在一定范围变化的环境条件下保持正常的电路功能和技术参数，也就是说，控制和补偿是有限度的。

电源电路的作用是实现电源电压转换、抑制电源波动，并提供器件中各部分电路的电源保护等，以便使整个器件不会因电源而发生问题。

保护模块是十分重要的电路。对于集成电路来说，其工作环境、输入信号以及输出信号等都会发生一定的变化。为了保证器件能在限定的环境和信号下正常工作，并在一些突变状态下仍然能保证电路不会损坏，集成电路中必须加入适当的保护电路。一般情况下，集成电路的输入和输出端是直接与外部相连接的部分，最容易受到外部电路环境的影响，因此，保护电路主要加在输入和输出端，为器件的输入/输出电路提供保护。有些集成电路还在内部功能电路和电源电路上增加相应的保护电路，这主要是为了对信号进行必要的限制，以防止器件消耗过大的功率。

输出模块的功能是把处理完的信号输出给下一级电路，因此，输出电路模块一般主要起到功率输出的作用。同时，为了使电子电路和系统中各部分之间能紧密配合，减少信号损失，往往对集成电路器件提出输出电阻或阻抗的要求。一般情况下，集成电路输出部分都能提供满足一定技术指标的输出电阻，并在保护电路的配合下，实现输出电路保护。

必须指出，不同功能和用途的集成电路对电路模块的要求有很大的差异，为了实现基本功能并达到相应的技术指标，模拟集成电路中除了基本功能电路外，还必须补充一些必要的其他电路，同时还应当对电路的技术参数进行调整和重新设计。

7.2.2　数字集成电路的基本结构

数字电路的基本电路结构如图 7.2-3 所示，其基本电路包括逻辑功能模块、信号输入及输入保护模块、信号输出及输出保护模块，以及电源电路。

数字集成电路可划分为定制、半定制和专用三种不同的类型。定制数字集成电路是指现已被定型的标准化、系列化的产品，可以批量生产、价格低廉，在各种不同的数字设备中均可使用。半定制数字集成电路是指可以由用户通过编程方法对集成电路内部电路进行连接，从而形成适合于用户应用需要的专用型数字集成电路。专用数字集成电路是指为了满足某种特殊的需要而专门设计制造的集成电路。图 7.2-4 是中小规模数字逻辑集成电路的外形。

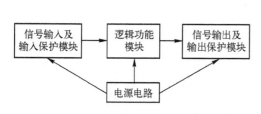

图 7.2-3　数字电路的基本电路结构

图 7.2-4　中小规模数字逻辑集成电路外形

无论是定制、半定制还是专用数字集成电路，都是针对数字集成电路应用技术而言的。在使用定制、半定制或专用数字集成电路设计数字电路系统时，无论使用的是设计工具还是电路的实现方法，都存在着较大的差别。

7.3　集成电路中的基本电路模块

通过上述介绍可知，集成电路是把不同功能电路组合在一起而形成的，所以，基本模块电路是组成集成电路的基础。

7.3.1　模拟集成电子技术中的基本电路模块

在模拟集成电路中，功能电路模块是基本组件，只有了解了基本功能电路模块，才能正确地掌握和使用模拟集成电路，才能正确地分析和确定电路的基本参数。

1. 组态放大电路模块

在现代模拟集成电路中，放大器是模拟信号处理的基本功能模块。形成放大器基本模块的核心器件为三极管和 MOS 场效应管。

（1）三极管组态放大电路模块

三极管放大电路模块有共发射极、共基极和共集电极三种组态（分别以三个电极为电路参考点），如图 7.3-1 所示。共发射极电路一般用来实现信号电压放大，可以具有较高的电压放大倍数。共基极电路一般用来进行电流放大，可以提高电路的截止频率，所以一般用在射频电路中。共集电极电路的信号电压放大倍数小于 1，但输入电阻较高、输出电阻较低，所以其带动负载的能力比较其他两种组态电路要强，一般用作驱动电路。

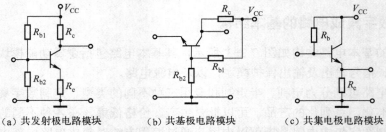

（a）共发射极电路模块　　　（b）共基极电路模块　　　（c）共集电极电路模块

图 7.3-1　三极管的三种组态电路模块

（2）场效应管组态放大电路模块

场效应管放大电路的基本模块包括有共源极放大电路、共漏极放大电路（也叫作源极跟随器）和共栅极放大电路三种。这三种组态的电路特征与三极管组态放大电路基本相同。图 7.3-2 所示是 MOS 管共源极放大电路的基本模块。

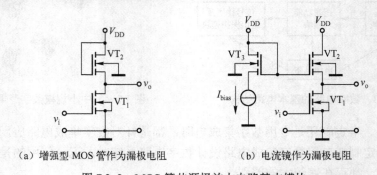

（a）增强型 MOS 管作为漏极电阻　　　（b）电流镜作为漏极电阻

图 7.3-2　MOS 管共源极放大电路基本模块

图 7.3-2（a）中，以 MOS 管作为漏极电阻，这种方法可以简化集成电路的制作工艺。图 7.3-2（b）中，以 MOS 管电流镜作为漏极电阻，叫作有源负载电路，其优点是，只需微小的电流和较低的电压，就可以实现相当大的电压放大倍数。从图中可以看出，以电流镜作

为负载电阻，VT₁的漏极电阻等于VT₁的r_{ds}和VT₂的r_{ds}并联，可以达到兆欧级。

图 7.3-3 所示是 MOS 管共漏极放大电路（源极跟随器）模块，这个电路也使用了有源负载（MOS 管实现电阻），目的是使电压放大倍数尽量接近 1。

图 7.3-4 所示是 MOS 管共栅极放大电路模块，电路中仍以电流镜作为有源负载，目的是降低输入电阻（一般为 50Ω）。

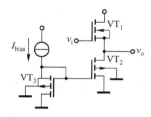

图 7.3-3　MOS 管共漏极放大电路模块

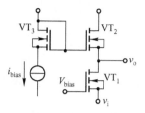

图 7.3-4　MOS 管共栅极放大电路模块

2．差分放大电路模块

差分放大电路模块是目前集成运算放大器和模拟专用集成电路的基本组成部分。在集成电路中，更多的是使用 MOS 管差分放大器电路，同时，普遍采用了电流镜技术，以提高电路的精度和其他特性。

图 7.3-5 所示是三极管差分放大电路模块，早期运算放大器中经常使用这种差分放大电路。

图 7.3-6 所示是 MOS 管差分输入、单端输出电路模块，是目前集成运算放大器中经常使用的电路。

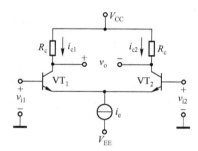

图 7.3-5　三极管差分放大电路模块

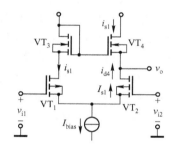

图 7.3-6　MOS 管差分放大电路模块

3．电流源模块

电流源模块电路是模拟集成电路中一个十分重要的电路模块。正如 7.3.1 节中指出的那样，为了提高集成电路的技术性能，一般使用电流镜电路作为电流源。威尔森（Wilson）电流镜是比较常用的高性能电流镜，具有高阻抗输出，其电路结构如图 7.3-7 所示。

根据图 7.3-7，威尔森电流镜由两个串联的电流镜组成。电流镜输出端为 VT₄ 的漏极，输出回路的电流是 VT₂ 和 VT₄ 的中的电流，即 $I_o=I_{d2}=I_{d4}$。威尔森电流镜是一个电流负反馈电路。

4．输出电路模块

为了保证集成电路具有足够的输出驱动能力，由具有电流驱动能力的电路组成输出电路。

为了保证模拟集成电路具有相应的输出驱动能力，一般采用如图 7.3-8 所示的电路作为输出端，这种电路叫作甲乙类互补输出电路。有关图 7.3-8 电路的行为特性分析，此处从略。

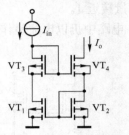
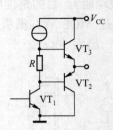

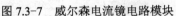

图 7.3-7　威尔森电流镜电路模块　　　　　图 7.3-8　甲乙类互补输出电路

同样，在使用 MOS 或 CMOS 工艺制作的模拟集成电路中，也需要有相应的输出驱动电路，一般都使用工作在甲乙类状态的互补输出电路。

5．集成电路中的无源器件

在模拟集成电路中，除了在电路中使用有源负载电路（例如电流镜构成的有源负载，MOS 管有源电阻、MOS 管有源电容等）外，总少不了无源元件，即电阻器、电容器、电感器元件。使用无源元件可以把比较复杂的模拟信号处理电路集成在一颗芯片上，从而避免了诸如电磁兼容、噪声影响等问题。

模拟集成电路中的电阻和电容元件，都是使用第 4 章所介绍的方法实现的，而电感则是使用金属层来实现的。在金属层中绘制出相应的圆形或矩形导线线条，并将线条按一定方式连接起来就构成了集成电路中的电感元件。

值得指出的是，集成电路中的电容器和电感器的数值都十分微小，这是因为这两种元件的参数值都与元件的面积成正比，而集成电路中不能提供很大的面积。

由于制造工艺精度的原因，在集成电路中利用集成电路制造技术制作的电阻器、电容器和电感器，其元件值的精度都会受到工艺精度的影响，特别是对于元件数值较小的无源器件，其精度更易受到制作工艺精度的影响。因此，在设计集成电路中的无源器件时，必须反复仿真调试，以便满足设计要求。

7.3.2　数字集成电路的基本模块

目前，电子科学与技术的研究成果为应用电子技术提供了大量的数字集成电路，所以在应用系统的设计中，数字电路和系统的实现都采用数字集成电路，并且已经实现了整个数字系统全部集成在一个芯片中的片上系统（SoC）技术。

数字电路的功能是实现各种数字逻辑运算，其基本特点是电路工作在开关状态，也就是工作在半导体器件的非线性区。半导体器件三极管或场效应管在数字电路中是作为开关使用的，这是学习和理解数字电路的基本出发点。

数字集成电路有中小规模数字逻辑集成电路和大规模及超大规模数字逻辑集成电路。中小规模数字逻辑集成电路多数为 TTL（Transistor-Transistor Logic）工艺器件和 HCMOS（高速高密度 CMOS）工艺器件。近年来，随着电子技术的发展，数字逻辑电路已向高速、高密度和系统集成方向发展，工程实际中更多的是使用 HCMOS 和 PLD（可编程逻辑器件）。

数字电路的目的是用电路实现相应的逻辑系统，数字逻辑系统的模型（例如逻辑表达式、状态机等）与实现方法无关，仅代表了逻辑变量之间的逻辑关系和时间顺序。因此，数字逻辑系统模型是数字逻辑电路的理想模型。在数字逻辑模型中，所有的逻辑变量都以理想逻辑信号的形式出现，不存在电路中的时间延迟、信号波形畸变等现象。因此，在分析、设计与研究数字电路时，除了要设计满足数字信号处理的电路参数外，还特别关心电路所实现的逻辑关系是否满足逻辑模型的要求。

例如，设数字逻辑电路的输出逻辑信号为 Y，输入逻辑信号为 A 与 B，所有的输入、输出信号均采用正逻辑电平表示。就是说，当逻辑信号为高电平时，定义为逻辑"1"；反之，定义为逻辑"0"。

逻辑信号也叫作逻辑变量，在逻辑变量上方加横线表示取反运算，即逻辑非运算，例如 $A=1$，则 $\overline{A}=0$。

在研究逻辑电路时，通常使用逻辑符号表示逻辑门电路。代表逻辑门电路的符号有两种，一种是逻辑符号，另一种是用于电路设计的逻辑电路符号。

1. 基本逻辑门

基本逻辑门电路只有非门、与门和或门三种，所有其他的数字电路全部都是由这三种逻辑门电路组合而成的。

（1）非门

输入、输出信号反相（即输入为高电平时输出为低电平，或输入为低电平时输出为高电平）的数字逻辑电路，叫作非门电路，逻辑表达式为 $Y=\overline{A}$。非门的逻辑符号和逻辑电路符号如图 7.3-9 所示。

（2）与门

所有输入信号为高电平时输出才是高电平，否则输出为低电平的数字逻辑电路，叫作与门电路。例如，有两个输入信号 A 和 B 的数字逻辑电路，只有当 A 和 B 同时为高电平时，电路输出才是高电平，否则为低电平，这样的数字电路所代表的就是逻辑运算中的与运算，所以这个数字电路叫作与门电路，其电路功能是完成对输入信号的与运算。图 7.3-10 示出了二输入与门电路的逻辑符号和电路符号，与门电路的逻辑表达式为 $Y=AB$。

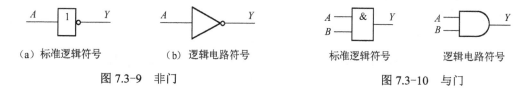

（a）标准逻辑符号　　　（b）逻辑电路符号　　　标准逻辑符号　　　逻辑电路符号

图 7.3-9　非门　　　　　　　　　　　图 7.3-10　与门

（3）或门

所有输入信号中，只要有一个为高电平，电路的输出就是高电平的数字逻辑电路，叫作或门电路。例如，有两个输入信号 A 和 B 的数字逻辑电路，只要 A 和 B 中有一个为高电平，电路输出就是高电平。这样的数字电路所代表的是逻辑运算中的或运算，所以这个数字电路叫作或门电路，其电路功能是完成对输入信号的或运算。或门电路的逻辑表达式为 $Y=A+B$。

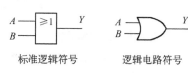

标准逻辑符号　　　逻辑电路符号

图 7.3-11 所示是二输入或门电路的逻辑符号和电路符号。

图 7.3-11　或门

2. 三极管数字逻辑门电路模块

由三极管组成的数字逻辑电路叫作 TTL 电路（使用 TTL 工艺制造）。由于 TTL 电路正逐渐被 HCMOS 电路所取代，所以这里仅介绍 TTL 电路的一般参数特性。

图 7.3-12 所示是 TTL 与非门电路及其等效电路。所谓与非门，就是实现输入信号的与运算后再实行非运算。二输入与非门的逻辑表达式为 $Y = \overline{AB}$。

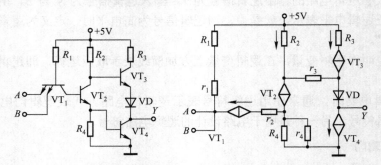

图 7.3-12 TTL 与非门电路及其等效电路

3. CMOS 数字逻辑门电路模块

由 CMOS 管对组成的数字逻辑电路叫作 CMOS 逻辑电路。随着电子技术的发展，目前中小规模数字逻辑电路都是以高速和高密度的 HCMOS 电路为基本单元的。

（1）非门电路模块

非门电路是实现所有数字集成电路的基本单元。图 7.3-13（a）所示为 CMOS 非门电路模块，PMOS 管和 NMOS 管的开启电压极性相反（$V_{gsthP}<0$，$V_{gsthN}>0$），图中 PMOS 管作为 NMOS 管的漏极电阻，NMOS 管作为 PMOS 管的漏极电阻。所以，当输入为高电平（$V_i=V_{DD}$）时，NMOS 管导通，PMOS 管截止，输出信号电压 $V_o \approx 0$；当输入为低电平（$V_i=0$）时，PMOS 管导通，NMOS 管截止，输出信号电压 $V_o \approx V_{DD}$。以上分析中认为 MOS 管的导通电阻 R_{on} 远小于截止电阻 R_{off}。图 7.3-13（b）和（c）所示为其功能等效电路（功能电路模型）。

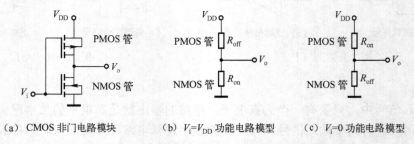

（a）CMOS 非门电路模块　　（b）$V_i=V_{DD}$ 功能电路模型　　（c）$V_i=0$ 功能电路模型

图 7.3-13 CMOS 非门电路模块及其功能电路模型

（2）与门电路模块

图 7.3-14 所示是 CMOS 逻辑与门电路的模块结构，第一级是与非门（与门符号上的"○"表示取反，即非运算），图中输出级是一个逻辑非门，逻辑结构如图 7.3-15 所示。

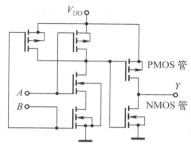

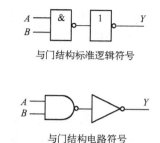

图 7.3-14　CMOS 逻辑与门电路模块　　　　图 7.3-15　CMOS 与门的逻辑结构

（3）或门电路模块

图 7.3-16 所示是 CMOS 逻辑或门电路模块结构，其输入级是一个或非门，输出级是一个逻辑非门，逻辑结构如图 7.3-17 所示。

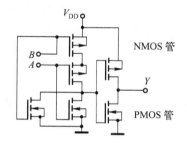

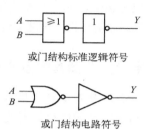

图 7.3-16　CMOS 或门电路模块　　　　图 7.3-17　CMOS 或门逻辑结构

除了上述介绍的 TTL 和 CMOS、HCMOS 三种数字逻辑电路外，还有一种叫作 ECL（射极输出逻辑电路）的数字逻辑电路。

4. 逻辑门的电路特性

TTL 和 CMOS、HCMOS 电路由于所使用的器件不同，在电路特性上有比较大的差别，特别是在电平门限值、工作频率和电源等级上差别显著，这些差别见表 7.3-1。

表 7.3-1　TTL 和 CMOS、HCMOS 的电路特性

电路类型	输出电平（V）	输入电平（V）	电源电压（V）	频率（MHz）	集成度	功耗
TTL	2.4/0.4	2.0/0.8	5	<4	M	H
LVTTL	2.4/0.4	2.0/0.8	3.3	<8	M	H
CMOS	4.4/0.5	3.6/1.5	5	<2	L	L
HCMOS	4.4/0.5	3.6/1.5	5	<10	H	L
HCMOS	2.4/0.5	2/0.8	3.3	<16	H	L

不同工艺器件组成数字逻辑电路间的这种差别，是数字集成电路应用的重要约束条件，是保证数字逻辑系统正常工作的重要保证之一。所以，在实际使用中应特别注意电平匹配和工作频率匹配。通过表 7.3-1 可以看出，TTL 和 CMOS、HCMOS 的逻辑电平有较大的差别。如果数字电路系统中需要同时使用几种类型的电路，则必须注意保证前级输出的电平能满足后级要求的输入电平要求，否则数字电路将不会正常工作。同时，如果一个

数字电路系统中有几种不同工艺的数字逻辑电路，则必须根据电路器件中工作频率最低的器件来选择整个系统的最高工作频率。

7.4 存储器集成电路

存储器是一种特殊的数字电路器件，这种数字电路器件可以把输入的二进制电平信息保存下来，并可以在一定的条件下再发送出去。存储器集成电路是各种以处理器为核心的电子设备的重要部件之一，也是各种数据设备的重要组成部分，例如计算机内存条。

除了作为数字系统的存储设备外，存储器集成电路还可以作为数字电路系统的数字逻辑信号发生器或逻辑控制部分来使用。用存储器保存数据时，只要把相应的逻辑变量作为输入选择信号，而把输入变量各种组合下的函数值存放在存储器中，当输入信号满足一定条件时，就输出一个逻辑 1，否则输出 0。这就是数字逻辑函数发生电路。可以想象，把逻辑变量作为输入选择信号，把输出逻辑值作为存储器中保存的数据，就可以通过存储器实现任何逻辑函数。进一步地，如果把存储器输出作为电路的连接控制信号，则可以完全实现可编程的电路结构。

7.4.1 半导体存储器的基本概念

半导体存储器的基本概念包括分类方法、技术指标和电路结构等。这些基本概念是设计半导体存储器和使用半导体存储器的基础。

1. 半导体存储器的分类

根据制造工艺的不同，半导体存储器可分为双极型存储器和 CMOS 存储器两大类，目前基本上以 CMOS 电路为主。

根据存取信息方式的不同，半导体存储器可分为顺序存取存储器、随机存取存储器和只读存储器三大类。

顺序存取存储器（Sequential Access Memory，SAM）是指数据的写入或读出是按顺序进行的，即先进先出（FIFO）或先进后出（FILO）。

随机存取存储器（Random Access Memory，RAM）是指数据可以在任何时间写入到存储器的任意单元，或者可以在任何时间从存储器的任意单元读取数据。根据实现 RAM 的电路结构的不同，RAM 又可分为 SRAM（静态随机存储器）和 DRAM（动态随机存储器）。DRAM 存储单元的电路结构简单，集成度高、价格低廉，但需要刷新电路，大部分 PC 的存储器都是 DRAM。SRAM 存储单元的电路结构复杂，集成度不高，但不需要刷新电路，速度快，使用简单。图 7.4-1 所示是部分 RAM 的外形。

只读存储器（Read-Only Memory，ROM）在任何时候只能从存储器的任意单元中读出数据，而存储器中的数据则是在存储器生产时确定的，或者事先用特殊工具写入的。对于 ROM，数据写入后可以长期保留在器件中，断电也不会消失。而随机存取存储器既可读又可写，但掉电后数据消失。

图 7.4-1　RAM 外形

只读存储器中的数据如果由生产厂家一次写入，用户只能读出，这种存储器称为固定只读存储器。如果数据可以由用户通过特殊的写入器写入，这种存储器称为可编程存储器，简称 PROM（Programmable ROM）。

只能写入一次数据的 ROM 叫作 OTP（One Time Programmable）ROM。如果可对 PROM 进行多次写入，就必须能把存储器中的数据擦除，叫作可擦除可编程只读存储器。例如，可在紫外线照射下擦除数据的存储器，叫作 EPROM。如果存储器中的数据可在一定的电压条件下擦除，则称为电可擦除的可编程存储器，简称 EEPROM。另外，近几年来利用 MOS 管的一种新结构还制成了新一代的 EEPROM，即快闪存储器（Flash Memory）。

图 7.4-2～图 7.4-5 所示分别是 EEPROM 和 EPROM 的外形及 EPROM 的编程写入工具和数据擦除工具。

图 7.4-2　EEPROM 器件

图 7.4-3　EPROM 器件

图 7.4-4　EPROM 编程写入器

图 7.4-5　EPROM 的紫外线擦除器

2. 半导体存储器的主要技术指标

衡量存储器性能的技术指标主要有存储容量和存取时间。

存储容量是指存储器的存储矩阵能存放数据的多少。与存储容量有关的是存储器中存储单元的数量（字数），以及每个数据的长度（位数）。在数字系统中，用多位的 0 和 1 的组合来表示数据，因此对数据的存储也必须以位（bit）为单位，一般把存储 1 位数据的单元称为基本存储单元，存储容量就是存储器具有基本存储单元的个数。

例如，一个存储器能存放 256 个数据，每个数据有 8 位，则该存储器的存储容量为 256 字×8 位 =2048=2K（1K=1024）。一般把 8 位称为 1 字节，则也可称该存储器的存储容量为 256 字节（简写 256B），或者直接用 256×8 表示。

存储器的存取时间是指两次连续读取（或写入）数据时必须间隔的时间。间隔时间越短，说明存取时间越短，存储器工作速度越高。

3. 常见的存储器器件

目前常见的存储器集成电路器件如表 7.4-1 所示。

表 7.4-1　常见的存储器器件

器件类型		器件名	容量
RAM	SRAM	2114	1K×4
		2128	2K×8
		6264	8K×8
	DRAM	2164	64K×1
		2186	8K×8
PROM	EPROM	2716	2K×8
		2732	4K×8
		2764	8K×8
		27128	16K×8
		27256	32K×8
	EEPROM	2815/2817	2K×8
		2816A	2K×8
		2864A	8K×8

7.4.2 存储单元的基本结构

存储器的核心是存储单元，不同类型的存储器对存储单元的要求不同。例如，RAM 中的存储单元必须支持数据的写入和读出，ROM 中的存储单元只需要支持数据的读出，而 SAM 中的存储单元则必须支持数据的移位。正是由于功能上的不同，使得各种类型存储器的存储单元结构不同。

1. RAM 的存储单元

目前，RAM 主要利用 CMOS 电路结构保存数据。

RAM 分为 SRAM（静态 RAM）和 DRAM（动态 RAM）。在接通电源的条件下，SRAM 可以一直保存数据，但保存数据的单元电路结构比较复杂，需要较多的 CMOS 管。而 DRAM 则需要不断地对电路保存的数据进行刷新，否则就会丢失数据；但保存数据的单元电路要简单得多，不过需要专门的刷新控制电路。目前，DRAM 的刷新电路一般都制作在 DRAM 器件内部。

6 只 CMOS 管存储 1 位二进制数的 SRAM 基本存储单元电路如图 7.4-6 所示。

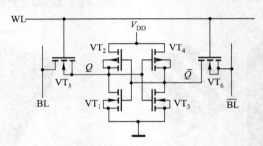

图 7.4-6　SRAM 基本存储单元电路

在图 7.4-6 中，6 只 CMOS 管 VT_1、VT_2、VT_3、VT_4、VT_5 和 VT_6 构成了一位数据的存储单元。其中，VT_1 和 VT_2、VT_3 和 VT_4 分别构成反相器（非门），这两个反相器的输入、输出端再互相反馈连接，构成了基本双稳态触发器，既可以保存数据，也可以向外输出数据。VT_5 和 VT_6 是门控管，WL 为字线，是存储地址选通信号，用来控制 VT_5 和 VT_6 的导通或截止，以便控制基本触发器的输出与 BL 和 $\overline{BL}$ 两根互补位线（位线用于输入/输出数据中的位信息）的连接。使用两根互补位线的目的是为了提高电路的抗干扰能力，保证数据正确。

DRAM 的存储单元主要是利用 MOS 管栅极电容具有暂时存储电荷的作用来保存数据。但是由于漏电流的存在，栅极电容上存储的电荷易消失；为了避免数据信息的丢失，就需要定期给栅极电容补充电荷，称为刷新。

常见的 DRAM 基本存储单元有四 MOS 管、三 MOS 管和单 MOS 管，其中单 MOS 管基本存储单元电路如图 7.4-7 所示。它由一只 MOS 管 VT_1 和一个电容 C_1 组成，C_B 是位线上的分布电容。信息保存在电容 C_1 中，VT_1 起门控作用，控制数据的写入或读出。

单管 DRAM 存储单元的优点是电路结构很简单，但是每一次读操作对存储 C_1 都起破坏作用，因此每次读数据之后都必须刷新。这种电路的缺点就是外围的刷新电路较复杂。

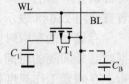

图 7.4-7　单 MOS 管基本存储单元电路

2. ROM 的存储单元

ROM 是利用 CMOS 电路的基本结构制造而成的，在制作时根据需要使一部分电路输出为逻辑 1，另一部分输出为逻辑 0。当电路制作完成后，ROM 中保存的数据就不能再更改了。

ROM 基本存储单元的电路结构如图 7.4-8 所示。从图 7.4-8 可以看出，通过字线与位线之间是否连接二极管、三极管或 MOS 管就可以决定存储单元中存储的数据。可见，ROM 电路的结构十分简单，所需要的基本半导体器件少。因此，可以在有限的硅片上制造出高密度的 ROM 存储器。

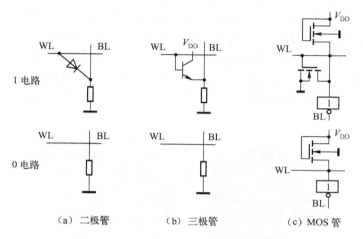

（a）二极管　　　　　（b）三极管　　　　　（c）MOS 管

图 7.4-8　ROM 基本存储单元的电路结构

由于 ROM 通过相应的电路制作而成，所以一旦电路制作结束，ROM 中所保存的数据也就不能再改变了。

3．PROM 的存储单元

如果把 ROM 的电路全部制作成 1 电路，但是否与 BL 连接是用一个起开关作用的元件（如熔丝、浮栅 MOS 管、叠栅注入 MOS 管、浮栅隧道氧化层 MOS 管）控制的，这样可以得到 PROM 存储 1 位二进制数的基本结构，如图 7.4-9 所示。

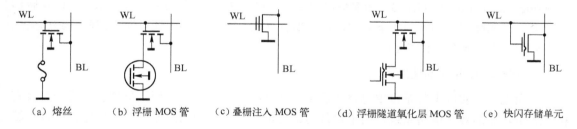

（a）熔丝　　　（b）浮栅 MOS 管　　　（c）叠栅注入 MOS 管　　　（d）浮栅隧道氧化层 MOS 管　　　（e）快闪存储单元

图 7.4-9　PROM 的存储单元电路结构

PROM 存储单元中字线和位线的可编程连接关系用"×"表示，如图 7.4-10 所示。

图 7.4-10　PROM 存储单元的简化表示

7.5 FPGA 与 CPLD 器件

现场可编程逻辑阵列（Field Programmable Gate Array，FPGA）和复杂可编程逻辑器件（Complex Programmable Logic Device，CPLD）属于可编程逻辑器件（Programmable Logic Device，PLD），是一种已完成了全部工艺制造，但不具备任何逻辑功能的数字电路器件，这是 FPGA/CPLD 与其他数字集成电路的根本区别。

FPGA/CPLD 中提供了可以实现数字逻辑系统的逻辑电路，这些逻辑电路的连接关系则通过使用者根据需要进行连接。在使用 FPGA/CPLD 时，首先根据逻辑系统模型，利用硬件描述语言（HDL，例如 VHDL、Verilog HDL）描述数字逻辑电路，再通过相应的软件对硬件描述语言程序进行编译与仿真调试，调试成功后再把编译后的硬件描述语言程序下载到器件中（即编写器件内部的连接结构）。图 7.5-1 所示是可编程逻辑器件的外形。

图 7.5-1　可编程逻辑器件的外形

7.5.1　可编程逻辑器件的基本概念

PROM 可以看成最早的一种可编程器件。早期的可编程逻辑器件都是以"与"阵列及"或"阵列结构为基础的，主要包括有可编程阵列逻辑（Programmable Array Logic，PAL）、现场可编程逻辑阵列（Field Programmable Logic Array，FPLA）、通用可编程阵列逻辑（Generic Array Logic，GAL）。随着集成电路工艺的发展，从低密度的 PAL 和 GAL 发展到高密度、高速度和低功耗的复杂可编程逻辑器件（CPLD）。另外，还有非与或阵列结构的现场可编程逻辑门阵列（FPGA）。

1. FPGA/CPLD 的使用方法

所谓编程，实际上就是设置电路的逻辑系统结构，一旦完成编程，器件就成为一个具有相应逻辑功能的数字电路系统。由于器件内部逻辑结构全部由用户通过编程决定，所以，编程后的 PLD 成为一个用户专用集成电路。

在编程之前，PLD 本身不具有任何逻辑功能，只是通过底层电路结构，提供了一个可以通过编程控制连接的、等效的逻辑门阵列。只有通过编程的方法对确定电路的逻辑结构连接，PLD 才具有相应的数字逻辑功能。

2. 可重复使用技术

从编程技术来看，又可将可编程逻辑器件分为一次性编程器件和可重复编程器件。

可编程逻辑器件主要采用紫外线擦除技术、电可擦除技术、Flash 技术和 SRAM 技术。

采用 EEPROM 和 Flash 技术的器件不需要在专门的编程器上编程，可直接在印刷电路板上的电路中编程，称为在线可编程技术（In System Programmable，ISP），比较常用的器件有Lattice 公司的 isp 系列器件、Altera 公司的 MAX 系列器件。

使用 SRAM 技术的器件，也不需要专门的编程器，但由于 SRAM 器件掉电后信息会丢失，因此必须将编程信息存放在额外的存储介质上，上电运行时，先从存储介质中读出编程信息并写入器件的 SRAM 内，再开始工作。这种技术也称为在线可配置技术（In Circuit Reconfigurability，ICR），比较常用的器件包括 Altera 公司的 FLEX 系列器件、Xilinx 公司的 XC 系列器件。

应该指出的是，CPLD 和 FPGA 器件特别适用于电子系统开发阶段或小规模生产时采用；而在系统进入大批量生产时，往往由于成本的原因，将 CPLD 和 FPGA 再转换成相应的ASIC（专用集成电路），或将其转换成相应的标准单元甚至再设计为定制电路。

由于集成技术的飞速发展，可编程逻辑器件的电路容量（等效逻辑门的数量）已超过千万门的规模，体积和功耗不断缩小、时钟速度不断增加。某些可编程逻辑器件不仅可以容纳8-bit 的 CPU，也已经和某些嵌入式微处理器内核直接制作在一起，所以可编程逻辑器件已开始成为许多电子产品的核心部件。

7.5.2　可编程逻辑器件的基本结构

可编程逻辑器件具有可编程性，其功能是实现各种数字电路。由于数字电路本身可分为组合逻辑电路和时序逻辑电路，为了能实现既有组合电路又有时序电路的数字系统，可编程逻辑器件的电路结构都是以 PROM、SRAM 为基础的，其中复杂一些的可编程逻辑器件增加了能实现时序电路的结构，可以适应复杂的数字系统设计要求。

1.　组合逻辑的电路结构

组合逻辑功能是最基本的数字逻辑功能，所有的可编程逻辑器件至少都应具有实现组合逻辑的功能。根据编程技术的不同，主要有两种组合结构：一种是基于 PROM 的与或阵列结构，一种是基于 SRAM 的查找表（Look Up Table，LUT）结构。前者是根据与或逻辑表达式来实现逻辑功能的，后者是根据真值表中输入逻辑值与输出逻辑值的对应关系来实现逻辑功能的。

（1）与或阵列结构

可编程逻辑器件的与或阵列结构利用的是与 PROM 相同的数据写入技术，即生产厂家在制造器件时把与、或结构中的电路全部或部分制作成"1"电路，并连接一个起开关作用的元件。用户可通过编程的方法断开这些起开关作用的连接元件，使器件具有不同的数字逻辑功能。

根据用户编程范围的大小，可分为与或阵列均可编程，与阵列可编程而或阵列不可编程，以及与阵列不可编程而或阵列可编程三类。

CPLD 属于与阵列可编程而或阵列不可编程一类。CPLD 器件中逻辑单元的与或阵列结构如图 7.5-2 所示。

从以上分析可以看出，与或阵列结构中输入到输出的传输延迟时间不是固定的，所实现的逻辑功能不同，传输延迟时间就不同。

（2）查找表结构

可编程逻辑器件的查找表（Look Up Table，LUT）结构是利用 SRAM 的数据写入技术，即生产厂家在制造的可编程器件中加入一定容量的 SRAM 作为逻辑单元块，用户在使用时按所实现逻辑功能的真值表把对应的函数值写入到各存储单元中，而输入逻辑信号则是 SRAM 的地址，通过 SRAM 中地址与存储单元的对应关系可以得到对应的输出信号。

图 7.5-3 所示为一个 32 位 LUT 的基本结构。32 位的 LUT 意味着其中 SRAM 能存储 32 个数据位，这个 LUT 能实现组合逻辑的能力。

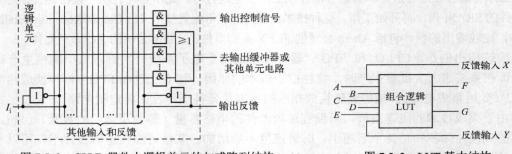

图 7.5-2　CPLD 器件中逻辑单元的与或阵列结构　　　　图 7.5-3　LUT 基本结构

由于 LUT 结构采用的是 SRAM 数据读取方式实现逻辑函数的，也就是说，LUT 结构的传输延迟是固定的，等于 SRAM 数据读取时间，与所实现的逻辑功能的复杂程度无关。

2. 时序逻辑的电路结构

从 LUT 的结构可以看出，LUT 结构的单元电路中没有反馈结构，所以只能实现一般的组合逻辑电路，无法实现数字电路系统中的重要单元和电路，如触发器和时序电路。在集成数字电路器件中，为了能实现组合逻辑和时序逻辑电路，必须加入相应的反馈结构和触发器。实际上，只有反馈结构也可以实现触发器，但电路将变得十分复杂，同时也会大大地降低与或逻辑电路的利用率。

为了满足数字逻辑电路的需要，可编程逻辑器件增加了包含触发器的单元电路，用以实现时序逻辑功能。一般把含有触发器的电路单元称为逻辑宏单元 LMC（Logic Microcell），简称宏单元。宏单元的基本电路结构如图 7.5-4 所示。

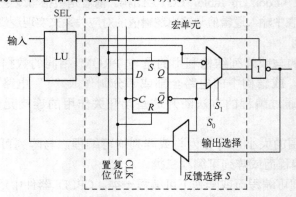

图 7.5-4　宏单元基本电路结构

注意，不同厂家的产品，宏单元结构会略有不同；但总的目的都是相同的，就是提供基本逻辑运算、触发器以及相应的控制信号和反馈信号，在系统时钟控制下工作。

3. 输入/输出结构

输入/输出电路模块是可编程逻辑器件外部封装引脚与内部逻辑电路之间的接口。

每个输入/输出电路模块对应一个外部引脚，通过对输入/输出电路模块的编程可以将外部引脚定义为不同的类型，如输入引脚、输出引脚、输入/输出引脚。简化输入/输出电路模块的基本结构如图 7.5-5 所示。

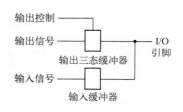

图 7.5-5　输入/输出模块基本结构

输入/输出电路模块有两条信号通道，当输出控制信号有效时，对应的外部引脚具有输入/输出信号功能；当输出控制信号无效时，对应的外部引脚只有输入信号功能。

7.5.3　CPLD 器件的基本结构

CPLD 器件是在 PAL 和 GAL 基础上发展起来的高密度、高速度、低功耗的数字集成电路，CPLD 器件的产生是数字集成电路发展的一个新阶段。使用 CPLD 器件可以达到用户自行完成数字电路系统集成的目的，这在系统的开发阶段是十分重要的。

CPLD 器件的基本结构是将 CPLD 分成多个小规模的 PLD，然后通过互连矩阵进行连接，即全局与局部互连结构。每一个小规模的 PLD 模块仍以与或阵列和宏单元结构为基础，只是有一些改进。

1．对 PLD 基本结构的改进

（1）与或结构的改进

在小规模 PLD 器件的与或结构中，对每一个单元而言，其输入端数、输出端数是固定的，如果一个数字系统有部分公共的电路，则必须占用不同的与或结构单元分别实现，造成器件资源浪费。如果在器件中加入一些共享的与或逻辑项，则可用于实现数字系统中公共的电路部分，提高器件资源的使用率，可实现逻辑关系更复杂的逻辑功能。所增加的公共与或项称为共享乘积项和，其结构如图 7.5-6 所示。

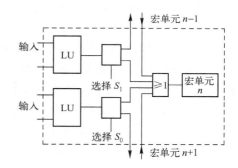

图 7.5-6　共享乘积项和的结构

（2）改进宏单元结构

对小规模 PLD 器件宏单元结构的改进，主要体现在增加每个单元电路中触发器个数，以及使触发器类型可编程。

小规模 PLD 器件的宏单元结构中只有一个触发器；而 CPLD 一般设置多个触发器，可以构成较复杂的时序电路，但是只有一个触发器与输入/输出端口相连。

通过对宏单元内触发器结构的控制，可以将触发器设置为不同类型的触发器，如 D、JK、RS 和 T 触发器。

2．全局与局部互连结构

在小规模 PLD 基本结构上通过改进所形成的 CPLD 结构，并没有从根本上解决输入信号数量不定和信号延迟时间不定的问题。为了解决上述问题，目前大多数 CPLD 器件都采用全局与局部分割互连的基本结构，如图 7.5-7 所示。由于不同厂家的集成电路工艺、器件规模的不同，各种 CPLD 的全局与局部互连结构差别很大，但从互连结构上基本上是图 7.5-7 中介绍的三种，图中的基本电路是逻辑阵列模块（局部 PLD 模块），逻辑阵列模块通过全局总线连接在一起。

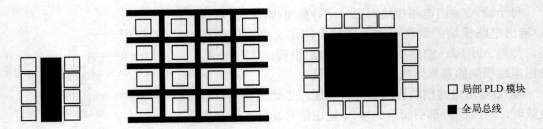

图 7.5-7　CPLD 的局部与全局结构

逻辑阵列模块由局部总线、宏单元及其他一些公共资源电路组成，一般包括宏单元模块、布线区、I/O 模块等。

7.5.4　FPGA 器件的基本结构

FPGA 与 CPLD 一样，也是一种已完成了制造的产品，通过开发工具对该产品进行"编程"可以实现特定的逻辑功能。与 CPLD 中的在系统可编程器件一样，FPGA 是现场可编程器件，其特点也是可以在器件的使用期间随时根据用户的需要进行重新编程，给系统提供了极大的灵活性。

FPGA 与 CPLD 不同之处在于，FPGA 采用的是 SRAM 编程技术，不是以与或阵列结构为基础，而是以包含 LUT 和宏单元的内部配置逻辑功能块构成阵列形式，在功能块之间为内连区，芯片四周为可编程的输入/输出功能块（Programmable Bi-I/O）。

由于 FPGA 器件采用 SRAM 编程技术，其 LUT 结构使得器件规模较大，可靠性较高。FPGA 器件的输入/输出端的数量较多，可以提供片内高速 RAM，使得各引脚之间的安排更容易，更适用于一些复杂的场合。

图 7.5-8 所示是 Altera 公司 FLEX 8000 系列器件的器件结构、逻辑阵列模块（Logic Array Block，LAB）和逻辑单元（Logic Element，LE）的结构，其中逻辑单元是该系列的最小逻辑单元。Altera 公司 FLEX 系列器件使用的是 SRAM 可编程技术，属于 FPGA 器件。

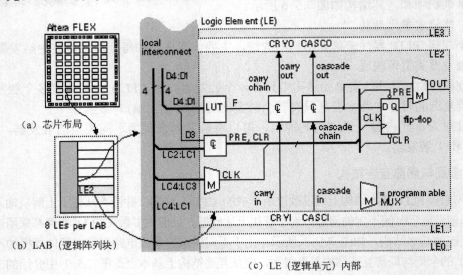

图 7.5-8　Altera 公司 FLEX 系列器件的结构（资料来源：Altera 数据手册）

FLEX 系列器件主要由 LAB、I/O 模块和行列快速可编程互连阵列组成。每个 LAB 由 8 个 LE 和逻辑互连阵列组成。每个 LE 有一个可编程的触发器，具有可独立编程的时钟、使能、复位和置位功能，并且 LE 还有一个 4 输入的逻辑函数查找表 LUT、级联逻辑以及进位逻辑等。

FLEX 系列器件非常灵活的地方是可以嵌入阵列块（Embedded Array Block，EAB）。EAB 由 RAM/ROM 和一些触发器组成，其功能是提供片内的 RAM/ROM，使得 FLEX 系列器件能适应更广的数字逻辑功能。

Xilinx 公司 XC 系列 FPGA 器件的基本结构如图 7.5-9 所示。Xilinx 公司 XC 系列 FPGA 器件由基本逻辑单元构成。基本逻辑单元 LCA 称为可配置逻辑块。Xilinx 公司的 LCA 规模比较大，并且更复杂。虽然不同的产品有差别，但基本上由三种可编程单元组成，分别是可配置逻辑模块（CLB）、可编程输入/输出模块（IOB）和可编程互连资源。每个 CLB 中包含了组合逻辑电路和触发器等，可以实现小规模的组合逻辑和时序逻辑功能。各 CLB 通过片内丰富的连线资源（包括导线、可编程开关矩阵和可编程连接点）可以连接组成复杂的数字逻辑电路，而输入/输出模块可以通过编程将器件外引脚设置为输入、输出和双向引脚。由于 FPGA 器件采用 SRAM 编程技术，其 LUT 结构使得器件规模较大，可靠性较高。FPGA 器件的输入/输出端的数量较多，可以提供片内高速 RAM，使得各引脚之间的安排更容易，更适用于一些复杂的场合。

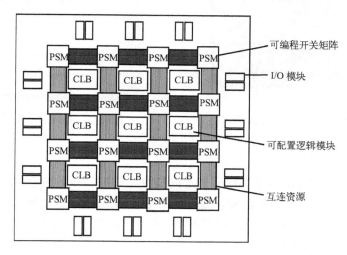

图 7.5-9　Xilinx 公司 XC 系列 FPGA 器件的基本结构

虽然 FPGA 器件的 LUT 结构的传输延迟是固定的，但是由于其 CLB 内部有多种逻辑配置方式和连接方式，使得器件结构具有一定的灵活性。由于信号的总传输延迟时间不确定，这给数字系统的设计带来麻烦，并且也影响数字系统的工作速度。

7.6　包含 CPU 的集成电路

中央处理单元（Central Processing Unit，CPU）是计算机的核心部分。20 世纪 70 年代以来，通过集成电路技术实现了在硅片上制造 CPU 的技术，此后，包含有 CPU 的集成电路开始在现代电子科学与技术中成为研究的焦点，同时也在应用领域具有十分重要的作用。

集成电路中，含有 CPU 的器件包括微处理器（Micro Processor Unit，MPU）、单片机

（Micro Controller Unit，MCU）和数字信号处理器（Digital Signal Processor，DSP）。

7.6.1 微处理器

微处理器是计算机的核心，同时也是现代信息网络设备的核心。微处理器的特点是具有十分强大的指令处理功能和指令处理速度。同时，微处理器也是一种非常复杂的数字集成电路。图 7.6-1 所示是 Intel 公司奔腾III微处理器的外形，图 7.6-2 所示是奔腾III微处理器的内部结构。

图 7.6-1　奔腾III微处理器的外形

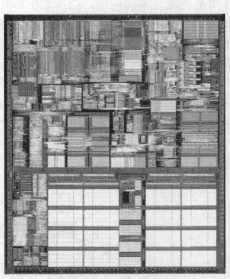

图 7.6-2　奔腾III微处理器的内部结构

1．微处理的基本概念

微处理器（MPU）的作用是执行所规定的指令，这些指令的内容包括数据处理和电路控制。数据处理的内容包括四则运算、逻辑运算以及复杂的数学计算（如浮点乘法和除法等）。为了进行数据处理，就必须有执行指令，因此，微处理器就必须能对指令进行管理，且必须有相应的硬件支持电路。

图 7.6-3 是一个微处理器的基本结构框图。图中时钟电路的作用是为微处理器和整个微机系统提供工作时钟和各种定时/计数器电路，使系统在一个统一的时钟下协调工作并满足系统的某些定时和计数要求。

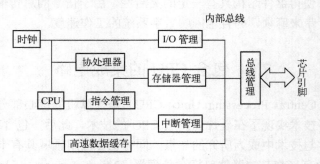

图 7.6-3　微处理器的基本结构框图

CPU 电路单元是一个数据处理电路，所有的算术、逻辑运算、数据传送、外部设备管理等指令全部在这里完成，可以说是微处理器的基本指令执行部件。CPU 电路单元中包括加法器、逻辑运算电路、通用寄存器组（用于加法器的数据处理）。为了提高数学计算处理速度，现在的微处理器中一般都加有复杂数学计算处理部分，用于执行高速多字节的浮点计算、定点计算。协处理器是在 CPU 电路单元控制下工作的。

I/O 管理电路提供微处理器与外设之间的数据输入输出通道和各种 I/O 控制信号。I/O 管理电路在累加器和逻辑运算电路控制下，使微处理器能接收并处理外设送来的数据，同时能把各种数据输出到微处理器系统中的外部设备中。

为了能正确执行各种指令（程序是由指令组成的）并加快指令的执行速度，微处理器中有一个指令管理电路，专门用于处理指令（如指令译码、指令排队等）。指令管理单元实际上是微处理器的控制核心。指令管理电路中包括指令地址处理电路、地址寄存器组、指令处理流水线。执行微处理器的基本工作流程可以有简单串行和流水线串行两种。简单串行方式，即"取指令→指令译码→执行"工作方式。这种工作方式也叫作三节拍工作方式。这种工作方式的特点是电路简单，但运行速度慢，总线效率低。流水线串行方式，基本工作如下

第 1 节拍　　第 2 节拍　　第 3 节拍　　第 4 节拍　　第 5 节拍　　…

取指令→指令译码→执行→取指令→指令译码→

取指令→指令译码→执行→取指令

取指令→指令译码→执行

可以看出，在同一节拍内可以进行取本次指令、对前次指令译码以及执行已译码的指令，也就是三条指令同时处理（注意是处理不是执行，一次只有一条指令在执行），这就大大地提高了微处理器的工作效率。当然这需要增加硬件电路。必须指出，如果某条指令的执行中需要进行数据输入输出，则取指令的工作就不能进行。这是因为指令是通过数据总线进入微处理器的。

对微处理器来说，程序和数据都必须存放在存储器中，所以必须有一个存储器管理电路，以使存储器能在微处理器的控制和管理之下。

考虑到在执行程序时会突然出现的一些必须立即处理的事件，以及在执行指令时可能出现的问题（例如除法溢出等），为了处理突发和紧急事件，就必须采用中断电路，使微处理器暂时停止正在执行的正常程序转而处理紧急事件；紧急事件处理完后，再继续执行正常的程序。

为了提高微处理器的工作能力和效率，目前在微处理器中多加入高速缓存电路。这个电路的作用是存放短时间要经常处理的数据，并在总线比较空闲时大量读入指令。这样就能降低数据的输入输出次数并减少微处理器因读指令而占用的总线时间，同时还可以大大地提高微处理器的运行速度。

2. 微处理器的基本工作原理

微处理器的基本工作原理是指 MPU 各电路之间的相互配合的工作过程，或者叫作指令执行过程。微处理器的基本工作过程如图 7.6-4 所示。

复位启动是一个脉冲信号，在微处理器接通电源

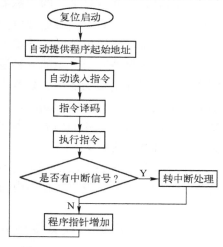

图 7.6-4　微处理器的基本工作过程

后，并不会立即工作，而是要等待复位信号，只有在复位管脚接收到复位信号后，微处理器才能开始工作，所以说复位信号是微处理器开始工作的触发信号。同时，当微处理器在工作过程当中，如果接收到了一个复位信号，则微处理器会立即放弃当前执行的程序进入复位状态，复位后则重新开始工作。所谓复位状态，是指微处理器对内部逻辑电路进行初始化的工作过程，在复位状态中，微处理不执行任何指令。所以复位状态是微处理器的一种内部整理工作。

在复位状态后，微处理器的指令管理电路中的指令地址寄存器会自动装入一个固定的数据，以作为微处理器开始工作后将要执行的第一条指令的地址。这就是图 7.6-4 中复位后的第一个框。

有了指令地址后，微处理器中的存储器管理电路和总线管理电路在指令地址的作用下从存储器中取出指令，所得到的指令在指令管理电路中进行指令译码，然后把译码的结果送入算术和逻辑计算单元中执行。所谓执行指令，就是把程序提供的二进制代码变成数字逻辑电路的控制电平，使数字逻辑电路的输出发生相应的变化。在指令的执行过程中，会根据指令的要求对存储器或外设进行数据传输。

在执行指令时，如果微处理器内部的电路单元或系统中的外部设备向微处理器提出中断请求，微处理器会根据程序设置响应这些中断（即停止执行当前程序转而执行中断服务程序，然后再返回原来执行的程序）。

由此可以看出，微处理器的工作过程是一个严格的时间协调过程，微处理器中的各个电路单元必须严格地协调一致才能正常工作。统一协调微处理工作的是系统时钟，微处理器中各电路单元全部都在系统时钟的节拍控制之下。

3. 微处理器模型

微处理器的工作原理还可以通过微处理器的模型来了解。根据微处理器的基本结构，其工作原理可以用结构模型、逻辑模型和电气模型三部分来描述。

结构模型是指微处理器的基本硬件结构，在结构模型中标明了微处理器中所包括的功能电路单元、各功能电路之间的内部连接关系、内部总线结构以及引脚的作用。

逻辑模型也就是通常所说的微处理器逻辑时序图，是指微处理器电路单元中各信号之间所满足的逻辑关系。逻辑时序图是微处理器和微机应用系统设计的基本依据之一。逻辑模型包括电路单元之间信号电平的逻辑关系、指令执行的逻辑关系和引脚信号的逻辑关系。电路单元之间的逻辑关系是指微处理器内部各功能电路之间所满足的数字关系，由于微处理器的内部电路复杂，所以电路间的逻辑关系是逻辑模型中最复杂的一部分。指令执行的逻辑关系是指执行一条指令时所产生的各种逻辑信号之间的时间关系，也包括指令结束时生成的各种状态信号。引脚信号的逻辑关系是指微处理器各管脚信号逻辑电平之间的时间关系。微处理器的引脚逻辑电平是成组出现的，其逻辑关系也比较简单，但却是设计微机应用系统的重要依据。一般说来，完整的微处理器逻辑模型相当复杂。从应用的角度看，只要列出指令逻辑关系和引脚逻辑关系就可以了。

电气模型是指各电路的基本电气特性，例如逻辑电平、上升沿和下降沿时间、引脚电气特性（电阻、电容、吸收和输出电流能力等）。

7.6.2 移动通信设备专用处理器

移动通信设备是智能信息终端，也是重要的信息设备。移动通信设备可划分为智能手机和移动式平板电脑，这两种移动通信设备的核心都是微处理器。由于对体积和功率的限制，再加上对数据处理和通信性能的特殊要求，移动通信设备中的微处理器实际上都是结构复杂的、以微处理器为核心的 SoC（片上系统，System on a Chip），目前这种 SoC 已发展为多处理器内核的结构，成为 5G 通信设备的关键技术之一。

1. 智能手机中的微处理器

第一个真正意义上的智能手机微处理器，是 2000 年摩托罗拉公司的龙珠 CPU（Dragon ball EZ）。这是一颗主频为 16MHz、支持 WAP1.1 无线通信、使用 PPSM （Personal Portable Systems Manager）操作系统的专用微处理器，为智能手机处理器奠定了基础。

目前主流智能手机微处理器以多 CPU 核（例如 ARM 处理器内核）为基础，并使用了图像图形专用处理 SoC，这样就极大地增强了手机的信息处理功能。

2. 移动式平板电脑中的微处理器

移动式平板电脑是一种兼顾智能手机和移动式计算机的信息处理设备，但其体积要大于智能手机，且允许具有较大的功率损耗，所以移动式平板电脑中的微处理器可以使用更高的时钟频率和更大的存储容量。尽管如此，由于仍然受到功耗和体积限制，移动式平板电脑中的微处理器也是一种专用的 SoC 器件。与智能手机相同，目前移动式平板电脑也以多核微处理器为核心部件。

7.6.3 单片机

单片机是一种具有 CPU 和各种不同外部电路的专用微处理器。单片机的外形和一个应用系统电路实例分别如图 7.6-5 和图 7.6-6 所示。

图 7.6-5 单片机的外形 图 7.6-6 单片机应用系统电路实例

从结构上看，单片机与微处理器的重要区别在于，单片机的系统管理资源没有微处理器丰富，但具有多种用户电路。因此，如果系统不需要复杂的管理，就可以充分利用单片机的电路集成特性，把系统体积压缩到最小。例如，32 位的单片机 68302，虽然其存储器和总线管理能力不如 Intel 奔腾 IV 微处理器，但由于片内提供了各种通信电路和 6 个 DMA 管理部件，使系统的数据通信处理能力十分强大。

总的来说，用单片机可以实现各种数字信号处理系统。但如果系统复杂、时实性要求高，则单片机就显得能力不足了。因此，在比较简单的系统中可以使用单片机作为数字信号处理器，而当需要进行复杂计算时（例如实现 DVD 解码），就必须使用微处理器或 DSP 器件。

单片机数字信号处理系统的硬件结构如图 7.6-7 所示。图中虚线部分表示电路可能已经包括在单片机内部，不需要外加的电路。例如，MC68HC05/08 和 TMS430 系列单片机中就包含有相应的 RAM 和 A/D 转换电路。

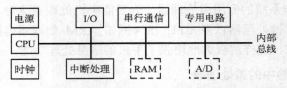

图 7.6-7　单片机数字信号处理系统硬件结构

7.6.4　数字信号处理器件

从系统管理的角度看，微处理器具有强大的优势。从系统简单、易于开发的角度看，提供了相应用户电路的单片机则具有良好的实用性。但如果需要实现复杂的数学计算，或需要进行高速数学处理的数字信号处理系统（例如语音识别、图像实时处理、多媒体处理等），就只能使用 DSP 器件才能完成系统功能。例如，目前迅速发展的软件无线电技术、移动通信技术和多媒体技术，就是 DSP 器件数字信号处理特性能力的最好证明。

图 7.6-8 和图 7.6-9 所示分别是 DSP 器件的外形和应用系统电路实例。

图 7.6-8　DSP 器件的外形

图 7.6-9　DSP 器件应用系统电路实例

数字信号处理器件与微处理和单片机相比较，其最大的区别就是采用了多总线的哈佛结构，同时增加了乘加器（即能够在一条指令内完成乘法和累加操作的专用计算单元）。正是这种结构，才使得 DSP 器件具有十分强大的数学计算能力，可以达到几百兆指令每秒（Million Instructions Per Second，MIPS）的处理速度。

图 7.6-10 是 DSP 应用系统的一般结构框图。从图中可以看出，除了使用 DSP 器件外，

其他的部分与微处理器和单片机应用系统基本相同。

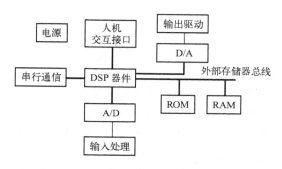

图 7.6-10　DSP 应用系统的一般结构框图

7.6.5　微处理器系统

微处理器自身仅仅是一个具有执行指令能力的数字逻辑电路，还需要有完整的集成电路系统才能实现所需要的数据处理，这就需要通过构建一个以微处理器为核心的微处理器系统。

微处理器系统可划分为微处理器、总线控制、存储器设备、人机对话设备、并行连接接口等 5 大部分。微处理器控制整个系统，总线提供系统数据传输通道，存储设备保存系统所需要的软件，人机对话设备则提供了人对系统的控制以及系统数据处理结果的输出功能，而并行连接接口则提供了其他设备与微处理器系统的并行连接接口。

微处理器系统的物理结构如图 7.6-11 所示，图中的每个方框代表一个功能电路，是微处理器系统中的子系统。

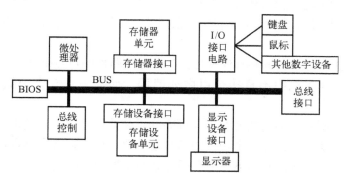

图 7.6-11　微处理器系统的物理结构示意

在图 7.6-11 中，微处理器是系统的核心，其他功能电路包括：

（1）总线控制电路，用来控制总线中的数据传输，以及各个设备与总线的连接。

（2）总线接口电路，提供了微处理器系统与其他设备的并行连接电路接口。

（3）存储器，分为存储器单元和外部存储设备，其中外部存储设备包括硬盘、软盘驱动器、USB 存储器、各种存储卡等。

（4）I/O 接口电路，用来连接键盘、鼠标和其他数字设备（例如打印机、扫描仪、数码相机等）。

（5）显示设备接口，用来驱动微处理器系统的显示器，例如 PC 上的显示卡，也可以是其他显示设备的驱动电路。

本 章 小 结

本章介绍了有关集成电路的基本概念，包括模拟集成电路和数字集成电路（包括 FPGA 和 CPLD）的基本特点，以及包含有 CPU 的集成电路。

把某个功能电路采用集成方式制作在一个芯片中，形成一个独立的电子器件，这个电子器件就叫作集成电路。集成电路是由基本单元电路组成的、具有专门功能的电子器件。对于集成电路，可以将其看成一个独立的器件，与分立器件的使用相似，也需要了解其基本特性和参数等。但由于集成电路已经具有某种独立功能，因此，使用中的注意力应集中在如何能正确利用集成电路功能和参数上。

实现模拟电路功能的电路叫作模拟集成电路，实现数字电路功能的叫作数字集成电路。

练习题

7-1 集成电路与分立元件电路相比较具有哪些优点？

7-2 使用集成电路需要注意哪些问题？

7-3 集成电路是如何分类的？

7-4 模拟集成电路和数字集成电路有什么本质区别？产生这些区别的原因是什么？

7-5 数字集成电路中有几种基本门电路？这些门电路具有什么逻辑功能？

7-6 半导体存储器分为几种类型？各自的特点是什么？

7-7 什么叫作可编程逻辑器件？可编程逻辑器件分为几种类型？

7-8 数字集成电路的逻辑电平与制作工艺有关，试指出 TTL 和 CMOS 电路之间逻辑电平的差别。

7-9 包含有 CPU 的集成电路器件有几大类？这些器件的特点是什么？

7-10 为什么智能手机中不直接使用微处理器，而使用包含多个微处理器核的专用 SoC？

7-11 假设一工程系统中需要产生不同频率的正弦波信号，并且要求随时控制正弦波信号的频率和幅度，这就需要设计一个相关的信号发生器。请根据要求确定使用集成电路实现这个信号发生器的基本结构，并指出其中不同部分的功能和集成电路特征。

第8章　电路制造工艺

电子科学与技术的研究领域之一，就是有关电子元器件和电路的制造技术。

电子元器件以及应用电子系统的制造技术涉及许多工业制造领域，与电子科学与技术直接相关的有电路板制造技术和集成电路制造技术。

所谓制造技术，是指制造工艺、流程，以及所涉及的测试和生产设备。电子元器件和应用电子系统的制造工艺是一种比较复杂的工艺，特别是集成电路制造工艺，更是一种对环境要求十分苛刻的复杂工艺技术。

电子元器件和系统的制造工艺不仅仅是一种电路实现方法，更主要的是制造工艺直接关系到电路能否达到设计要求。也就是说，如果在设计时不考虑制造工艺和相关的测试技术，则最终制造完成的电路可能无法满足设计要求。所以，电路制造工艺的作用是保证电子产品达到设计的技术要求，也属于电子元器件和系统的设计内容之一。

研究满足电路要求的制造工艺，设计满足要求的测试理论和方法，是电子科学与技术以及应用电子技术的一项重要内容。

8.1　电子产品制造的基本概念

电子产品制造是一个精密、复杂的生产过程。这种过程不仅直接关系到产品质量，同时也关系到电子产品的价格。由于电子产品制造对电子元器件和系统的影响很大，所以在电子产品的设计中必须考虑制造的因素。

8.1.1　电子产品制造工艺

所谓制造工艺，是使用技术和设备完成产品生产的过程。工艺的内容不仅仅是制造，还包括对制造过程所涉及的技术、设备、人工和材料的管理。由于电子元器件和应用电子系统的复杂性和精密性，电子产品制造工艺的内容主要是对技术和设备的应用与管理。所以，电子产品制造过程能否满足设计要求，达到各项技术指标要求，与所选用的工艺直接相关。另一方面，如何根据设计要求设计合理的制造工艺，不仅要保证产品质量，还要降低制造过程的复杂性和制造成本，这是电子产品制造工艺研究的主要内容。

1. 电子产品制造工艺的内容

电子产品制造工艺的基本内容包括设计文件、材料处理、加工技术及要求和检测技术与方法。

（1）设计文件

设计文件指的是电子产品的工艺设计文件，是制造工艺设计和执行制造工艺的核心之一，也是其他工艺内容的设计和选择依据。工艺设计文件是对电子产品制造过程的指导和要求，也可以叫作制造工艺的规范。在电子产品的制造过程中，必须严格按照工艺设计文件完成产品的制造。所以，工艺文件就是电子产品加工制造的法律。

工艺设计文件应当包括如下内容：

① 零件工艺技术要求及工艺过程，包括对零件的工艺要求、处理技术、加工技术和工艺过程。

② 装配工艺技术要求及工艺过程，包括对电路系统的装配技术要求，应当使用的装配技术、装配流程，以及相应的检测技术。

③ 元器件工艺表和加工表。

由于电子产品的制造过程十分复杂，在工程实际中为了简化工艺文件，一般在主要的技术指标要求、加工过程要求以及检测技术要求等方面，都采用国家标准或国际标准。所以，电子设计工程师还应当了解有关工艺方面的国家标准和国际标准。如果设计者不了解制造工艺，就可能会造成制造过程中的困难，或者无法达到设计指标要求。

注意，由于集成电路的复杂性和使用的软件工具具有工艺针对性，在集成电路设计制造领域，各厂家会提供相应的工艺文件供设计者使用，使得集成电路在设计过程中就与工艺技术紧密联系在一起。所以，在集成电路设计过程中必须充分掌握产品制造工艺。

（2）材料处理

材料处理的依据是工艺设计要求。在电子产品的制造过程中，材料处理是制造过程的第一个关键性制造步骤。材料处理的内容包括对原始材料（如金属材料、非金属材料、加工材料、工艺材料等）、成品材料（如电子元器件、电路板等）进行相应的处理，使之满足工艺文件的要求。

对原始材料的处理包括物理处理和化学处理。物理处理的目的是改变原始材料的某些物理特性（如硬度、韧性、光泽度等），而化学处理则是要对原始材料的化学特性进行调整（如半导体晶体材料的掺杂、印刷电路板的腐蚀、焊接熔剂的配比调整等），使之满足制造过程的需要。

对成品材料的处理包括元器件的筛选、元器件的老化处理等。由于电子元器件的制造过程无法达到的精确度或由于原材料本身的变化，电子元器件的某些技术指标会随着使用环境和使用时间发生变化，这将影响到电子产品的使用寿命和质量，也可能会产生危险后果。因此，在电子产品制造过程中，必须对某些成品原料进行老化处理，使这些成品原料进入稳定状态。所谓老化处理，是指在使用电子元器件之前，在一定的环境条件下对电子元器件通电（相当于工作状态）的过程，一般要求老化处理必须满足一定的时间长度要求，例如 72 小时。电子产品制造中需要老化处理的成品原料包括电阻器、电容器、某些特殊环境要求的印制电路板等。

（3）加工技术及要求

加工技术及要求是工艺的关键部分，也是直接关系产品质量的核心内容。加工技术是指工艺设计文件所制定的技术，以及对制定技术的性能和指标所提出的要求。

电子产品加工技术包括元器件加工技术、印刷电路加工技术、机械部分加工技术、安装与装配技术等。对电子产品来说，这些加工技术是产品制造的主要技术，也是工艺设计文件中必须详细说明的部分。对于电子科学与技术来说，这些技术也是一个重要的研究领域。

（4）检测技术与方法

检测技术是电子产品制造过程的一个重要环节，也是电子产品制造工艺中质量控制的核心技术。在电子产品工艺设计文件中给出的检测方法，在制造过程中必须认真执行，因为这些方法具有很强的技术针对性。例如，用集成电路设计的电子产品，其检测技术与使用分立器件制造的产品的检测技术有很大的区别。

检测技术和方法也是选择生产制造过程中所使用的仪器设备的依据。

2．电子产品制造过程的管理

在电子产品的制造过程中，严格的管理是达到制造目标的重要手段，包括工艺文件的管理和质量控制管理。

（1）工艺文件管理

工艺文件管理的目标是保证所有工艺过程都严格遵守工艺文件的要求，完全实现工艺文件的技术目标。由于工艺文件具有很强的产品针对性，对不同的产品，工艺文件会有较大的不同。因此，工艺文件管理需要管理者具有较强的工艺设计能力，并且熟悉相关的国家标准和国际标准。

（2）质量控制管理

电子系统是一个复杂系统，其质量是指完全满足设计要求的技术参数，所以说质量控制管理是实现电子系统设计目标的基本保证。

质量控制管理是电子产品制造全过程的一个主要管理内容。电子产品是由不同的元器件构成的电子系统，如果在任何一个环节不能完全满足技术要求的质量，就会严重影响整个系统产品质量。因此，质量控制管理是一个要严格执法的管理内容。

8.1.2　电子元器件的工艺特征

电子元器件的工艺特征包括材料特征、几何特征。电子元器件的设计或者选用必须充分考虑制造工艺对电子元器件的要求，了解对元器件的筛选技术。

1．材料特征

材料特征包括物理特征、化学特征、加工特征和稳定性特征。

物理特征是指材料的物理参数，例如温度系数、刚度、弹性系数、电阻率、电容率等。物理特征不仅对加工制造过程有重要的意义，同时也是设计中必须考虑的一个重要因素。例如在航空电子产品的设计中，就必须充分考虑所使用电路板的材料以及对焊接材料的要求。

化学特征是指材料的化学成分、化学加工特征、材料的化学结构和化学稳定性等。在电子科学与技术领域，各种不同的电子产品制造材料都是重要的研究内容。例如在集成电路设计中，必须充分考虑单晶硅的化学成分对集成电路技术指标和制造工艺的影响。

加工特征是根据所采用的加工技术对材料所提出的要求。加工特征包括机械加工特征、物理化学加工特征等。根据材料力学和物理化学等学科领域的研究结果，材料的加工特征对能否完成最后产品是一个重要的影响因素。如果加工过程对材料的物理特性和化学特性产生较大的影响，则最终产品很可能就不能满足设计要求。例如在集成电路加工制造过程中，如果光敏材料在加工过程中发生较大的化学性质或物理性质的变化，则会影响到进一步的腐蚀和扩散工艺的效果，最终会使所加工的集成电路成为废品。

材料的稳定性特征是指材料在所提供的工艺过程和环境下，是否具有稳定的物理化学特性。如果材料不具有工艺所要求的稳定性，则会导致加工失败。由此可知，影响材料稳定性的因素除了材料本身的物理化学特性外，还包括工艺技术条件。例如在集成电路焊接工艺中，对集成电路的温度稳定性提出了要求，这种要求是加工工艺必须满足的，如果焊接温度超过了集成电路所允许的温度或时间长度，就会导致集成电路的毁坏。

2．几何特征

几何特征是指电子元器件或电子电路的加工尺寸。几何特征的设计是电子元器件和系统设计的一个重要内容，同时，几何特征也是电子产品制造工艺的一个重要技术特征。对于电子产品来说，虽然几何尺寸的要求没有机械产品那样严格，但在许多情况下必须十分注意几何尺寸的工艺特征，否则会影响其他工艺。例如，电路板引脚过孔的几何尺寸要求、表面贴工艺的几何尺寸要求等，都是电子产品制造过程中必须十分注意的问题。特别是随着电子产品制造自动化技术的发展，对电子产品的几何尺寸要求越来越高。

在集成电路制造工艺中，对几何尺寸的要求相当严格，这是因为集成电路的几何尺寸处在微米和纳米数量级，稍有偏差就会造成产品报废。

3．筛选技术

筛选技术包括两个方面，一个是电子产品制造过程中对元器件的筛选，另一个是大批量电子产品的抽样检查。

在电子产品制造过程中对元器件的筛选具有十分重要的意义。如果使用未经筛选的元器件来制造电子产品，就会出现因使用失效元器件而造成的后果。这种后果有时是显性的，有时则可能是隐性的。显性后果的表现是出现废品，这可以在产品出厂前就发现了，但增加了制造成本。隐性后果一般是危险的，特别是某些对电子元器件或整个系统起保护作用的器件失效后，可能在产品出厂前不易查出，但到产品需要保护时就会出现危险后果。所以，元器件和材料的筛选是电子产品制造过程中质量控制的第一关。

电子产品的抽样检查是一个比较复杂的技术问题，特别是对于大批量的电子产品来说，对其中所有产品的检验有时是不可能的。特别是对于大批量的集成电路制造来说，不可能对每一个集成电路在出厂前都进行详细的测试，而只能进行抽样测试。所以，如何确定关于失效产品筛选的方法，是电子科学与技术学科的一个重要研究内容。

8.1.3 工艺设计与管理

对于电子产品来说，工艺设计不仅是制造者的任务，也是设计者的一个重要考虑因素。如果设计者不懂得制造工艺，很可能会在设计中提出不切实际的技术指标要求，从而导致无法制造。

另外，有了良好的制造工艺，还必须有相应的对工艺的严格管理，如果制造过程中只把工艺要求作为参考，则必然会造成大量的废品。因此，工艺管理是一个十分重要的问题。

1．工艺流程的基本概念

工艺管理中的第一个问题就是如何严格实行工艺流程。

所谓工艺流程，是指完整的生产制造步骤和过程。制造工艺的每一个步骤都必须完全达到相应的工艺要求，同时，整个制造过程必须符合工艺设计的次序要求。这样才能保证产品的制造质量和制造速度。

2．工艺流程设计

工艺流程设计是指根据所具有的制造设备和技术来设计电子产品制造的步骤和过程，其中还包括每一步骤和整个过程的进度要求。

在设计工艺流程时，需要设计者对所拥有的设备和所制造产品的工艺要求有全面的了解，特别是要掌握相关国家标准和国际标准的执行方法。工艺流程必须对每一个加工步骤提出具体的技术要求和进程要求，同时还要给出具体的加工工具和操作技术。对于整个加工过程，工艺流程必须给出明确的进度要求和测试要求及方法。

在许多情况下，不需要设计者考虑工艺流程的设计问题。但对于集成电路设计者来说，就必须了解整个集成电路加工工艺的全过程，只有这样才能完成集成电路的设计。

3．工艺流程的管理内容

工艺流程的管理，是指在制造过程中对每一个制造步骤和整个工艺过程的管理。管理的目标是保证每一道工序、每一个操作步骤都严格符合工艺要求，并在保证进程要求的前提下，提高产品的检测效率。

8.2 PCB 制造

印制电路板（Printed Circuit Board，PCB）技术是电子产品制造技术的重要组成部分，从元器件的角度看，PCB 是关系到整个系统的质量的一个重要元器件。

应用电子技术的不断发展，对 PCB 提出了新的要求，同时也对 PCB 的质量提出了更高的要求。

由于 PCB 是把整个系统联系在一起的重要的电子部件，所有在 PCB 上的电子元器件在工作中都会受到 PCB 的影响。因此，在电子科学与技术和应用电子技术中，PCB 设计和制造工艺已经成为一个重要的研究对象。

8.2.1 PCB 技术概念

从技术上讲，PCB 的制造比较简单。但在设计时，如何根据电路的特征设计出满足电路需要的 PCB，则是一个复杂的技术问题。

PCB 的技术特征包括设计特征和工艺特征两个方面。

1．PCB 设计特征

PCB 的设计特征，是指 PCB 布局和布线特征。布局和布线是指 PCB 上电子元器件的安放位置及其相互之间的连线。对于不同的电子系统，对 PCB 的布局和布线会有不同的要求。从技术的角度看，PCB 的布局和布线必须具有保持信号完整性和电磁兼容等特征。主要的特征有信号完整性特征、分布参数特征、功率分布特征和电路板安装特征。

（1）信号完整性特征

信号完整性是指信号从输出端到输入端不发生失效变化，也就是在传输过程中，信号始终保持在可正常接收的状态。例如，数字电路器件的输出信号经过 PCB 上的电路连接线后，在输入端仍然保持信号是可正常识别的。信号完整性不仅与布局布线有关，还与器件的输入和输出阻抗匹配有关。

图 8.2-1 所示是一个保持了信号完整性的数字信号例子。虽然信号的波形发生了变化，但没有失去数字电路对信号进行正确判别的基本特征，所以在接收端经过对输入信号进行判别后恢复了原来的信号。

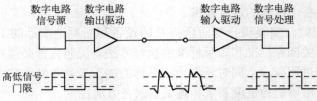

图 8.2-1　保持了信号完整性的传输过程

图 8.2-2 所示则是一个没有达到信号完整性要求的传输例子。由于信号波形的变化超出了正常逻辑信号识别的范围，使得接收端对信号做出了错误的判断，接收端信号的高电平部分明显变窄，如果后续电路与高电平维持时间为某个逻辑功能的触发信号，这就会引起后续逻辑电路的混乱。

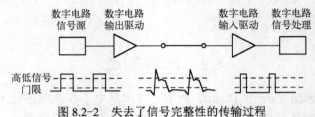

图 8.2-2　失去了信号完整性的传输过程

信号完整性是 PCB 的重要电路特征，也是在设计 PCB 的布局和布线时要特别注意的问题。

（2）分布参数特征

所谓分布参数特征，是指由于布局和布线所引起的附加分布参数。根据物理学的基本理论，只要金属物质在空间分布，就会有分布参数，即由于技术结构特征所引起的等效电路参数。分布参数包括电阻、电容和电感。

分布参数不仅代表了 PCB 的电磁兼容特征，同时也会影响信号完整性。所以，在 PCB 的设计中，要尽量减小分布参数。当然，这是一个十分复杂的问题。

（3）电路板安装特征

安装特征是一个十分重要的 PCB 设计特征，是与 PCB 布局有关的一个设计特征。在进行 PCB 布局设计的时候，必须满足器件的安装要求，特别是具有特殊封装的集成电路、接插件以及表面贴器件的布局。同时，还需要考虑器件安装的方式。之所以要考虑这些问题，是因为集成电路等器件具有封装尺寸，封装尺寸要大于引脚排列的尺寸，而表面贴器件的安装与焊接要求直接有关。

2．工艺文件

对于设计者来说，PCB 的工艺文件比较简单。由于制造 PCB 的工艺比较复杂，同时 PCB 也是电子产品中的通用器件，因此，在电子行业领域根据经验和工程实际的要求制定一系列的国家标准和国际标准，对 PCB 的制造工艺给出了标准流程和参数控制技术与方法，设计者只需要提供对 PCB 的基本技术要求即可。

工艺文件中必须指出 PCB 中特殊连线的加工要求，例如对于大型过孔的直径。

8.2.2　PCB 制造工艺

PCB 制造工艺虽然比较复杂，但由于自动化程度很高，因此其工艺操作比较简单。

1．制造工艺流程

PCB 的制造工艺流程如图 8.2-3 所示。其中，照相制版形成胶片是为了在敷铜板上通过照相和刻蚀的方法完成电路板的制造。敷铜板处理包括表面平整处理、感光剂敷涂、光刻、冲洗、腐蚀、清洗、烘干与平整几道工序。通过敷铜板处理，PCB 的布线就全部制造完毕，只剩下过孔处理工艺了。过孔处理包括打孔、过孔壁金属敷涂（给过孔壁加金属，使过孔两侧的铜线相互连通）。阻焊处理是为 PCB 的所有连线表面敷涂一层阻焊剂，而助焊处理则是向所有的过孔敷涂一层助焊剂，这两个工艺处理的目的是为元器件的焊接和安装做准备，提高产品质量。

2．基本工艺技术

在 PCB 的制造工艺流程中，关键的工艺是制版、照相和刻蚀。制版的目的是制造一个可供照相和刻蚀使用的底片。从图 8.2-3 可以看出，在敷铜板处理、过孔处理、阻焊处理和助焊处理等制造工艺中，都需要使用不同的底板，以便能通过照相和刻蚀技术完成 PCB 的制造。

在 PCB 制造过程中，制版、照相和刻蚀是直接影响 PCB 质量的三个基本技术。

此外，在处理多层 PCB 时，还需要考虑热压工艺和技术（热压是把几层制造好的 PCB 通过加压粘贴的方式压制在一起，形成一个 PCB）。

```
┌─────────────────────────┐
│ 接收用户提供的版图文件      │
└─────────────────────────┘
         ↓
┌─────────────────────────┐
│ 对用户提供的版图文件        │
│ 进行工艺检查              │
└─────────────────────────┘
         ↓
┌─────────────────────────┐
│ 照相制版形成加工胶片        │
└─────────────────────────┘
         ↓
┌─────────────────────────┐
│ 敷铜板处理工艺            │
└─────────────────────────┘
         ↓
┌─────────────────────────┐
│ 过孔处理                 │
└─────────────────────────┘
         ↓
┌─────────────────────────┐
│ 平整处理                 │
└─────────────────────────┘
         ↓
┌─────────────────────────┐
│ 阻焊处理                 │
└─────────────────────────┘
         ↓
┌─────────────────────────┐
│ 助焊处理                 │
└─────────────────────────┘
         ↓
┌─────────────────────────┐
│ 质量检查                 │
└─────────────────────────┘
         ↓
┌─────────────────────────┐
│ 出　厂                  │
└─────────────────────────┘
```

图 8.2-3　PCB 的制造工艺流程

3．检验技术

PCB 的检验技术包括两个方面：制版前检验，制版后检验。

制版前检验的目的，是检验设计者提交的版图文件及其内容是否符合加工工艺的要求，如线的宽度、过孔直径等。图 8.2-4 所示是 PCB 生产线。

图 8.2-4　PCB 生产线

制版后的检验是对 PCB 成品进行校验，以便确定所制造完成的 PCB 与所设计的版图及其他工艺要求是否完全一致。由于不同 PCB 的布局布线千差万别，所以，PCB 的检验技术比较复杂。目前，一般使用专门的仪器设备和软件进行自动检验。

8.2.3 PCB 电路制造工艺

基于 PCB 的电路制造技术是目前电子系统的主要制造技术。这种技术的优点是易于实现自动化加工。图 8.2-5 所示是一个电子系统的 PCB 电路安装实例，可以看到，PCB 上焊接了许多半导体器件，并且器件的密度非常高。图 8.2-6 和图 8.2-7 所示分别是 PCB 电路制造设备及其元件托架。

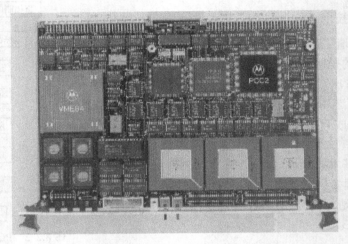

图 8.2-5　PCB 电路安装实例

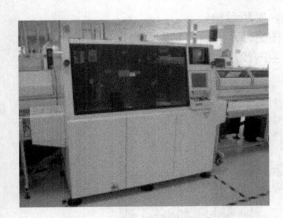

图 8.2-6　PCB 电路制造设备

图 8.2-7　PCB 电路制造设备的元件托架

1. 焊接工艺

PCB 电路制造的基本技术，仍然是焊接技术。由于元器件的类型发生了变化，目前 PCB 电路的焊接有如下几种。

（1）直接手工焊接。直接手工焊接是最简单的焊接工艺，不需要复杂的设备，对焊接材料和印刷电路的要求也不高；但这种工艺的缺点是焊接质量难以保证，效率低。

（2）波峰焊接。波峰焊接是一种自动化的焊接方法，要求 PCB 和元器件经过阻焊和助焊处理。这种焊接工艺的焊接质量比较高，焊接效率也比较高；但不能进行表面贴元件的焊接，也无法实现双面元件层（PCB 两面均安放元器件）工艺要求的焊接。

（3）热风焊接。热风焊接主要用于表面贴元器件的焊接工艺。在进行热风焊接时，先在元器件和 PCB 上的焊接点涂抹粘贴剂，然后把表面贴元器件粘贴在 PCB 表面。把粘贴好的 PCB 放入热风烘箱中，这时粘贴剂中的焊接材料颗粒就会熔化，完成焊接工作。

2．安装工艺

PCB 电路的安装工艺一般并不复杂。对于批量较大的电子产品，一般都采用自动安装设备完成。这种设备可以根据制造要求，自动地把各种元器件安放在 PCB 上的正确位置，然后完成焊接和其他处理工艺。目前自动安装工艺是许多电子产品的制造方法。

此外，还可以用手工方法完成 PCB 电路的安装。手工安装时要特别注意工艺要求，主要是对于引脚插放和焊接的要求。在实施手工安装时，要特别注意焊接时间和焊接温度的工艺要求。如果是表面贴元器件，建议采用热风焊工艺技术，这样可以保证焊接质量。

图 8.2-8 所示是 PCB 电路的自动化生产线。

3．检测技术

PCB 电路安装的检测技术是为保证安装正确、不损坏元件而提供的技术，目前都是与电路的调试结合在一起的。由于电路的类型、种类和结果十分复杂，所以必须根据具体情况确定具体的检测和调试技术。图 8.2-9 所示是 PCB 电路生产线中的测试工作台。

图 8.2-8　PCB 电路自动化生产线

图 8.2-9　PCB 电路生产线中的测试工作台

4．环境要求

PCB 电路的安装对环境要求并不高，但为了确保产品质量，必须在清洁的环境下完成电路安装。同时，还必须保证所有的设备、工作台以及操作人员不能带静电，以保证半导体元器件的安全。

8.3　集成电路制造中的工艺技术

集成电路制造技术是目前电子科学与技术的一个重要研究领域，也是集成电路设计理论与技术的重要的组成部分。与传统的电子系统设计不同，在设计集成电路的过程中必须十分注意制造工艺对电路基本元件和结构的影响。因此，无论是制造领域还是设计领域，对集成电路制造工艺都十分关心和注意。

集成电路制造技术，是一种由多工序组成的制造工艺技术，与 PCB 的制造有些相似。在制造集成电路时，通过照相、光刻、扩散等不同的技术，把基本电路元器件按照电路图的结构制造在同一个硅片上。集成电路的基本制造流程如图 8.3-1 所示，已完成电路制造的不同尺寸的晶圆（wafer）如图 8.3-2 所示。

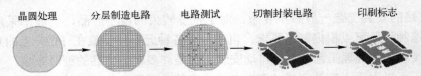

晶圆处理　　分层制造电路　　电路测试　　切割封装电路　　印刷标志

图 8.3-1　集成电路的基本制造流程

在图 8.3-1 中，晶圆抛光处理是一个十分重要的工艺步骤，其目的是提供接近绝对平整的晶圆表面，以保证照相和光刻区域的正确性。由于集成电路是分层制造的，因此，在不同层次的制造过程中会不断地重复抛光工序。

集成电路的制造集中在分层制造电路工艺环节中，基本制造过程如图 8.3-3 所示。

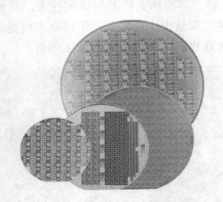

图 8.3-2　制造集成电路的晶圆

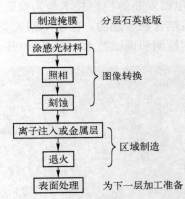

图 8.3-3　基本制造过程

掩膜是根据集成电路的设计文件制成的照相底版。在设计集成电路的过程中，电路是逐层绘制出来的，也就是根据元器件的结构分层绘制的，如图 8.3-4 所示。把每一层的图像分离出来，绘制在石英玻璃上，就形成了掩膜。

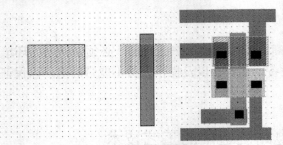

（a）CMOS 管版图的分层结构

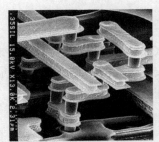

（b）集成电路中的金属层

图 8.3-4　集成电路的连接结构

敷涂感光材料是为了照相，以便把掩膜上的图像转到晶圆上。照相之后，利用化学方法把未感光的部分去除，这样掩膜上的图像就保留在晶圆上了。至此，晶圆的一部分区域是暴露的，未除掉的感光材料盖住的晶圆区域则被感光材料所覆盖，如图 8.3-5 所示。这时根据元器件结构的需要，对晶圆进行离子注入或金属覆盖，使得暴露部分的材料发生改变或填入金属。接着进行退火处理，使晶圆各部分材料的化学特性进入稳定状态。到此，就完成了一个层的加工。为了下一层加工，需要对晶圆表面进行再次处理（主要是抛光和清洗）。

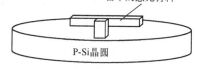

图 8.3-5　光刻后保存下来的感光材料

8.3.1　晶圆处理技术

晶圆处理技术在整个集成电路制造过程中是一个经常使用的技术，每一层电路加工制作完成后，都必须进行一次晶圆处理，这样才能保证下一层加工的正确性和准确性。

晶圆处理技术包括清洗、氧化处理、抛光及平整处理，以及敷涂感光剂工艺技术等。

1．清洗技术

如果晶圆表面存在杂质的微小颗粒，则会造成电路缺陷。例如一个直径 1μm 的杂质颗粒，在 1μm 技术的集成电路制造中，就会造成电路连线断路或严重影响电路结构的正确性。所以，晶圆表面的杂质会严重影响集成电路的制造质量。

晶圆在用于制造集成电路之前，必须经过严格的清洗和烘干，这样才能保证晶圆表面没有杂质。

工业中一般采用酸洗、等离子水处理和烘干等方法。晶圆清洗使用美国 RCA 公司首先使用的标准清洗过程。RCA 清洗过程的具体步骤如下：

① 标准清洗第一步（Standard Clean 1，SC1）——去除表面薄膜和颗粒；
② 标准清洗第二步（Standard Clean 2，SC2）——去除金属；
③ HF（Hydrofluoric acid）——氢氟酸清洗表面氧硅层；
④ 用等离子水水洗烘干。

根据需要，有时还会增加一个步骤，即使用过氧化物对某些特殊的覆盖层进行清洗。

2．氧化处理

由于集成电路是利用分层方法制造的，所以，需要在某些部位或层次之间进行绝缘隔离。在集成电路制造过程中，一般采用氧化处理的方法实现绝缘隔离层。

半导体硅材料的一个重要特点是易于实现氧化处理，这对于制造集成电路中的绝缘层（把不同层电路隔离开的隔离层）是十分重要的。在高温条件下，当硅晶体暴露在氧气中时，会在硅晶体表面形成一层二氧化硅（SiO_2），即在硅单晶的表面形成一层玻璃。二氧化硅在高温时的化学性质十分稳定，这正是集成电路制造中所需要的。

绝缘隔离层是在设计集成电路时并没有绘制，而由制造工艺增加的一个层次。

3．抛光与表面平整

由于不同层次加工过程会在每一层形成不平整的表面，特别是在金属层制造中，每次都会在晶圆的加工层上留下不平整的表面，这将严重影响下一层的照相质量。尤其是在微米、深亚微米和纳米工艺中，这种不平整的表面会导致元器件制造失败。为此，晶圆处理的一个基本技术就是表面平整化处理。

表面平整化处理采用的是化学机械平整技术（Chemical Mechanical Planarization，CMP），即采用化学制剂对加工晶圆的表面进行研磨抛光，如图 8.3-6 所示。

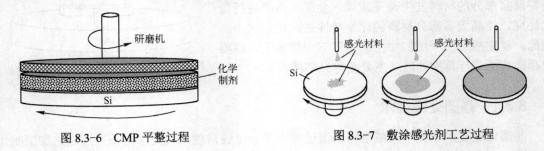

图 8.3-6　CMP 平整过程　　　　　　　　图 8.3-7　敷涂感光剂工艺过程

4．敷涂感光剂

由图 8.3-3 看出，在整个集成电路制造过程中，每一层的加工都需要进行图像转换。因此，每一层都需要进行敷涂感光剂的工序。在集成电路加工制造过程中，要求所敷涂的感光剂尽可能均匀，以保证光刻的质量。晶圆表面敷涂感光剂工艺过程如图 8.3-7 所示。

敷涂在硅表面的感光剂是一种光阻材料。不同的感光剂对不同波长的光具有敏感性，适当波长的光照到感光剂上后，感光剂会发生化学反应，这种化学反应使感光剂硬化。由于掩膜的作用（底版），硅表面感光剂不会完全暴露在光照之下。暴露在光照下的部分会发生化学反应而硬化，没有照到光的部分保持原有化学性质。所以，刻蚀之后会保留没有光照部分的感光材料，光照部分的感光材料会被刻蚀掉。

感光剂又叫作光刻胶或光致抗蚀剂，是一种由光敏化合物、基体树脂和有机溶剂等混合而成的胶状液体。光敏化合物对一定波长的光线十分敏感，集成电路制造中通常使用对紫外线敏感的光敏化合物制造感光剂。感光剂受到特定波长光线的作用后，其化学结构会发生变化，使其在特定溶液中的溶解特性发生改变。

感光剂有正胶和负胶两种。正胶的分辨率高，在超大规模集成电路工艺中，一般只采用正胶；负胶的分辨率低，适于加工线宽 $\geqslant 3\mu m$ 的线条。

8.3.2　掩膜技术

掩膜是集成电路加工制造过程中的重要工具，其作用就像洗相用的底版。由于集成电路中的图像是由线条组成的，而线条的最小宽度变得越来越窄，已经进入深亚微米和纳米尺寸，因此，集成电路加工制造对掩膜质量的要求十分严格。

掩膜制造过程如下：

① 对用户提供的设计版图进行分层抽取；

② 加入工艺层（例如二氧化硅隔离层等）；

③ 分别把每一层的图像用激光刻制在石英玻璃板上；

④ 对光刻后的玻璃板进行处理，以保证线条质量。

为了制造一个集成电路芯片，往往需要制造几个甚至十几个掩膜玻璃板。

制造掩膜版的设备十分精密，如图 8.3-8 所示，它也是集成电路制造中的关键设备之一。

图 8.3-8　掩膜版制造设备

8.3.3　刻蚀技术

在集成电路制造工艺中，把光刻和腐蚀合在一起叫作刻蚀（Etch）。刻蚀工序的工艺流程如图 8.3-9 所示。

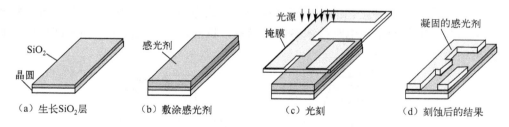

（a）生长SiO₂层　　（b）敷涂感光剂　　（c）光刻　　（d）刻蚀后的结果

图 8.3-9　刻蚀工序的工艺流程

光刻技术是集成电路芯片制造中最关键的技术，其工艺水平直接关系到集成电路的制造是否成功。光刻工艺有三个技术要素，即感光剂、掩膜版和光刻机，其中光刻机是目前重点研究的工艺设备。

从前面讨论的结果来看，集成电路芯片制造中的光刻就是摄影中的曝光。目前绝大部分制造企业使用的是光学曝光技术，是当前集成电路制造中光刻技术的主流。为了提高分辨率，光学曝光机的波长不断缩小，从 436nm、365nm 的近紫外（NUV）到 246nm、193nm

的深紫外（DUV）。其中 246nm 的 KrF 准分子激光，可用于 0.25μm 芯片制造的光刻工艺。此外，KrF 准分子激光加变形照明可做到 0.15μm 制造工艺。

为了适应深亚微米（100nm 以下）制造技术的工艺要求，其他各种新的曝光机正在研制之中，例如超紫外光刻机和离子束光刻机等，目前其分辨率可以达到几纳米。

在早期的刻蚀工艺中，都是使用湿法进行腐蚀的，即用液体冲洗光刻后的晶圆，以此冲洗掉未经曝光的部分。这种方法就像洗照片的底版那样，需要使用大量的化学药品和水，所以对环境有污染。

目前超大规模集成电路制造中均使用干洗工艺作为标准工艺。干洗工艺中使用卤素等离子气体（如氟、氯、溴气体），用高频能量下的等离子气体冲击感光剂表面，从而清除掉未感光的部分。这种方法的优点是加工特性好，没有水污染。图 8.3-10 所示是等离子体刻蚀设备。

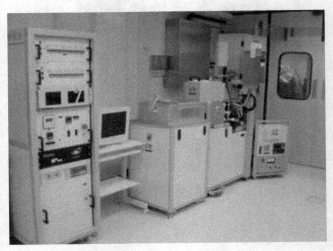

图 8.3-10　等离子体刻蚀设备

由于刻蚀工艺不可能做到十分精确，因此刻蚀的结果不会像图 8.3-9（d）所显示的那样精确，如图 8.3-11 所示。这种工艺的不精确性将影响集成电路参数，因此，需要在设计集成电路时充分考虑刻蚀工艺对集成电路技术参数的影响。目前，使用定向干洗的方法可以做到十分接近理想刻蚀结果。

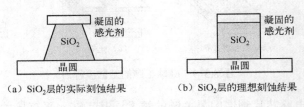

（a）SiO₂层的实际刻蚀结果　　　　（b）SiO₂层的理想刻蚀结果

图 8.3-11　刻蚀结果

8.3.4　沉积技术

在半导体器件和集成电路的结构中，一般采用多晶硅作为不同类型半导体材料之间以及半导体材料与金属之间的连接物质，同时还使用金属（铝或铜）作为元件之间的连线。在集成电路制造的过程中，采用沉积技术来制造多晶硅和金属连线。

所谓沉积，就是在晶圆上附着一层多晶硅或金属，再通过刻蚀工艺保留下所需要的部分，去除不需要的部分。

目前的沉积技术主要采用化学蒸发沉积（Chemical Vapor Deposition, CVD）技术。在CVD 处理过程中，在一定的高温条件下，气体或化学蒸发物质通过沉积在晶圆表面形成一个金属或多晶硅沉积膜。表 8.3-1 示出了利用沉积技术所能形成的沉积膜。

晶圆表面完成一次沉积膜后，必须经过抛光处理。抛光处理的目的有两个：保证晶圆表面平整，以利于下一道刻蚀工艺的进行；去除不需要部分的沉积物，以保证电路正常。

在集成电路制造过程中，对于金属膜的形成有时还使用溅射沉积技术。该技术有些像离子注入技术，是把金属离子通过加温加速喷射到晶圆表面需要沉积金属膜的地方，使其与晶圆表面的物质结合，从而形成一层金属膜。使用这种方法的原因是，对于有些金属来说，无法通过化学沉积技术形成沉积膜。

表 8.3-1　沉积膜

沉积膜	化学式
二氧化硅	SiO_2
氮氧化硅	SiO_xN_y
氮化硅	Si_3N_4
多晶硅	Si
氮化钛	TiN
钨	W
氟化硅玻璃	SiO_xF_y
氢碳掺杂氧化膜	

8.3.5　掺杂技术

从第 4 章有关基本半导体器件和第 7 章有关集成电路的讨论中可知，半导体器件和集成电路是由不同类型半导体和相应的金属连线连接制造而成的。为了在同一类型的半导体晶圆上制造出半导体元件和集成电路芯片，应在所需要的区域中制造出相应类型的半导体。在半导体器件和集成电路制造技术中，这种技术叫作掺杂技术，即通过掺入不同的杂质形成所需要的半导体类型。

目前集成电路制造技术中使用的掺杂工艺有两种，一种叫作扩散工艺，另一种叫作离子注入工艺。

1. 扩散工艺

扩散工艺的过程是：把杂质放在光刻后的晶圆表面，由于晶圆暴露部分与所覆盖的杂质部分存在着密度差异，在高温下杂质就会向晶圆内部渗透，这种渗透就叫作扩散。

扩散工艺的优点是工艺设备简单，缺点是扩散后的晶圆需要经过清洗和烘干，不利于环境保护。

2. 离子注入工艺

离子注入工艺是使用粒子加速机把"发射杂质"注入到纯硅片中（见图 8.3-12），即用被加速到高能量的杂质轰击晶圆表面。离子注入工艺已经取代了扩散工艺，是目前大多数集成电路制造设备所使用的工艺技术。

在硅表面上，利用光阻把不需要离子植入的区域掩盖起来，就可以实现离子注入。这是由于只有需要离子注入的硅表面部分没有被光阻材料遮挡，因此可以实现对指定区域的离子注入，使集成电路芯片的制造工艺更加灵活。

图 8.3-12　离子注入设备

8.3.6　外延技术

所谓外延，是指在原有单晶表面沿晶格方向再生长出一层相同的或不同的单晶。这种技术在大功率器件和高频电路器件或集成电路的制造中得到了广泛的应用。特别是在双极三极管和超高频集成电路的制造中，外延技术起到了关键的作用。

外延技术主要利用了晶体形成的化学气相原理。气相外延原理是，化合物加热分解后可以在其他晶体表面形成气相淀积层。如果在硅表面用气相淀积技术形成单晶硅层并在此过程中掺入相应的杂质，就可以在一个硅片上生成不同类型的半导体，以此可以改变器件的电阻特性，或生成不同的半导体晶体。

8.3.7　集成电路测试

集成电路测试技术是一项十分复杂的应用技术，包括：

① 晶圆测试。晶圆测试是为了保证集成电路制造质量而对晶圆进行的测试。它主要测试晶圆的电阻，目的是为了确定晶圆是否满足扩散工艺的要求。

② 晶圆上电路测试。在晶圆上完成集成电路制造后，需要对晶圆上的电路进行测试，一般采用测试电路的方法完成。所谓测试电路，是指在晶圆上制造集成电路的同时，也制造一个测试电路。可以用固定的方法对这个测试电路进行测试。晶圆上电路测试的目的，是确认制造的单元电路是否具有所需要的技术参数。此外，也可以直接对所设计的集成电路进行测试，以获取制造参数，检查制造结果是否满足设计要求。

③ 裸芯片测试。裸芯片测试是一种经常使用的技术。当芯片制造完成后，把没有封装的芯片（叫作裸芯片）用特殊的试验台进行测试。这可以直接测试电路的特性，也可以通过插针的方法对其中所关心的节点或连线点进行测试。

④ 封装芯片测试。这是集成电路设计和应用中最常用的测试技术。通过对封装芯片的

测试，设计者可以通过测试来检查芯片是否完全达到了设计技术指标，而使用者也可以通过测试确认所选用集成电路的功能和技术性能。

8.4 制造工艺对设计的影响

从本章前面的讨论可知，集成电路制造过程中需要使用十分复杂的工艺。在这些制造工艺中，不同的工艺会对设计者提出不同的要求。例如，在设计集成电路时，如果设计者选用双极三极管设计集成电路的电路结构和参数，则必须选择可完成制造双极三极管集成电路的工艺技术。又如，如果设计者希望在同样的硅片面积上完成尽可能多的电路，则必须注意所选择工艺对最小线宽的要求。总之，由于在集成电路设计过程中，必须参考具体工艺提供的技术指标参数，因此，工艺对设计具有十分重要的指导意义和重大影响。这是用集成电路技术设计电子系统与利用芯片设计电子系统的重要区别之一。

1. 制造工艺影响电路密度

通过对制造工艺的了解可以发现，在刻蚀技术中，不同的光刻工艺具有不同的分辨率。这就意味着，使用不同的制造工艺会对所使用的最小线宽（集成电路版图中的划线宽度）提出相应的要求。因此，在设计集成电路时，必须首先选择所使用的工艺技术，以便根据工艺技术设计最小线宽。

2. 制造工艺影响电路中基本元件的选择

在集成电路制造中，对 MOS 管和双极三极管有着完全不同的制造技术。因此，在设计电路时，应当把制造工艺作为选择基本半导体元件的基本限制条件之一。

3. 制造工艺影响电路参数的计算

集成电路制造过程中使用了多种复杂的技术，这些复杂技术形成的工艺特征对制造结果有着直接的影响。因此，尽管线宽满足设计要求，所选择的基本半导体元件也符合工艺技术，但由于不同工艺参数的影响，不同制造厂家的生产线提供的电路参数会有所不同。在设计中，必须依照厂家所提供的工艺参数进行电路参数计算。同时，还必须注意所使用的 EDA 工具是否提供了该厂家的工艺技术参数。

总之，对于集成电路设计者来说，在设计之初就必须选择制造厂家，以便根据厂家提供的工艺资料进行电路设计和参数计算。这是成功地完成集成电路设计和制造的重要保证。

8.5 电路制造中的环保概念

电子电路的制造过程与其他制造业类似，也存在环境污染的问题。电路制造工艺的节能环保是电子科学与技术领域极具挑战性的研究课题之一。

1. 节能问题

无论是 PCB 制造还是集成电路制造，制造过程中都会消耗大量的电能。所以，降低制造工艺中对电能的要求是电路制造技术发展的重要方向。节能就意味着降低制造过程的能量损耗，这涉及材料、制造方法、工艺要求等诸多方面的问题。所以，在设计电子系统制造工艺时，必须对所用元器件、材料、制造技术等进行充分研究，以设计一个节能降耗的制造工艺。

2. 环保问题

在电路制造过程中，需要经过腐蚀、焊接、电路板切割、化学粘贴等工艺，这些工艺内容会形成大量的污染物（包括硫化气体、硫化水、二氧化碳气体、重金属污染物等）。所以，在研究电路制造问题中，必须充分考虑环保的问题。例如焊接所产生气体的排放处理、生产废水的回收处理，以及如何降低或消除废气和废水的排放等。

随着科学技术的发展，电路制造技术中的环保技术也在不断发展，节能、环保的电路制造技术正在不断进步和发展。

本 章 小 结

电路制造技术是电子科学与技术的主要研究内容之一，也是应用电子技术重点研究的领域。只有充分了解和掌握电路的制造技术，才能正确地设计电子元器件和应用电子系统。

本章对电路制造技术进行了比较全面的介绍，提供了有关电子元器件和系统制造的基本概念和技术内容，其中包括 PCB 电路制造技术和集成电路制造技术。这些都是进一步学习电子科学与技术其他课程，以及在其他领域应用电子技术的重要基础。

练习题

8-1　什么叫作电子产品的制造工艺？

8-2　如何描述电子元器件的工艺特征？

8-3　是否应当在建立电子元器件模型中考虑其工艺特征？

8-4　电子元器件工艺特征对模型有哪些影响？

8-5　工艺文件的主要内容是什么？

8-6　PCB 具有什么工艺特征？

8-7　简单描述 PCB 的制造工艺流程，并指出其中的关键技术。

8-8　指出 PCB 电路制造的主要内容。

8-9　制造 PCB 电路中应当注意哪些问题？

8-10　在设计 PCB 的过程中，应当考虑哪些有关 PCB 制造工艺和电路制造问题？

8-11　什么叫作晶圆？

8-12　什么叫作掩膜版？掩膜版在集成电路制造过程中起什么作用？

8-13　简单描述集成电路的制造过程。

8-14　为什么说刻蚀技术是集成电路制造中的关键技术之一？

8-15　为什么要使用沉积技术？

8-16　掺杂技术有几种？

8-17　指出影响半导体元件和集成电路技术参数的工艺过程。

8-18　集成电路的测试包括哪些内容？

8-19　为什么要对裸芯片进行测试？

8-20　为什么要进行晶圆上电路的测试？这种测试有什么优点？

8-21　调查一个 PCB 的生产过程，通过对生产过程的分析指出需要考虑使用的环保措施。

第 9 章　SoC 技术

集成电路技术的应用，不仅扩大了电子信息技术的应用领域，更促进了电子科学与技术的理论研究和应用研究的飞速发展。近十几年来，信息技术、材料科学与精密制造技术的飞速发展，使集成电路的设计、制造技术得到了极大的提高。集成电路设计与制造技术所支持的已经不再是一般的电路集成，而是可以把数以亿计的半导体元器件集成在一个芯片中。同一个集成电路芯片中半导体元器件数量的大幅度增加，已经引起了应用电子系统设计和实现技术的质的变化。这种质的变化，就体现在集成电路技术已经实现了从功能电路的集成制造到全系统集成制造的飞跃。

所谓全系统集成制造，是指把完整系统所需要的所有电路，用集成电路制造技术制造在一个芯片中，这就是 20 世纪 90 年代后期兴起的 SoC（System on Chip）技术。

SoC 技术是一项基于 IP 核（Intellectual Properties Core）和自顶向下设计方法的集成电路设计技术。由于以 IP 核为基础、以系统设计为核心，使得 SoC 技术的应用领域变得十分广阔。SoC 技术已经成为 21 世纪初应用电子系统设计的重要技术核心，也是电子技术应用的重要技术概念和方法。

9.1　SoC 技术的基本概念

从电子系统的结构上看，SoC 就是把系统所需要的全部功能电路，设计并制造在一个集成电路芯片中，从而实现了系统级的高度集成。正是由于这种高度集成，使得 SoC 技术与传统集成电路设计、分析和制造理论与技术之间存在着巨大的差别。同时，也使应用电子技术的理论与设计实现技术发生了重大变化。

9.1.1　SoC 技术的基本定义

实际上，在 SoC 技术提出之前，就已经出现了类似的技术概念和产品，如某些控制系统专用处理器、通信系统专用处理器等，最典型的代表就是单片机。单片机的出现已经有30 多年了，单片机概念的提出就是一种早期的系统集成概念。之所以叫作单片机，是因为这种集成电路把微处理器和一些必要的应用电路集成制造在一个芯片中。用单片机设计一个应用系统十分方便。这些技术就是形成 SoC 技术的基础。不过，早期的高集成度产品并不能叫作 SoC，原因是这些高集成度器件不具备完整电路系统集成的特征。

完整的电路系统集成应当具有如下特点：

① 使用完整系统器件设计应用系统时，不需要复杂的系统和电路设计，只需在设计中根据需要进行必要的设置。

② 除功率器件外，系统所有的电路全部集成在一个芯片上，所以在使用时只需配置必要的电路连接和非集成器件。

根据上述特点，可以给出 SoC 的基本定义。

SoC 器件的定义：设目标系统功能和参数特性可以用模型描述（有参模型或无参模型），同时系统还可以分为主系统部分和辅助部分，其中主系统部分必须包含全部系统模型，辅助系统起补偿和一般驱动作用。如果主系统部分和辅助部分全部在同一个器件中实现，则这种器件就叫作 SoC 器件。

SoC 技术的定义：通过用 IP 核（软核或硬核）采用自顶向下的设计方法设计 SoC 器件的技术，叫作 SoC 技术。

注意：这里特别强调使用 IP 核和自顶向下的设计方法。这是 SoC 技术的基本特征，也是与其他电子元器件设计的重要区别。如果只强调 IP 核，就会与其他一些可复用集成电路设计技术相混淆；如果只强调自顶向下，就会与基于 FPGA/CPLD 的电路设计无区别。只有这两者的结合，才能叫作 SoC 技术。

注意：这里关于 SoC 器件的定义相当严格。目前在研究领域和应用领域出现了许多 SoC 器件和应用技术，其中相当一部分属于非 SoC 器件和技术，原因是这些器件只是具有比单片机更灵活一些的半定制器件。

现代应用电子技术中包含了硬件（HW）、硬件加软件（HW+SW）、固件（FW）三个技术层次。也可以说，这三个层次是现代电子科学与技术所提供的应用技术发展的三个阶段。自 1997 年以来，电子科学与技术的应用技术又增加了一个新的层次，即 SoC 层次。SoC 技术的出现标志着电子科学与技术的应用进入了 SoC 阶段。

从各个发展阶段上看，从 HW+SW 阶段开始，电子技术应用就与单片机紧密地联系在一起了。在 FW 阶段，作为固件系统的重要核心技术，单片机又以嵌入式技术为基础，再次成为现代电子应用技术的核心技术之一，并为 SoC 应用技术提供了坚实的基础。

SoC 为各种应用领域提供了一种新的系统实现方法和技术。这种新的电子系统实现技术促使工业界发生了巨大的变化，为信息技术的应用提供了坚实的基础。因此，完全可以称为 SoC 革命。同时，SoC 也为单片机技术提供了更广阔的应用领域，使单片机与嵌入式系统的应用技术发生了革命性的变化。

9.1.2 SoC 技术的基本内容

根据 SoC 器件和技术的定义，SoC 技术是一种高度集成化、固件化的系统集成技术，使用 SoC 技术设计系统的核心思想，就是要把整个应用电子系统全部集成在一个芯片中。在使用 SoC 技术设计应用系统时，除了那些无法集成的外部电路或机械部分以外，其他所有的系统电路全部集成在一起。

正是由于 SoC 是一种系统集成的硬件和软件综合技术，因此，SoC 技术的基本内容包括系统设计技术、IP 核技术、软硬件协同设计技术、系统验证技术、纳米工艺技术、低功耗技术等。

1．系统设计技术

SoC 技术是电子科学与技术向应用领域提供的一项重要应用电子技术，因此，系统设计技术必须与应用领域相结合。SoC 技术中的系统设计技术是一种集成电路意义上的系统设计技术，而不是应用领域的系统设计技术。

（1）应用领域的系统设计技术

应用领域的系统设计技术以应用领域为基础和设计依据，其目标是设计满足应用需要的电子系统。它是一种面向应用对象的系统设计，在设计中只把电子技术作为系统实现手段来考虑，其设计结果会对电子系统提出相应的约束条件、功能和性能技术指标。所以，应用领域的系统设计是面向应用领域的设计，其设计的基本理论和方法也是相应领域的基本理论与方法，并不考虑电子系统的设计特征。

例如，当设计一个压力控制系统时，系统设计人员的设计工作是根据压力控制要求设计出一套压力控制模型，并利用相应的专业理论对模型进行分析和验证，只要能满足压力控制要求，设计者的设计任务就完成了。至于压力系统用什么手段和技术来实现，则不是本阶段设计所要考虑的问题。

（2）SoC 技术中的系统设计技术

SoC 技术中的系统设计与应用领域的系统设计技术完全不同。它所关心的是如何形成一个完整的电子系统，所形成的电子系统必须满足设计规范的要求；至于这个 SoC 器件的应用模型是如何形成的，SoC 技术中的系统设计技术并不关心。所以，SoC 技术中的系统设计技术所提供的，是如何用电子技术实现需要的模型，如何对模型进行分解，以便用最有效的电路模块完成系统。同时，还必须考虑系统的设计周期和设计成本。由此可知，SoC 技术中的系统设计技术包括：

① 系统模型分析和分解技术。系统模型分析和分解的目的，是通过分析系统模型把系统模型分解开，形成用子模型组成的系统，这个子模型组成的系统与原系统模型的功能和性能完全相同。模型分解的原则就是每一个子模型都可以用一个 IP 模块实现。可见，这也是一种系统综合技术。

② 模型综合与 IP 模块分析技术。针对子模型选择 IP 模块，实际上就是一种子模型综合技术。在进行子模型综合时，如果无法用一个现有的 IP 模块实现子模型，就必须对子模型进行分解，或设计一个新 IP 模块使其适应子模型。为子模型选择 IP 模块后，要对所选定的 IP 模块进行分析，以确认所选 IP 模块具有所要求的功能和技术特性。

③ SoC 系统分析技术。模型综合与 IP 模块分析后，所要做的工作就是对系统进行分析，以检查系统的综合结果是否满足设计规范的要求，是否与系统模型相同。

2. IP 核技术

SoC 技术的核心之一，就是利用已有的 IP 核（软核与硬核）完成一个 SoC 芯片的设计。IP 核技术包括 IP 核设计与 IP 核分析应用两个方面。

（1）IP 核设计

IP 核设计的目的，是设计出适合 SoC 系统综合使用的 IP 核。在 SoC 技术中，IP 核的作用就相当于用分立元器件或集成电路器件设计系统时的电子元器件。由于应用系统对功能电路的要求不尽相同，导致了 IP 核模块千变万化，这就需要利用电子系统分层设计和标准化模块的设计技术，对 IP 核进行组合而生成新的 IP 核，或设计标准的 IP 核。IP 核设计一般并不属于应用领域，而纯粹是电子科学与技术的研究内容。

IP 核设计的技术包括标准化技术、电路综合技术等。

（2）IP 核分析应用

IP 核分析应用是 SoC 技术应用的核心技术。由于 SoC 器件的基础是 IP 核模块，所以，SoC 技术的使用者必须掌握 IP 核的应用技术，就像 PCB 电路设计中必须掌握各种集成电路器件一样。

IP 核的应用技术包括 IP 软核应用技术和 IP 硬核应用技术。

IP 软核应用技术包括软核调试、软核功能验证、软核综合测试及软核一致性验证。软核调试包括软核单独调试和软核的系统应用调试两项内容，其中软核单独调试的目的是保证软核自身的正确性，软核的系统应用调试则属于 SoC 系统调试。功能验证是比较复杂的技术，目前一般采用测试平台（Testbench）的方法完成。软核综合测试是指对软核进行电路综合，以检查软核的可综合性和综合效果；它是软核应用前必须进行的一个重要测试。软核一致性验证是更为复杂的测试技术，其目的是对所使用的软核进行系统一致性的检验，如果软核不具备系统一致性，则表明软核不能与系统中其他软核协调一致地工作，必须进行相应的修改，这是一项关系到 SoC 器件能否实现的技术。

IP 硬核应用技术包括硬核工艺仿真技术和系统综合仿真技术。硬核工艺仿真的目的，是对硬核的电路参数进行测试与核实，以保证硬核能满足系统硬件设计的需要。硬核系统综合仿真则是在所设计的 SoC 系统条件下，与其他硬核联合进行仿真，以检验硬核能否在系统中正常工作，并提供准确的电路参数。IP 硬核应用技术很像利用集成电路器件设计应用系统时所使用的调试技术，在那里也需要进行器件测试和系统调试。

此外，IP 核应用技术中还有一项比较重要的技术，就是利用现有 IP 核形成新的 IP 核。例如，在设计一个具有无线收发信功能的无线网络传感器 SoC 器件时，利用压控振荡器（VCO）的 IP 硬核、低通滤波器硬核和分频电路硬核，可以组成一个锁相环（PLL）电路，这个锁相环电路可以用来完成信号的检波或调制。这个由三个 IP 核组成的电路也是一个用途比较广泛的电路，在设计成功后，这个锁相环电路也可以作为一个 IP 核保留下来，以便在其他 SoC 器件的设计中使用。要保留这个 IP 核，在设计中就需要考虑相关的连接和模块结构的问题，使其满足 IP 核的应用标准，并提供相应的使用说明。

3. 软硬件协同设计技术

从数学的角度看，各种电子设备和系统所完成的工作都是对信号进行某种数学运算，这也是现代信息技术中分布式计算概念的基础。无论是通信系统还是控制系统，无论是信息处理系统还是信息监测系统，电子设备和系统所起的作用只有一个，就是完成相应的计算功能。因此，从这个意义上说，电子科学与技术所提供的应用电子技术，实际上是一种计算工具。

在现代电子技术中，实现计算有两种方式，一种是数字计算，另一种是模拟计算。数字计算就是利用 CPU 和软件编程完成数据的计算和处理，这种方式具有系统灵活、处理方便和电路特性稳定的优点，是目前电子系统中普遍采用的计算方式。模拟计算（就是模拟信号的处理）的特点是速度快，但电路特性会随时间变化并引起计算误差。

作为电子科学与技术提供的一个重要应用工具，SoC 器件一般以数字计算为主。这就是说，SoC 器件中一般都包含有 CPU、DSP 或其他计算功能部分，SoC 技术应当提供一种软件和硬件协同设计的方法和工具，以便使设计者和使用者能够正确设计或使用 SoC 器件，并满足设计规范的要求。因此，SoC 器件的设计中必须考虑软件和硬件协同设计和应用的技术。

目前，软件和硬件协调开发技术并不十分成熟，是电子科学与技术的一个研究热点。

软硬件协同设计技术包括器件协同设计技术和应用协同设计技术。

器件协同设计技术是指 SoC 器件设计中所采用的软硬件协同设计技术，目的是使系统在软件和硬件的配合上达到最佳效果。该技术比较复杂，需要对 SoC 器件进行仔细分析，并充分掌握软件所能提供的功能。

为了满足应用领域的需要，SoC 器件在应用中往往需要对器件的软件功能和电路结构进行必要的设置，以保证器件和系统工作在最佳状态。一般来说，应用协同设计技术应当由 SoC 器件的设计者提供。

注意：上述协同设计中没有提到一般 CPU 器件使用中的编程技术，主要原因是 SoC 设计中所使用的 CPU 已经具有了相应的编程技术，可以由相应的 CPU 设计者提供。如果 SoC 中使用的是新设计的 CPU，则必须提供相应的编程工具。

4. 系统验证技术

验证技术是当今电子科学与技术的一项重要研究内容，特别是在集成电路器件规模不断扩大、系统结构越来越复杂的发展趋势下，如何对系统的功能和电路正确性进行验证，是电子科学与技术所面临的巨大挑战。

所谓验证，就是根据设计要求和设计规范，对所设计的系统进行检验，以便确定系统确实满足了全部设计要求。对于简单系统或电路来说，验证不是一个问题；但对于复杂系统和规模宏大的微处理器器件、SoC 器件等集成电路来说，这就是一个十分棘手的问题。

目前验证的方法有两种，一种叫作测试验证，另一种叫作形式验证。

5. 纳米工艺技术

SoC 器件是把整个系统制造在一个芯片中，因此，对加工工艺要求比较苛刻。同时，SoC 器件的结构复杂、工作频率很高，不仅包含有数字电路，还包含有模拟电路，这些都对工艺提出了要求。

此外，由于在纳米技术条件下器件的尺寸非常小，所使用的电压也很低（一般在 1V 以下），因此需要重新考虑基本半导体器件的物理结构和电路结构，这会对制造工艺提出新的要求。SoC 技术研究的一个重要问题，就是纳米工艺条件下元器件和电路的结构设计，这必然对纳米工艺流程提出新的要求。所以，电子科学与技术必须对纳米工艺流程和对应的技术进行研究，以提供满足需要的工艺和制造技术。

纳米工艺技术是制造 SoC 器件的关键技术，特别是对于规模巨大、结构复杂的 SoC 器件来说，纳米工艺技术更是能否完成芯片制造的关键。

6. 低功耗技术

对于大规模的电子系统，使用集成电路技术实现系统硬件的目的之一，是降低系统的功率损耗。特别是 SoC 器件，由于电路规模大（一般在数百万个以上 MOS 管），单个器件的功率损耗是必须注意的一个问题。

把系统集成在一个芯片中的一个重要问题，就是功率损耗集中的问题。当众多的半导体器件集中在一个芯片中时，各个元器件消耗的电能所转换成的热能会相当集中，这将影响电路的正常工作。因此，SoC 技术必须提供相应的降低功率损耗的方法和电路结构。

9.1.3 SoC 技术的应用

作为一种应用技术，SoC 技术为应用领域提供了先进的系统实现技术。在使用 SoC 技术设计应用系统时，必须建立相应的应用概念，才能正确地使用这种先进技术。

从应用电子技术来看，SoC 技术提供了一种全新的设计概念（其中，系统集成是最基本的设计目标），同时，建立了软件和硬件协同设计、模拟电路和数字电路综合设计的全新设计思想。在使用 SoC 技术设计电子系统时，其基本出发点和设计目标就是把系统的所有电路综合在一起考虑，并将它们设计在一个芯片中。归结成一句话，SoC 设计概念就是以集成电路为基本技术的电子系统集成设计概念。

SoC 概念的另一个重要内容，就是电路系统设计思想、方法和技术的变化。

1. SoC 技术的应用设计

SoC 的设计概念与传统的设计概念完全不同。在 SoC 设计中，设计者面对的不再是电路芯片，而是能实现设计功能的 IP 模块库。设计者不必在众多的模块电路中搜索所需的电路芯片，只需根据设计功能和固件特性，选择相应的 IP 模块。这种电路的设计技术和综合方法，基本上完全消除了器件信息障碍，因为每一个应用设计都是一个专用的集成系统，都是一个专用的集成电路。换句话说，SoC 的设计观念是"设计自己的专用集成电路"，从某种意义上讲，就是把用户变成了集成电路制造商。

SoC 技术应用设计与传统设计有本质的不同。

① 设计概念不同。传统设计以制造厂商所提供的集成电路为基本设计要素，如果厂商没有提供相应的集成电路，则设计就会遇到很大的困难，甚至无法完成设计。而 SoC 技术则是全系统集成设计，其设计基础是 IP 模块和 CPU 内核；如果没有适当的 IP 核，则可以自行设计一个合适的 IP 核。

② 设计方法不同。传统设计以硬件电路调试为主；SoC 设计则以仿真调试为主，以芯片为目标设计系统，在设计和仿真中必须以模型为核心开展设计工作。

③ 使用工具不同。传统的设计方法一般不需要使用仿真工具；而 SoC 技术是建立在模型和集成制造基础之上的，因此必须使用 EDA 工具才能完成设计。

图 9.1-1 示出了对 SoC 设计概念的描述。从图中可以看出其与传统电子系统，特别是与具有 CPU 的传统电路系统设计方法的差别。

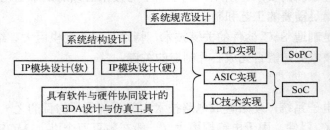

图 9.1-1　SoC 设计概念

2. 高效便利的设计工具

由于 IP 是 SoC 的基础，所以，必须采用相应的 EDA 软件才能完成设计技术。如果没有高效便利的设计工具，SoC 设计就是一句空话。实际上，传统应用电子系统设计工作对 EDA 和其他相应的设计软件并没有很高的要求，只要求能提供相应的便利条件。而 SoC 设计则必须建立在 EDA 基础之上。例如，使用 SoC 技术设计一个智能温度控制系统，由于整个系统集成在一个芯片中，用户必须能对其中的 CPU 核、存储器、A/D、模拟放大器等电路进行综合仿真，显然，必须有一个高效便利的 EDA 工具才能完成这些工作。

9.1.4　SoC 技术应用要点

为了能认识到 SoC 技术与传统技术的区别，正确运用 SoC 技术完成应用系统的设计，必须注意 SoC 技术的几个应用要点。

1．建模技术是 SoC 设计的基本技术之一

在传统的应用系统（特别是中小型系统）的设计中，往往不注重模型设计。所谓模型，就是对所要设计系统的技术描述，包括等效电路、运算公式等。一般设计是系统模块的连接设计，并以此作为系统的基本模型和设计目标。这种设计方法的一个十分重要的缺陷，就是无法预先估计系统的特性及系统的控制因素。形成这种设计方法的主要原因，是 EDA 工具的发达程度和设计调试方法的不同。

建模技术在 SoC 设计中之所以重要，原因有如下两点：

① 设计基础不同。SoC 设计是基于版图设计的电子系统设计技术。传统电子电路设计中使用的是各种器件，器件的特性是无法由用户改变的，用户只能服从所用器件的特性。而 SoC 设计的基础，是版图级电路模块，甚至要求用户自行设计相应的电路版图模块。因此，模型设计在 SoC 设计中占有设计核心的位置，需要设计者具有比较强烈的模型意识。

② 系统调试技术的不同。SoC 设计是一种面向版图的系统设计，因此，在设计过程中无法对电路的各个部分进行实际调试和调整，只能在 EDA 工具中对设计的电路模块进行仿真调整。而一旦电路完成设计制造，电路的结构和参数将无法更改。众所周知，所谓仿真调试，是一种基于模型的设计结果测试和检查方法，它的基础就是所设计对象的模型。

2．仿真技术是 SoC 设计的基本调试技术

由于 SoC 是一种面向版图的设计技术，所以在系统和电路的设计过程中，无法对电路进行相应的实际调试和测试，只能依靠仿真技术。这是与传统电子系统设计技术的一个重要区别，也是集成电路设计的基本设计技术特点。在 SoC 设计中，仿真技术是一项至关重要的技术，如果设计者不会进行仿真分析，就无法完成系统的设计。与一般集成电路设计技术不同的是，由于 SoC 器件以 CPU 核为核心，所以 SoC 设计中还必须注意软件和硬件的协同设计和协同仿真。这就要求设计者具有更高的仿真分析技术，掌握专门的设计分析技术。

3．系统结构和电路连接设计必须从集成电路设计技术出发

在传统电子系统设计中，当根据系统功能和技术要求选定所使用的器件后，只要根据电路与器件给出的功能设计要求和技术指标要求对电路进行连接即可，只要引脚连接正确、参数相互匹配，系统的连接就不会出问题。在 SoC 设计中，由于使用的是 IP 模块电路，因此，必须根据 IP 模块电路的基本特点进行电路结构和连接设计。例如，不同 IP 模块连接中的连接特性会存在较大的不同，因此必须结合版图设计对其进行调整，这样才能满足设计要求。同时，使用已有器件的设计技术中，如果需要增加某项功能一般可以通过增加软件或硬件器件的方法实现。而在 SoC 设计中，这种功能设计需要设计者选择或设计相应的 IP 模块，尤其在实时性要求较高的 SoC 器件设计中，往往需要采用并行硬件处理的方法设计系统。因此，需要设计者十分注意调整不同 IP 模块的参数特性，即在 SoC 设计中用户可以直接调整电路模块的技术指标和参数。这是传统电路系统设计所做不到的。因此，SoC 设计中，电路结构和连接特点的设计必须根据集成电路设计的技术来确定。

9.2　SoC 器件分析

SoC 设计是一种面向系统版图的设计技术，因此与面向集成器件的应用电路系统设计方法有极大的不同。其设计过程如图 9.2-1 所示。

图 9.2-1　SoC 的设计过程

在功能设计阶段，设计者必须充分考虑系统的固件特性，并利用固件特性进行综合功能设计。当功能设计完成后，就可以进入 IP 综合阶段，其任务是利用强大的 IP 库实现系统的功能。IP 综合结束后，首先进行功能仿真，以检查是否实现了系统的设计功能要求。功能仿真通过后，就是电路仿真，目的是检查 IP 模块组成的电路能否实现设计功能并达到相应的设计技术指标。设计的最后阶段是对制造好的 SoC 器件产品进行相应的测试，以便调整各种技术参数，确定应用参数。

9.2.1　SoC 器件的基本结构

根据 SoC 器件的定义可以知道，只要器件中包括全部系统模型，即把形成系统模型的电路全部设计在一个器件中，就是 SoC 器件的结构。这实际上也是设计 SoC 器件结构的一个重要方法。

SoC 器件的结构由设计要求所决定。SoC 器件主要由以下模块组成：

① CPU 模块。CPU 模块是 SoC 的核心，用来组成片内微处理器系统，其功能是执行用户程序及对其他电路进行控制。SoC 器件中可以使用 8 位、16 位、32 位和 64 位的 CPU。同时，对大型系统的 SoC 可能还需要多个 CPU 模块。

② 时钟系统模块。时钟系统模块是 SoC 系统工作的时间基准，向各个电路提供协调工作的时钟信号。对于比较大的 SoC 器件，其中的时钟系统一般比较复杂。

③ I/O 接口模块。I/O 接口模块提供了 SoC 与外部数据和模拟信号的交换接口。一般来说，SoC 并不需要像微处理器那样与外部进行复杂和频繁的数据交换，其 I/O 接口模块只是向其他电路提供接收信息和发送信息。因此，SoC 器件往往要求 I/O 接口模块具有一定的驱动能力，如网络通信驱动能力、海量存储器驱动能力、模拟信号输出驱动能力等。

④ 中断处理模块。SoC 器件中的中断处理模块与 CPU 模块、时钟系统模块、I/O 接口模块一起，共同组成了片内微处理器系统。SoC 中的中断处理器件，它与微处理器中的中断处理电路的区别是主要用于内部电路的工作管理。

⑤ 存储器模块。该模块提供了系统所需要的程序和临时数据存储功能。从集成电路技术上看，存储器所占用的硅片面积比较大，特别是 RAM 存储器的面积一般为整个 SoC 器件硅片面积的 1/3～1/2。

⑥ 总线模块。总线模块的任务是向系统提供数据和电路控制信息的通道，其结构对 SoC 器件的功能和技术性能具有十分重大的影响。实际上是总线模块决定了 SoC 的基本结构。

⑦ 应用电路模块。它一般包括 A/D 和 D/A 转换电路、滤波电路、模拟信号处理电路、控制信号输出电路、数据通信协议、接口电路、专用算法电路等。应用电路的内容和规模主要取决于应用系统的模型。

应当指出，随着技术的发展和应用领域对 SoC 技术要求的增加，目前已经开始出现多 CPU 核的 SoC 器件。这种器件的内部往往具有两个以上的 CPU，或者是 CPU 与 DSP 器件并存。当多 CPU 出现在同一个器件内时，系统内部的数据传输和各种控制信号的传输就成了 SoC 结构设计的关键。对于一般多 CPU 系统，都采用数据网络的结构来满足 CPU 之间的数据传输要求。因此，这种 SoC 器件也叫作片上网络器件（Network on Chip，NoC）。

由于 SoC 器件的电路规模越来越大，所以 SoC 器件的功率损耗已经成为一个突出问题。例如智能手机的核心器件是一个多 CPU 的 SoC，其中包括核心处理器单元、DSP 单元、GPU（图形处理器）单元、图像信号处理器、神经网络处理器、MODEM（调制解调器）等处理器电路和专用逻辑电路，为了降低功率损耗，这些处理器单元和专用逻辑电路会使用不同的电压等级（一般从 0.95V～0.45V 不等）和时钟频率，如果仅提供单一的电源电压和时钟频率，则会产生很大的功耗，这就需要使用专门的电源管理电路来降低 SoC 的功率损耗。

【例 9.2-1】 设计一个传感器数据处理系统作为传感器网络的终端。这个终端的基本设计规范如下：

（1）提供数据通信的连接，使电路成为网络中的一个终端；

（2）完成对信号的处理，其处理模型为 $H(s) = \dfrac{ks}{s^2 + as + b}$；

（3）根据信号频率特征控制 A/D 转换。

解：对于这样一个 SoC 器件，必须包括信号处理、频率分析、判别决策和数据通信接口控制四个功能部分。本例的一种 SoC 器件设计方案如图 9.2-2 所示。

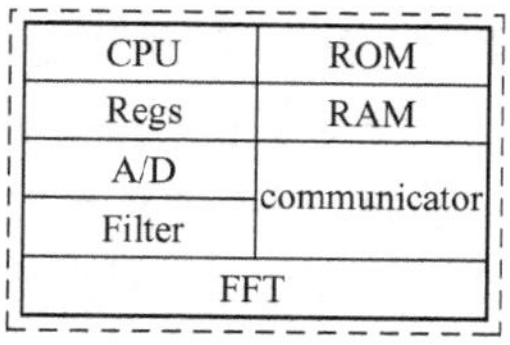

图 9.2-2　SoC 结构实例

图 9.2-2 中的 CPU 用来进行判别决策、频率分析和信号处理及对其他电路的控制。通信接口协议全部采用硬件电路实现，这样可以减轻 CPU 的负担，提供系统的并行性能。频率分析采用硬件 FFT，处理模型采用模拟放大器和数字滤波器相结合的方法，这可以最大限度地降低对无源器件的需求，并有效抑制电路噪声。

9.2.2　SoC 的 CPU 内核

对于现代电子系统来说，数字信号与信息处理技术方面的应用十分普遍，一般使用具有 CPU 的器件。同时，为了实现对系统的管理，CPU 也是必不可少的。使用 CPU 作为系统的处理核心，其中一个重要原因是可实现灵活的系统设计，并可以十分方便地更改信号与信息处理的结构。作为现代电子系统的 SoC 器件，要完成实现全部系统功能的任务，CPU 也是必不可少的。因此，在绝大多数 SoC 器件中都具有一个 CPU 内核。

从系统的角度看，CPU 核就是 SoC 器件的核心，SoC 器件的许多基本特征都可以用 CPU 的特性来确定。

另外，之所以叫作 CPU 内核而不叫作处理器内核，其重要原因是 SoC 根据需要选择各种电路，通过 CPU 的控制实现相应的功能。由于不同的 SoC 具有不同的功能，实现的是不同的系统，因此对于微处理器结构来说有各自不同的要求。由于 SoC 是一种面向版图的电子系统设计方法，因此这种以 CPU 内核为核心的 SoC 技术十分灵活，并能大大提高器件的技术特性。

9.2.3　SoC 器件分析的基本内容

在 SoC 器件设计中，分析技术具有十分重要的地位。器件分析技术包括两个方面：

① SoC 器件设计分析。它用来对设计规范进行分析，目的是建立设计模型来指导设计。器件分析需要建立系统功能模型、系统结构、子系统功能模型、参数模型等，这些模型都是 SoC 器件设计的基本依据。

② SoC 器件设计结果分析。它是指根据设计结果建立相应的功能模型、结构模型、子系统模型及参数模型，目的是对设计结果进行检查，并验证设计结果。

SoC 器件分析主要包括系统建模、功能分析和技术指标分析三大内容。

1．系统建模

系统建模的目的，是根据设计规范的要求建立相应的模型，以便对系统的特性和特征进行设计和分析，为确立系统结构和技术特性提供依据。

系统建模的方法是分层建模，即把系统分为系统层、子系统层直至功能电路层。通过这种层次建模的方式，可以把系统设计规范所要求的功能、技术性能、技术指标及约束条件进行逐级分解，直到功能电路。

系统建模的任务包括系统结构建模、子系统结构建模及系统参数建模。

系统结构建模一般是指建立系统结构框图，或通用模型语言所描述的模型（例如用 UML 语言描述的模型），结构模型的建模和分析依据是 SoC 器件的设计规范。同时，根据结构模型可以检查系统是否满足设计规范要求。结构模型是系统功能结构分析的基础。

子系统建模与系统结构建模相似，作为系统模型的一部分，子系统建模必须符合系统模型的要求。子系统建模一般比较详细，同时，一个子系统模型可能又包含有多个子系统模型。

系统参数建模也采用分层建模的方法，逐层建立相应的参数模型。通过征集建立的参数模型，可把各种技术指标一直分解到电路层，形成电路层的设计依据和分析验证依据。

2．功能分析

功能分析的任务是提供有关功能的技术特征和技术指标，为选择设计技术、确定系统结构提供依据。

功能分析的基础是设计规范和所建立的模型。通过对设计规范中有关系统描述的分析，可以建立系统功能模型。而通过对设计结果的功能分析，可以建立系统验证的基本模型。

注意：功能分析也必须是逐层进行分析，仅在系统级进行功能分析是不够的。特别是当系统中存在竞争功能时（竞争功能是指两个或两个以上不能同时完成的功能同时出现），更要对所有层的功能进行分析，因为仅在高层分析时往往无法发现诊断裁决逻辑和电路的缺陷。例如，当 SoC 器件中的两个应用电路同时向 CPU 提出申请时，如果系统设计中没有中断裁决功能，就会引起系统进入不正常状态。特别是当两个功能可能相互嵌套时，更要注意功能竞争。

3．技术指标分析

技术指标分析是 SoC 设计中的一个重要环节，其结果是设计电路模块、确定系统特征、选择 CPU 参数及选择电路结构的重要依据。例如，对于数字系统能否保证实时性的要求等问题，就需要对 SoC 的技术指标进行详细的分析，才能确定一个合理的结构。

9.3 SoC 器件设计方法与技术

SoC 器件的设计方法具有自顶向下的技术特征，所使用的设计技术是 EDA 技术。

9.3.1 自顶向下的设计方法

自顶向下设计方法起源于简化设计技术、降低对设计人员电子专业知识要求的思想。所谓自顶向下，就是从系统级开始设计，最后完成电路级设计和测试。这种设计方法是应用电子技术领域最常用的设计方法。其设计流程如图 9.3-1 所示。

从图 9.3-1 可以看出，从建立规范到子系统设计、仿真与验证，都属于系统级设计。在系统级设计中，所需要的是有关应用系统设计的知识，并不需要电子科学与技术和应用电子系统的专业设计人员。目前 EDA 技术提供了 IP 模块综合与仿真工具，所以，非电子系统专业设计人员也可以完成这一工作。只是在电路综合与验证、版图综合与验证和器件测试阶段，才需要较深入的电子技术专门知识。

自顶向下的设计方法为 SoC 器件设计提供了十分重要的设计概念，这种设计方法从系统级开始设计，具有十分明显的应用系统设计方法学特征。因此，它不仅适合专业人员使用，更有利于非电子科学与技术或非集成电路设计专业的人员使用。

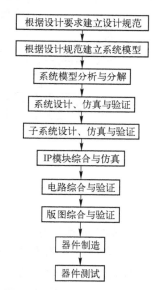

图 9.3-1　自顶向下设计方法的设计流程

目前，随着 EDA 中的电路综合和系统综合技术的发展，以及 IP 核库的增加，自顶向下设计方法的自动化程度已经越来越高了。因此，SoC 器件的设计技术也更加靠近非专业人士。

9.3.2 交互式设计模式

必须注意，如果考虑到 IP 核的设计，则纯粹的自顶向下的设计方法将不能完全适用于基于 IP 复用的 SoC 器件设计。主要原因在于，IP 核的设计需要专门的知识和技术，同时，由于不可能设想出 IP 核的所有可能应用场合，故使用 IP 核进行系统综合与电路综合时，需要对 IP 核进行整理、修订，甚至重新设计，然后再次进行系统综合与电路综合，并通过仿真进行结果检验。这实际上就是一种"自底向上"的设计过程，即在设计目标的指导下，从底层电路开始设计，最后综合出整个系统电路。

当需要考虑 IP 核设计的时候，SoC 器件的设计方法就会成为一种自顶向下和自底向上的组合，是同时考虑物理设计和系统性能的基于软硬件协同开发的一种交互式设计模式。目前 SoC 器件的设计方法，通常都参照了系统工程的方法。在系统分析、具体实现、系统集成各个阶段都按照设计、验证、测试及文档并行的方式进行。参照交互模式提供的基本设计结构，这种 SoC 器件的设计流程如图 9.3-2 所示。

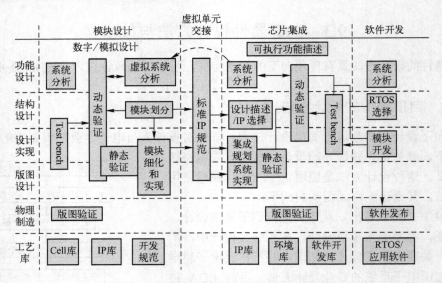

图 9.3-2　SoC 器件的交互式设计流程

9.4　IP 核技术

IP 是 SoC 的基本特征之一，没有大量经过验证的可复用 IP，SoC 就会失去魅力。IP 按照灵活性和实现形式的不同，分成软核、固核和硬核三类。每种实现形式都是在复用性、移植性、灵活性与预见性、性能优化之间做出权衡。基于可复用的 SoC 设计中，已经有成熟的解决方案，就是采用软核硬核并用的原则。存储单元和包括 AD/DA 转换器、锁相环等模拟模块一般采用硬核设计，而大部分数字电路通常采用软核通过综合、布局、布线等硬化（hardening）过程集成到系统中。

9.4.1　IP 核设计

IP 核的设计可以分为设计和验证两个方面。

IP 核的设计（Implementations of Intellectual Property，IIP），其流程包括规格定义、子模块设计、集成化设计和产品化四步。这四步既相互独立又彼此关联，是设计 IP 核的关键。

IP 验证（Verification of Intellectual Property，VIP）是为了确保 IP 核设计功能和性能指

标的正确性。验证工作的内容包括建立参照模型、建立测试平台、选择测试程序集、回归测试和形式验证等。本节不讨论验证技术。

IP核的设计分为软核设计和硬核设计。

1. 软核设计

软核设计是指利用集成电路系统的描述语言（如 VHDL、Spice 等）所编写的 IP 模块，或者未经实际流片证实的版图。

编程软核的设计要求如下：

① 具有良好的仿真特性，可以在一般的 EDA 工具中进行仿真；

② 具有功能的完整性，保证无须进行其他配置即可作为一个完整的电路模块；

③ 提供测试向量和测试指导，以利于用户对编程软核的测试和设计应用；

④ 具有模块可复用性，以利于不同编程软核的复用；

⑤ 具有良好的可综合性，以利于在不同的 EDA 软件设计平台中将编程软核综合为电路。

对未经实际流片证实，但工艺参数完整的版图，也叫作版图软核。这种软核的特点是不能确定实际应用的效果能否满足需要，因此只能作为测试和仿真使用。版图软核一经证实，就变成了 IP 硬核。所以，版图软核的设计要求与 IP 硬核的设计要求完全一致。

2. 硬核设计

IP 硬核是指经过流片证实完全可以使用的集成电路模块的版图。硬核的特点是能够保证在硬核指定的工艺条件下用户设计电路制造成功。这里工艺条件是指验证硬核时所使用的集成电路流片工艺技术，即需要使用同一厂商的同一条工艺的流片技术。

IP 硬核的设计属于集成电路设计的范畴，一般都是由专业人员进行设计的。具体的设计流程如下：

① 根据设计要求，设计电路结构，选择集成电路制造工艺。

② 用 EDA 工具对电路进行电路级仿真，仿真中使用制造工艺提供的参数。

③ 利用 EDA 工具，设计版图模块，进行设计规则检查；也可以利用 EDA 工具提供的技术直接进行电路综合，在综合中要特别注意所选择的制造工艺。

④ 抽取版图模块网表和参数，以便对设计结果进行仿真分析。

⑤ 抽取电路图网表，以便与版图网表做对比检查。

⑥ 进行网表和参数对比检查。

⑦ 输出 GDS II 或 CIF 格式文件，发给代工厂完成流片。

可以看出，IP 硬核的设计与一般集成电路的设计步骤基本相同，只是不需要设计引线焊盘。

为达到最大的可复用特性，IP 硬核需要具备以下特点：

① 具有可配置性，以达到复用最大化。

② 遵守设计规则，确保功能正确；如果是数字 IP 核，应保证时序收敛。

③ 具有标准的接口，以利于不同的 IP 硬核版图对接。

④ 交付数据完整，便于用户集成复用。

实际上，目前 IP 核的设计并没有一个统一的标准，只有各个不同的 EDA 软件针对电路综合而提出的模块结构要求。

9.4.2 EDA 技术和相关工具

无论是用 Spice 还是用 Verilog、VHDL，硬件描述语言都是对电路的描述：Spice 描述了具体的电路结构和基本元器件模型；而 Verilog 或 VHDL 则是对数字电路功能和某些参数特性进行描述，其本质是用程序代码编写对应的实现电路。若只有语言描述工具而没有综合工具，则无法建立具体的电路结构并对其进行仿真分析，也就无法完成 SoC 器件的设计。所以，EDA 技术和集成电路设计工具对 SoC 器件的设计来说，是十分重要的。

EDA 技术与工具的另一个重要功能，就是对所设计或综合出来的电路进行仿真。仿真可以分为行为级仿真（如数字电路的逻辑仿真）和电路级仿真。行为级仿真一般可以不涉及具体的电路，只对系统行为模型仿真；而电路级仿真则不关心系统行为，只对电路行为进行仿真。无论是行为级仿真还是电路级仿真，仿真的结果都可以是波形图，也可以是文字描述。

仿真的目的在于对系统设计结果进行验证，这种验证的基础和基本技术是对集成电路系统进行测试，即通过加入输入信号来观察输出信号，通过对输入和输出信号关系的分析，确定系统设计结果的正确与否。

例如，在对数字系统进行仿真时，可以对时序问题进行测试，以检查系统的时序状态。

又如，静态时序分析（STA）与仿真相辅相成，其目的在于验证设计出的电路是否满足时序要求。

对于模拟电路，通过仿真可以确定电路的频率特性、时间特性及静态工作点等重要参数，同时，还可以对电路在各种约束条件下的工作状态进行仿真，以分析电路的功能和技术性能。

以上过程对应以下不同工具：

- 功能仿真和测试可使用的工具有 Modelsim，ActiveHDL；
- 数字电路逻辑综合可使用的工具有 Synopsys，Design Complier，LeonardoSpectrum，Synplify ASIC；
- 静态时序分析可使用的工具有 Synopsys，Prime Time；
- 版图设计可使用的工具有 CADENCE Dracula，Diva，Tanner L-Edit 等。

9.4.3 可复用 IP 核的验证技术

IP 核设计好后，必须经过充分验证才能确定设计工作结束。由于各种 IP 核的设计目标不同，特别是硬核，更是与工艺技术直接相关，因此，IP 核使用前必须进行功能和性能验证。

对模拟集成电路的 IP 软核进行验证，就是要对其进行全面的仿真测试，进行功能和性能的核对。对于硬核，除了抽取网表和参数并进行仿真分析外，还需要与原理电路图进行对比验证。必须注意，模拟集成电路的仿真验证必须在设计者所提供的工艺条件下进行。

对数字电路的 IP 核进行验证，需要采用比较特殊的方法。

① 对于数字电路的 IP 软核，可以使用测试向量激励下的仿真，这种方法属于测试验证方法；也可以使用形式验证方法，利用逻辑模型或形式模型进行验证。目前更多的是使用形式模型进行验证。

② 对于数字电路的 IP 硬核，需要进行电路级的直接仿真验证，即通过加入测试向量信

号，对电路进行验证。这种硬核的验证方法与模拟电路的电路验证方法相类似。

随着 SoC 器件规模的不断扩大，验证问题已经成为一个设计瓶颈，是电子科学与技术学科的热点研究问题。

9.5　混合信号 SoC 器件

早期的 SoC 器件属于数字 SoC 器件，因为器件内所有的电路都是数字电路。随着应用领域对 SoC 器件需求的发展，数字 SoC 器件已经不能满足应用的需要了。

根据 SoC 器件的定义，许多场合下需要把数字电路和模拟电路集成在一个 SoC 器件中，叫作混合信号 SoC 器件。

随着信息技术的发展，混合信号 SoC 器件已经成为重要的电子器件和应用技术，电子科学与技术对 SoC 技术的研究也已经转向具有混合信号处理能力的混合信号 SoC 器件和设计制造技术。

由于同时存在模拟电路和数字电路，所以混合信号 SoC 器件具有更大的复杂性。

9.5.1　混合信号 SoC 器件中的模拟电路特征

SoC 器件中的模拟电路部分一般包括放大电路、抗混叠滤波电路、模拟信号输出电路，以及其他一些特殊电路，如非线性电路等。

一般来说，设计 SoC 器件中的模拟电路时，应当注意以下几个特征：

1. 电路的可测性与可控性

电路的可测性与可控性是模拟电路系统的一个重要特征。在混合信号 SoC 器件中之所以突出可测性与可控性，主要是因为对模拟电路与数字电路的统一分析具有相当大的难度，因此需要针对模拟电路的这两个特性重新对数字部分进行考查。

2. 电路的频率响应

电路的频率响应特性是模拟电路的一个重要特征。在混合信号 SoC 器件中要特别注意模拟电路频率响应的原因，是要确定模拟电路与数字电路的一致性。在单独的模拟电路设计中，频率响应特性代表了电路处理信号的能力。在 SoC 器件中考查模拟信号的频率响应特性除了关心电路的信号处理能力外，还要考虑模拟电路频率响应特性对数字电路和软件的要求及影响。同时，充分考虑了数字电路和软件的处理能力后，还可以有效地降低对模拟电路频率特性的要求。

例如，单独的滤波器电路对截止频率和边带衰减速率的要求比较严格，而与数字电路配合后，就可以放宽要求，采用数字的方法对其进行补偿。这样就可以降低对模拟滤波器频率特性的要求。

3. 电路灵敏度

电路灵敏度是模拟电路的一个重要技术特征。在 SoC 器件中，必须十分注意电路的灵敏度，以保证系统具有最佳技术特性。采用 SoC 技术，由于数字电路和软件的加入，可以采用数字补偿的方法有效地降低系统对器件灵敏度的要求。

4．混沌特性

混沌现象是电路系统（特别是复杂电路系统）可能发生的重要现象。所谓混沌，是指确定性系统进入了一种不可控制的不确定状态。由于混沌特性往往难以预知，因此，电子系统混沌特性对于应用领域和系统自身都是一个潜在的危险因素。对系统混沌特性的研究是目前电子科学与技术、系统理论等学科领域重要的研究内容。

混沌特性不同于稳定性。系统稳定性由系统的结构和状态转换关系所控制，而混沌特性则是一种难以预知或超出设计分析范围的性质。在 SoC 器件中，由于模拟电路和数字电路系统相当复杂，不仅有硬件之间状态的限制关系，同时还存在软件对硬件的控制、软件对软件的调用和硬件对软件的支持等诸多因素。要把许多复杂因素之间的关系完全分析清楚是一件十分困难的事情，因此，如何定义系统的混沌特性是 SoC 理论与技术的重要研究内容，也是设计 SoC 器件中要特别注意的一个问题。

5．噪声特性

噪声特性对所有的电路都是一个需要十分关心的问题。在 SoC 器件中，噪声特性又增加了一个影响因素，这就是模拟电路与数字电路之间的相互影响和作用。在使用分立器件设计一个同时具有数字电路和模拟电路的系统时，模拟电路与数字电路之间的相互影响比较容易处理，可以采用分离电路板和地线、调整信号传输线等方法限制信号的噪声水平。在 SoC 器件中，由于所有的电路都制作在一个共同的硅片中，因此，要实施有效隔离是相当困难的。

9.5.2　混合信号 SoC 器件中的数字电路特征

在设计混合信号 SoC 器件时，由于模拟和数字两种电路并存于同一个硅片上，电路模块之间连接复杂，因此需要对数字部分的电路特性十分注意，设计中要加入适当的处理。

混合信号 SoC 器件的特性包括理想逻辑特性和理想电路逻辑特性。

1．理想逻辑特性

理想逻辑特性是指一定约束条件下数字电路对逻辑系统的符合程度。对于数字逻辑系统来说，其实现目标是用数字电路实现一个逻辑系统，这个逻辑系统的结构、功能和特性等设计都与电路无关，仅与设计要求有关。因此，这种逻辑系统叫作数字逻辑电路设计的理想模型。为了实现相同的逻辑功能，无论是独立的数字电路，还是混合信号 SoC 器件，其理想逻辑模型都是相同的。

如果数字电路的约束条件能够保证数字电路实现设计规范所要求的逻辑模型，则称数字电路具有良好的理想模型特性。由此可见，理想逻辑特性是针对数字电路约束条件的一个分析概念。

在设计数字电路时，如何确定理想逻辑特性是一个十分重要的理论问题，不仅涉及数字电路设计理论，更涉及数字电路的实现技术。

当使用数字电路实现一个理想模型时，由于数字电路的电路特性（延迟、逻辑电平判别、同步误差等）决定了数字逻辑电路不能完全实现理想的逻辑信号要求，所以只能在一定条件下逼近理想逻辑模型。因此，在数字电路系统设计中，使用理想逻辑特性来评价数字电路对理想逻辑模型的逼近程度。

为了实现理想逻辑模型，必须对数字电路提出一系列约束条件。例如，对电路的边沿、传输速度和传输路径等提出限制要求。理想逻辑特性的好坏，可以根据数字逻辑电路对这些约束条件的符合程度来判别。如果一个数字逻辑电路对所有的约束条件具有100%的符合率，则这个数字电路就是一个具有理想逻辑特性的数字电路系统。

独立使用的数字电路具有良好的理想逻辑特性，而在 SoC 器件中使用相同的数字电路时，会使电路不具备良好的理想逻辑特征，进而引起理想逻辑特性变差，无法实现正确的逻辑模型。与独立的数字电路系统相比，在混合信号 SoC 器件中，数字电路所处的电气和信号环境发生了变化。这种变化包括电路延迟特性的改变、电路功率特性引起的电路特性改变、干扰信号的增加和器件内部互连结构引起的分布参数变化等。这些变化的结果就是引起数字电路的约束条件发生变化。要保持良好的理想逻辑特性，就必须重新确定约束条件。

由此可知，理想逻辑特性是实现数字逻辑模型的重要保证。

2．理想电路逻辑特性

理想电路逻辑特性是指设计规范对逻辑电路的要求，是保证数字电路有效实现逻辑系统的重要约束条件。理想电路逻辑特性主要包括逻辑电路的信号处理特性，包括延迟、传输，以及边沿状态处理等。一个数字电路系统只有具备了所要求的理想电路逻辑特性，才能实现设计要求的逻辑结构和逻辑功能，使系统符合理想逻辑模型，这就是为什么叫作理想电路逻辑特性的原因。

显然，理想电路逻辑特性是指数字电路对有关约束条件的符合程度，是针对电路设计所提出的一个设计概念。实际上，任何数字电路系统的设计中，都对理想电路逻辑特性提出了要求。但在混合信号 SoC 器件中，由于模拟电路和数字电路制作在一个硅片上，相互之间具有十分紧密的连接，这就形成了对原有数字电路理想电路特性的影响。这种影响主要体现在对数字电路信号的影响上，使得混合信号 SoC 器件中的数字信号状态发生较大的变化。所以，混合信号 SoC 器件中，必须十分注意在这种模拟电路与数字电路之间相互影响条件下，如何保持理想电路逻辑特性的问题。

3．状态的可测性与可控性

数字电路系统也存在可测性和可控性的问题。从根本上讲，混合信号 SoC 器件的数字电路部分不仅具有独立数字电路时的可测性和可控性问题，实际上还存在着与模拟电路制作在同一个硅片上所引起的可测性和可控性问题。

4．参数灵敏度

数字电路参数灵敏度主要是指为实现理想电路逻辑特性而涉及的电路参数灵敏度。参数灵敏度高的数字电路，对制造工艺要求十分严格。电路参数灵敏度越低，数字电路制造过程形成的缺陷对数字电路逻辑特性的影响就越小。

5．混沌特性

数字电路由于运行时既依靠硬件特性，又与软件结构有关。所以，也存在混沌现象。

9.5.3　混合信号 SoC 器件的设计技术

由于混合信号 SoC 器件的特殊结构所表现出来的技术特征，称为基本设计特征。这些技术特征是设计时需要关注的理论与技术问题。

1．简单的统一描述方法

设计混合信号 SoC 器件的第一步，就是对其进行建模。要建立一个电子系统的模型，首先需要采用一个特殊的方法对系统进行描述，以便建立系统的变量、结构等分析模型。

由于数字电路与模拟电路的描述方法有本质的区别，因此，建立混合信号 SoC 器件的统一描述方法是一个十分值得研究的问题。

2．统一布局技术与方法

由于混合信号 SoC 器件中包含有两种信号性质不同的电路，因此需要在系统结构设计中充分注意系统布局的问题。

在混合信号 SoC 器件的电路布局中需要考虑两个问题，一个是数字电路 IP 和模拟电路 IP 的连接问题，另一个是数字电路与模拟电路的分区问题。数字电路 IP 与模拟电路 IP 的连接需要考虑两种电路的不同信号性质对电路连接点的要求，其中包括阻抗匹配、连接模式等。分区问题是指把数字电路和模拟电路设置在不同的区域中，不应当使数字电路和模拟电路形成交叉。这两个问题是统一布局中的重要问题，必须高度重视。

3．仿真测试技术

混合信号电路的系统仿真及电路层联合仿真，对于混合信号 SoC 器件的设计是一个十分重要的技术。信号性质不同，对仿真技术的要求也不同。目前的 EDA 软件工具可以在电路级进行仿真和验证，但并不能直接提供有关逻辑系统的细节，这些是仿真过程中需要注意的。

9.6　SoC 应用设计概念

SoC 作为一个新兴的技术领域，正在迅速成为复杂系统集成电路设计的核心技术。这主要是因为 SoC 设计技术具有分布式电子系统所不具有的高性能，以及高效、快速实现应用系统的优点。

尽管 SoC 是电子科学与技术的研究领域，但更重要的是 SoC 技术具有广泛的应用领域，SoC 技术的许多重要概念和设计方法，与应用领域密切相关。要能够正确、有效地使用 SoC 技术，使其成为工程中的先进技术，设计者就必须具有足够的应用背景。

为了使读者能够比较明确地理解 SoC 技术，本节介绍了三个领域中 SoC 应用设计的基本概念。

9.6.1　通信技术中的 SoC 设计

众所周知，通信网络是现代信息网络的支撑网络，通信技术是现代信息技术的支撑技术。

1．通信网络

通信网络的基本任务是按时、按目标地传输各种信号，如语音信号、图像信号。这里必须注意，通信网络的技术性能是要求能够实时建立两个信号源（信源）之间的通信连接，实时地传输信号。

通信网络的技术功能是完成通信地址识别与选择，并保证信号能实时安全传输。因此，通信网络关心的是如何快速建立高质量的信号传输通道。为了能够实时传输信号，通信网络提供了各种不同的信号控制、处理和传输机制，如 ATM、CDMA 等。

2. 通信技术

为了实现通信网络的信号传输功能，通信系统使用了各种不同的技术，从而形成了专门的通信技术体系。通信技术体系包括 4 种技术。

（1）信号转换技术

① 信号转换的基本概念。从数学上看，信号变换是把信号从一个坐标系转换到另一个坐标系的计算，如把时域信号转换为频域信号、把连续信号转换成离散信号；从物理上看，信号变换是信号能量或形式的转换，如电压信号转换成电流信号，低频信号转换成高频信号等。信号转换技术则是指工程中用来实现信号变换计算而采用的技术，如 A/D 转换、压控变换、编码转换和编解码等技术。由此可知，信号转换技术实际上就是根据需要完成相应的电子系统设计。

② 信号转换的目标。通信系统中的信号都是电信号，包括电压信号和电流信号。通信系统的信号传输过程中，信号需要经过各种不同的介质，如导线、波导、开放空间（大气层）、电子电路（放大器、滤波器、接口电路）等，信号传输所经过的路径叫作信道。各种不同的介质构成的信号都具有自己独特的电压、电流信号传输特征，这些信号传输特征不仅与信道媒质的物理特征有关，还与信道形状和加工工艺有关。由电路系统的基本理论可知，信号传输所经历的介质会对信号的特征产生影响，如使信号幅度衰减、相位偏移、产生附加噪声等。这些都使接收端的信号质量严重下降，进而影响通信质量甚至导致通信中断。为了弥补信道引起的信号品质下降，通信系统中提出了各种不同的转换技术。信号转换技术的目的是保证正确的信号传输机制，如数字信号传输技术、各种传输信号编码、矫正变换等。另外，为了保证系统运行正常，通信系统中还使用信号转换技术对系统的工作状态进行监视和控制，如无线通信和卫星通信中的频谱管理等。

（2）信号识别技术

① 信号识别的基本概念。信号识别是指通信设备对信号的接收过程。从数学上看，各种信号都具有独立的数学特征，而信号接收设备就是要根据这些数学特征，对信号进行有选择的接收，以保证信号的正确传输。所以，通信系统中的信号识别是数学特征的选择。从物理上看，通信系统中的电信号具有各自明显的物理特征（如电压、电流、频率、脉冲等）。通信工程中的信号识别技术，就是根据电信号的数学和物理特征提供相应的信号处理电路，保证信号的正确接收和传输。

② 信号识别的目标。在通信系统中，由于信号源（信源）、信号转换电路及信号传输信道等原因，会引起信号的畸变。例如，电话传输中的语音信号，在经过放大、滤波、A/D 变换、传输、D/A 变换等电路和信道后，语音信号会发生许多变化，特别是会混入噪声、频带变窄等，因而使原有的语音信号产生失真。又如，数字通信系统中，由于信号传输引入的噪声，以及传输过程中引起的信号畸变，改变了数字信号的波形，并造成编码误差等。一般来说，要保证接收信号的完整性需要进行大量的技术处理，所以，工程中一般会允许产生一定的信号畸变（如最高误码率、最大幅度衰减等）。信号识别技术的目标，就是在允许的信号畸变条件下，提供正确的信号传输接收电路系统，保证信号接收端接收

到正确的信号。

（3）信号传输技术

信号传输技术是通信工程研究的基本内容之一，所研究的基本内容是如何将信号准确无误地传输到所指定的端点。在通信系统中，信号总是要通过一定的媒质来传输的，由于媒质对电信号具有相应的衰减和影响，因此，如何充分利用媒质的特性来传输信号、采用什么样的传输媒质形状，以及采用什么样的信号形式来消除传输所引起的信号衰减和变化等，是传输技术研究的重点领域。

（4）信号存储技术

现代通信系统已经实现了全数字化处理，同时，为了提高通信系统的利用率和满足一些信号传输处理的要求，现代通信系统中必须保存大量的信号。例如，分组交换中需要对信号进行打包处理，而针对每一个话路都需要提供相关的信令信息等，因此需要保存话路的相关数据。所以，现代通信系统中还需要提供相应的存储技术，特别是在传输相关的图像信号时，为了提高传输速度往往需要对图像信号进行压缩存储。

通信系统信号存储技术主要关心的是存储容量的配置和存储数据的调用方法。

3．以通信技术为背景的 SoC 应用

通过对通信技术的讨论可以看出，以通信技术为背景的 SoC 技术具有广阔的应用前景。例如，利用信号处理算法，可以设计出通信系统所需的各种编码、解码专用处理器，这样可以极大地提高信号处理速度，提高通信系统的设备利用率，也可以设计出体积功耗都很小的终端设备。又如，可以利用 SoC 技术设计出复杂的信号处理系统，使得终端设备对信号传输的要求降低，从而极大地提高设备利用率，降低通信系统的运行成本，降低能量消耗。

9.6.2　控制技术中的 SoC 设计

控制系统是现代社会的重要支撑技术。控制系统实际上也是一个信号和信息处理系统。特别是现代控制系统，其核心是信号与信息处理系统，并在通信技术的支撑下，实现网络化、智能化的控制系统，从而能够极大地提高生产效率，降低产品成本和生产过程中的能量损耗。

控制系统的基本特点，是通过信号和信息处理，驱动执行机构（主要是各种电机和光电设备）达到控制目标。例如，机器人就是一个典型的现代控制系统。正因如此，控制系统不仅要考虑信号与信息处理的方法和实现技术，还必须考虑执行机构对信号与信息处理技术和实现技术的要求。

事实上，可以把所有的现代电子设备或系统看成控制系统。例如，收音机就是通过信号和信息处理选择波段或频道，并通过对接收信号的控制来驱动喇叭的。

通过对电子科学与技术基本概念的讨论可知，可以通过在控制系统中使用 SoC 技术来提高系统性能。所以，SoC 技术也是现代控制系统的实现技术之一。

1．控制系统中的信号处理

控制系统中的信号，是各种控制信息的载体，通过信号的传输与处理，控制系统中的各个部分能够获得控制命令并协调一致地工作。因此，信号处理是实现控制系统的基本技术之一。控制系统中的信号处理与通信系统中的信号处理略有不同，其主要特点如下：

① 恶劣环境下的信号处理。由于控制系统的工作环境一般都比较恶劣，因此，控制系统对信号的要求比较特殊，特别是对信号识别的要求比较高。例如，汽车发动机控制系统，信号传输和处理设备一直工作在比较恶劣的环境中。因此，如何保证恶劣环境下信号的正常产生、传输与接收，是控制系统信号处理的重要内容。这就需要研究两个方面的问题，一个是恶劣环境下的信号模式，另一个是恶劣环境下实现方法的特殊条件。

② 几乎不允许误码。控制系统所传输的数据中，包含大量的控制命令，因此，必须保证控制命令完整无误地传输。这与通信系统中的数据有所不同。例如，通信系统中传输图像或语音发生误码时，不会影响系统的工作状态；而控制系统中的命令数据出现错误会导致系统进入不正常状态，因此，控制系统对传输编码（信道编码）要求更高。

③ 对信号、信息的实时处理。控制系统的特点是通过信号处理形成控制信息，再通过控制信息形成控制信号来控制各种设备。由于控制系统是一个设备状态反馈控制系统，同时，受控对象工作环境以及控制要求需要信号的实时处理，因此，控制系统对系统处理信号和信息所需的时间有十分严格的要求。也就是说，控制系统必须是一个实时系统（Real-time System）。控制系统的实时性要比通信系统中信息传输的实时性严格得多，这是控制系统中的信号与信息传输、处理的重要基本特征。

2. 智能控制中的信息处理

智能处理已经成为现代控制系统的一个重要技术，是形成智能控制系统的基本技术。智能控制的特点是利用各种智能理论和信息处理方法完成控制系统的自动操作。智能控制系统的基础是信息的智能处理，而智能信息处理实际上就是智能计算。

3. 控制技术为背景的 SoC 应用

控制系统中的 SoC 对控制系统来说具有十分重大的意义。首先，SoC 具有相当强的处理能力，因而可以实现复杂的编码算法，并能够提供足够精确的纠错算法。其次，可以有效地提高抗干扰能力。以下是 3 个具体的应用实例。

① 智能 PID。比例-积分-微分（Proportional Integral Derivative，PID）控制器是单输入和单输出控制系统的经典控制方法，是线性控制系统的重要结构。自从苏联学者提出PID 控制器以后的 90 多年时间里，它在工业系统中发挥了巨大的作用。使用 SoC 技术后，可以实现智能化的 PID 控制器，可以使得单个控制系统（单执行机构系统，如步进电机等）实现智能化，成为智能化的执行器。由于 SoC 具有信号、信息输入/输出和数据处理能力，并且具有低功耗的特征，因此，可在控制系统中实现具有灵活数据通信接口的 PID 专用处理器，其中可以包含 2～4 个 CPU，从而可以实现智能化 PID。例如，自适应 PID 的 SoC 器件，可以极大地改善电动机的工作特性和启动特性，也可以用来实现高效太阳能转换控制器，极大地提高太阳能-电能的转换效率。它与 LED 照明系统组合在一起，可以实现高效 LED 照明系统。

② 现场总线控制器。现场总线（Fieldbus）是现代控制系统的基本构架，提供了可以实现信息化、智能化复杂系统的基本框架。同时，现场总线技术也是物联网络、传感网络等新兴技术的基本终端体系结构。由于现场总线的核心是连接至控制终端和传感终端的分布式控制网络，并具有信息系统连接的特殊能力，因此，现场总线技术是现代工业、农业、交通运输和其他行业的重要基础技术。现场总线技术的核心是信息网络，利用 SoC 的计算能力与处理能力，可以实现分布式控制系统的现场总线结构，从而为智能

控制系统提供灵活的控制器，并提供实现普适化控制系统的技术基础，进而取代现在一般系统所必需的控制计算机。

③ 智能PLD。PLD（Programmable Logic Device，可编程逻辑器件）是工业控制系统的基本控制器，实际上就是一个具有控制接口的微处理器系统。目前PLD的控制信号接口与控制器之间一般处于分离状态，是通过信号电缆连接在一起的。同时，多个PLD之间也靠通信接口连接在一起。这种系统具有分布式控制特征，因此，也具有分布式控制系统的一些弱点。特别是在控制信号的输入和输出接口部分，一般不具有信号识别的功能，这不仅在出现危险信号时不能及时保护系统，同时，也无法快速识别输出电路的工作状态。对于多控制点来说，这种控制方式存在着可靠性比较低、需要多种电路实现系统智能保护等缺点。使用SoC技术，可以提供可靠的智能PLD输入/输出接口模块，在附加简单保护电路后，可以极大地提高PLD系统的工作可靠性，并使其具有良好的电磁兼容特性。另外，使用SoC技术后，可以把复杂的信号处理技术分散到各个执行点，甚至分散到传感器和执行机构，从而降低对核心控制器的处理能力要求；使用SoC技术可以降低对执行机构状态信号和控制信号远距离传输的要求，实现网络整体的数字化和信息化，把一个信号处理系统变为一个信息处理系统，从而极大地提高系统性能；还可以使用SoC技术实现执行机构控制的本地化，使得每一个安装有智能SoC的执行机构（各种伺服电动机和伺服机构）可以独立地成为一个智能执行机构。

9.6.3　虚拟系统中的SoC设计

虚拟系统是现代人类社会生产生活的重要技术。随着信息技术和电子技术的发展，许多虚拟系统已经成为人类生产活动与生活不可缺少的部分。特别是随着信息网络的发展，以及各种智能设备在生活中的应用，虚拟系统已经成为不可缺少的支柱技术。例如，科学研究中的各种仿真系统、工业生产中的仿真工具、虚拟现实（如虚拟博物馆、虚拟驾驶等）电子游戏、电子化教师或教学系统等。

从数学上看，虚拟系统是一个计算系统，其计算对象是各种数据，这些数据来自设备的输入，也来自系统自身的计算结果。虚拟系统的计算依据是各种模型。所以，虚拟系统的核心就是各种数学模型。虚拟系统的外在表现，就是取代真实的物理现实，既具有真实的物理反应结果，又不需要真实的物理环境，且不会产生真实的物理效果；既反映真实的空间和时间，又不会占用实际的空间，并能对时间进行尺度放大或缩小。总之，虚拟系统的作用就是帮助人们在真实的行动之前，就能够观察到行动的结果，并对其进行利害评估。

由于现实的复杂性，各种描述物理现实的模型具有相当高的复杂性，因此，虚拟系统必须由功能和性能十分强大的计算机系统来支持。由于SoC可以利用普适计算机制，因此，使用SoC技术可以把一个复杂的虚拟系统分解为相对简单、各个独立的智能模块，从而降低系统的复杂性，提高系统技术特性。例如，3D展示系统中，可以使用专用的SoC实现专用图像处理，不仅降低了对系统处理速度的要求，同时也简化了系统结构，降低了系统功率损耗。又如，自动驾驶模拟设备、新型武器装备操作训练设备等，都需要有SoC的支持。

目前SoC技术在虚拟系统中的基本作用，就是提高信号和信息处理速度，以及实现灵活的网络连接，降低数据传输量等。因此，虚拟系统中的SoC都是比较复杂的数据处理器。

本 章 小 结

本章对当前电子科学与技术所提供的最新应用电子技术——SoC 技术做了简单的介绍。SoC 技术不仅是当前最新的应用电子技术，同时也代表了一个应用电子技术发展的方向。

练习题

9-1　什么叫作 SoC 器件？

9-2　什么叫作 SoC 技术？

9-3　SoC 技术包括哪些基本内容？

9-4　应用 SoC 技术时需要注意哪些问题？

9-5　SoC 器件具有什么样的基本结构？

9-6　CPU 在 SoC 器件中起什么作用？

9-7　简述 SoC 器件的设计流程。

9-8　什么叫作混合信号 SoC 器件？

9-9　什么叫作 IP 核？

9-10　IP 核是如何分类的？

9-11　IP 核设计中要注意什么问题？

9-12　混合信号 SoC 器件的设计技术具有什么特征？

9-13　如果要设计一个能够采集并传输温度信号、湿度信号和亮度信号的 SoC，分析这个 SoC 中需要什么样的电路。

第 10 章　电子信息系统

电子信息系统是指以电子电路硬件为基础、以软件为灵魂、以信号或信息处理为目的的系统的总称。电子信息系统涵盖了现代所有的电子系统。

10.1　电子信息系统概述

电子信息系统是对基于电子技术和软件技术的信号和信息处理系统的统称。电子信息系统具有两个基本的特征，一个是系统的任务是处理信号或信息，另一个是使用电子技术和软件技术完成信号和信息处理。

10.1.1　电子系统与信息处理系统

从理论和技术的角度看，电子系统与信息处理系统是两个截然不同的概念，电子系统属于某个应用目标的实现技术，信息处理系统则属于功能应用技术。也就是说，电子系统提供了信息处理实现技术，而信息处理系统则是根据处理对象和处理目标要求，对电子系统的应用。

1. 电子系统

电子元器件是构建电子系统的基础。电子系统是利用电子电路、电子元器件等构建的系统，其目标是实现设计要求的各种电路功能。在对电子系统进行研究、分析和设计时，所关心的是系统电气行为特性、技术性能和技术指标。

电子系统的行为特性是指系统所具有的电气功能，例如，对输入信号的放大、滤波、数字滤波、信号转换、代数计算、逻辑处理等。必须指出的是，行为特性通常都是指电子系统的理想功能特性，而实际电子系统则是在限制条件下对理想行为特性的逼近。又如，设某电压信号放大器的设计放大倍数是 K，输入信号为 $x(t)$，输出为 $y(t)$，其基本行为特性为

$$y(t) = Kx(t) \tag{10.1-1}$$

这个行为特性指出电路具有放大功能，理想电路功能是精确地实现放大倍数 K。因此，电路设计的目标，就是使所设计电路在限定条件下，实现所要求精度的放大倍数 K。

电子系统的技术性能是一个比较复杂的概念，主要是指系统正常工作对技术、环境等前提条件的要求，以及系统对前提条件的适应性、灵活性，同时，还包括对系统使用条件进行评价等。例如，同样两个放大器，一个放大器在电源电压波动 10% 的条件下仍能正常工作，而另一个则在电源电压波动大于 5% 时就不能正常工作了，显然，前者的技术性能要优于后者的技术性能。

技术指标提供了电子系统在设计和应用时所需要的基本数据。由于电子系统的设计是在一定前提条件下对理想系统行为特性的逼近，因此，电子系统的所有技术指标都只能在相应的条件下才是有效数据。另外，技术指标也是对电子系统技术性能的一种描述。

2. 信息处理系统

信号和信息处理算法是信息处理系统的基础。信息处理系统是利用信号和信息处理方法而构建的系统，其目标是实现各种信号和信息处理。由于信号和信息处理的核心是计算，而数学提供了实现各种计算的算法，因此，任何一个信息处理系统实际上都是各种算法按一定规律组合而成的集合。例如，一个科学计算器就是四则运算、代数运算和波形处理等不同算法的集合。

从工程应用的角度看，信息处理系统关心的是信号或信息处理的行为特性、技术性能和技术指标。

信号或信息处理行为特性，是指信息处理系统所具有的理想功能，代表了信息处理系统的基本行为，如信号提取、信号滤波、信号转换、数据采集、数据压缩、信息编码和信息提取等。行为特性是信息处理系统的理想功能特性，是信息处理系统的逼近目标，代表了系统所需要的各种计算和处理。如，对输入信号做乘法处理，即对每个输入信号乘以常数 K，输入信号为 $x(t)$，输出为 $y(t)$，其行为特性为

$$y(t) = Kx(t) \qquad (10.1\text{-}2)$$

这个行为特性指出了乘法操作功能。从计算的角度看，乘法操作是一个算子。因此，信息处理系统设计的要求，就是使所设计的信号处理系统在给定条件下尽可能精确地实现式（10.1-2）中的算子。

进一步地，设输入信号或信息为 x，输出信号或信息为 y，信号或信息处理系统要实现的理想行为特性是

$$y = f(x) \qquad (10.1\text{-}3)$$

信息处理系统行为特性是信息处理系统的理想模型，信息处理系统的目标，就是用各种算法来逼近理想模型。

与电子系统相类似，信息处理系统的技术性能也是一个十分复杂的概念。在信息处理系统中，实现同一行为特性往往会有多种算法，每一种算法都会给出相应的处理步骤、每一步的处理方法以及所受到的限制条件。例如，连续时间信号转换为数字信号，就可以采用抽样和量化组合而成的算法，而实现量化（把抽样得到的模拟信号转换为数字信号）则可以采用不同的精度和误差处理算法。所以，算法是对行为特性的逼近，而算法的性能就决定了信息处理系统的性能。图 10.1-1 是式（10.1-2）所表示行为特性（图中的实线）在一定的输入范围内（第一象限）的实现结果，其中实线代表理想行为特性，虚线代表算法逼近的结果。显然，算法 1 与算法 2 代表的算法具有不同的性能，从整体上看，算法 2 的性能要比算法 1 的差。

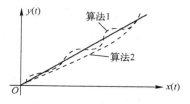

图 10.1-1　行为特性逼近的例子

对于信息处理系统来说，其技术指标不仅与算法有关，还与算法的实现技术有关。例如同样的算法，使用不同字长的数字处理技术实现时，其精度的技术指标会有很大不同。同样，使用相同字长处理技术实现不同算法，各算法的精度则会因为算法结构而不同。又如，在数字信号处理时，四则运算的先后次序会对算法的精度产生影响。再如，二进制到十进制的转换，也会因为算法不同而产生不同的转换精度。

10.1.2　信号与信息处理

信号与信息处理是人类活动的基本内容，无论是科学研究、工程实践，还是日常生活，总是需要对各种信号和信息进行处理，以此作为决策的基础。

信号与信息处理的过程，就是一个对信号或信息进行加工的过程，加工的结果是产生新的信号或信息。电子科学与技术的研究领域中，也包含了相应的信号和信息处理内容。

1. 信号与信息的基本概念

（1）信息处理系统中的信号

在现实世界中，信号是各种信息的载体，是各种事物的一种外在表现形式。各种事物通过信号与其他事物进行联系。所以，信号是运载信息的载体。

对于信号与信息处理系统来说，信号是系统的处理对象，也是处理结果的表现形式。例如，数字滤波器输入的是数字信号，输出的也是数字信号。

信号与信息处理系统中，信号可以划分为两大类，一类是确定性信号，另一类是随机信号。确定性信号具有确定的规律，可以用一定的数学解析方程式对其进行描述，所以，确定性信号是一种易于处理的、已知全貌的信号，如单位脉冲信号、正弦信号、方波信号等。随机信号只能用统计的方式描述，而无法用确定的解析方式对其进行描述。

（2）信息处理系统中的信号处理

信息处理系统中对信号的处理包括信号提取、信号采集、信号变换、信号存储和信号传输等。信号处理的目的是提取相应的信息。所以，信息处理系统中的信号处理的基本要求，就是信号处理过程中不能损害信号中所驮载的信息。

还必须指出，由于信息处理系统是用电子系统实现的，因此，信号处理系统中的信号大部分都是以电压形式出现的，这是信息处理系统设计中必须考虑的一个重要内容。

2. 电子科学与技术中的信号与信息处理

电子科学与技术的研究与工程应用中，信号分析是一种重要的研究和分析方法，也是元器件、电路分析模型的建模方法之一。

元器件和电路对各种输入信号的响应，反映了器件或电路的一些重要特性。在外加信号的激励下，元器件和电路输出信号的变化，可以理解为元器件和电路系统对输入信号进行了相应的运算，就如式（10.1-3），所以，输出信号中包含了大量的元器件和电路基本特征。

通过对信号分析，可以得到电子元器件的物理特性，这些特性是电子元器件和电路设计分析的重要信息。另外，由于各种环境的影响，会使信号中包含有一些噪声，严重时噪声还会淹没信号。所以，各种信号提取技术也被广泛地应用在电子科学与技术的研究与工程应用中。特别是在工程应用中，信号分析是一种建立元器件和电路分析模型的重要方法。

10.1.3　电子信息系统的核心技术

如前所述，电子信息系统实际上包含了两个核心技术，一个是信息系统技术，另一个则是电子系统技术。信息系统是面向应用的技术，提供科学研究和工程实际中的信号和信息处理技术，而电子技术则是实现信息系统的物理方法。所以，信息系统是电子系统的实现目标。

在工程应用中，电子信息系统的核心技术可以概括为系统建模与分析，算法设计与分析、电路设计与分析，以及时间特性分析。

1. 系统建模与分析技术

建模与分析技术是工程系统设计的核心。建模就是对设计对象的科学描述，只有完成了对设计对象的详细科学描述，才能完成设计任务，所以，建模技术提供了系统设计的基本手段。分析就是根据设计要求，对设计对象的基本要求、行为特性和性能指标进行研究，从而为建模提供基础，并对所建模型进行验证，以保证所设计的系统与设计要求完全一致。

在电子信息系统工程实际中，系统建模与分析包括信息系统建模与分析和电子系统设计与分析。前者的任务，是对信息系统的设计要求进行分析，并根据分析结果建立完整而合理的信息系统模型，从而为电子系统设计提供理想模型。后者的任务，是以信息系统模型为理想系统，用电子科学与技术提供的理论与方法完成相应的电子系统设计。

系统建模与分析的基础是设计要求与相关的理论和技术。其中的理论包括信号与信息处理理论、算法设计与分析理论、电路理论等。

2. 算法设计与分析技术

所谓算法，是指为完成某项工程任务而提出的计算方法。

电子信息工程中，算法设计的基础是系统功能、性能与技术指标，通过算法来实现信息系统中的某个功能，并能够满足性能和技术指标的设计要求。由此可知，算法是应用要求与计算方法的集中体现。例如，图像处理系统就是各种算法的组合系统。

电子信息工程中需要利用电子技术来实现各种算法，这就需要根据算法结构、功能、性能和技术指标的要求，设计与之相适应的电子系统。因此，对算法的分析是设计电子系统的第一步。算法分析包括结构分析、功能分析和性能指标分析。

结构分析是根据电子技术的特点，对算法进行结构划分。例如，要实现卷积计算，就必须根据系统对执行时间的要求，分析实现卷积的器件，并利用器件的相关指标分析能否按算法要求实现设计要求的性能指标。

功能分析则是分析算法所要实现的功能，并以此确定所使用电子系统的类型。例如，要实现一个滤波系统，其算法就是一个滤波器，这时算法给出了一个基本功能结构，需要根据设计要求选择使用模拟电路还是数字电路来实现这个滤波器算法。

对于算法来说，其性能和技术指标包括两个部分，一个是计算性能和精度指标，另一个则是实现算法的电子系统的电路性能和技术指标。计算性能和精度指标是设计电路性能和技术指标的基础。

3. 电路设计与分析技术

电路设计的任务，是根据信息系统模型建立电路模型，再由电路模型确定实际电路结构，使得电路结构能够实现信息系统模型。电路分析的任务，则是根据信息系统模型和电路模型，研究、确定电路参数，使得电路模型成为具体的电路。

由此可知，算法就是电子信息系统要实现的理想模型，要实现相应的电子信息系统，就需要利用上述三项基本技术。

4. 时间特性分析

时间特性是电子信息工程中的一个重要概念。电子信息系统的时间特性有延迟性和实时性。

以系统接收到输入信号为时间起点（或叫作时间 0 点）：

1）延迟性是从时间 0 点到产生输出的时间间隔。模拟电子系统的时间延迟会引起信号波形变化或者输入和输出信号之间相位变化，数字电子系统的时间延迟由数字电路门级延迟和软件执行时间所决定。一般地，数字电路系统的时间延迟要大于模拟电路系统。延迟性对系统应用性能的影响与系统的应用目的有关，例如卫星通信系统的时间延迟使得输出信号延迟一段时间，但不会破坏信号，所以在一定时间范围内是允许的。

2）实时性是电子信息系统的延迟性不得大于某个数值，就是说，必须在给定时间内完成对输入信号的处理并产生输出信号。可见，实时性是对延迟性的限制要求。例如，汽车自动驾驶系统中，要求在发现障碍后的给定时间内必须完成一定程度的刹车处理，如果超出了给定的时间，就表示自动驾驶的刹车控制系统不具备实时性。

电子信息系统中的硬件、软件都具有相应的时间特性，所以在设计电子信息系统时必须考虑系统的时间特性指标，即信号处理速度、指令执行速度、算法执行速度、硬件执行速度等。在实际应用中，电子信息系统的各项功能必须能在规定的时间内完成，即任何处理都需要具有一定的实时性，所以，在电子信息系统的设计过程中，必须在每一层次的设计中都考虑设计要求与规范提出的实时性要求，并对系统设计结果做出正确的时间特性分析，以便对未能满足设计规范的部分做相应的调整。例如在嵌入式应用系统中，所使用的操作系统一般被叫作"实时操作系统"，但这并不意味着所设计的应用系统能满足系统设计的实时性要求，所以必须对所设计的信号响应模块做时间分析，看看能否在设计要求的时间内对输入信号给出相应信号。

10.2　电子信息处理系统基本结构

在工程实际中，需要考虑两种电子信息处理系统结构，一个是电子信息系统的算法结构（也叫作逻辑结构），另一个是电子信息系统的物理结构。

10.2.1　电子信息处理系统的组成

电子信息处理系统的基本组成如图 10.2-1 所示。从图中可以看出，电子信息处理系统主要由四部分组成。

1．信息采集

信息采集是电子信息系统的信号或信息输入部分，其功能是以适当的方式获取系统所需要的信号或信息，并以适当的方式提供给处理系统。信息采集可以是各种不同的模拟电路（如传感器电路、放大器等），也可以是键盘等数字输入设备。在工程实际中，对信号采集部分的要求，是以处理系统所能识别和使用的形式，提供信号或信息，所以，信息采集部分实际上是信号源或信息源与处理系统之间的桥梁，是电子信息系统的关键部分，也是工程实际中的关键技术之一。

图 10.2-2 是某个电子信息处理系统的信号输入电路结构。

图 10.2-1　电子信息处理系统的基本组成　　　　图 10.2-2　电子信息处理系统的信号输入电路结构

（1）接收电路

用来接收来自信号源的信号，工程技术上叫作信号检测电路，如电话机听筒中的麦克（MIC）、温度控制系统的温度传感器等。由于电子信息系统所能处理的信号都是电信号，所以，接收电路是一种直接与信号源性质相关的电路，必须与信号源的电学特性相匹配，以便最大化地、真实地接收到其他系统或现实世界的信号而不损坏信号所驮载的信息。

在通信系统中，接收电路所接收的信号可能是调制信号，因此，接收电路的功能之一是对所接收到信号进行解调，即恢复信号。

（2）信号调理电路

信号调理电路的功能是对信号进行适当的处理，以提高信号的信噪比，并使信号能够与处理电路相匹配，如对信号进行放大、压缩、滤波等。信号调理电路可以与信号接收电路组合在一起，形成完整的前端电路。

（3）信号转换电路

信号转换电路的功能是对所接收的信号进行转换，以提供给处理系统所需要的信号形式。信号转换电路可以是 A/D（模拟-数字）转换电路、D/A（数字-模拟）转换电路、V/F（电压-频率）转换电路等。此外，也可以把信息系统中的编解码电路（或系统）视为信号转换电路。

（4）电源调整电路

对于电子系统来说，由于不同电路部分对电源的要求不同，同时，也为了尽量降低系统的功率损耗，因此，使得不同部分都需要有相应的电源调整电路。另外，为了保证信号输出电路具有尽可能高的信噪比和尽可能少的信号信息损失，也必须保证电源电压具有较高的稳定性。因此，电源调整电路是信号输入电路设计的核心技术之一。

2．处理系统

信息处理是电子信息系统的核心，目的是完成所需要的信息处理功能。

处理系统的结构与处理任务直接相关，既可以是十分复杂的计算机系统，也可以是简单的模拟电路。处理系统的核心是处理模型，在科学研究和工程中叫作算法。处理系统的计算机、微处理器和其他电路则是对算法的物理实现。

在电子信息系统的设计中，如何根据算法模型设计电子系统，以及如何通过电子系统使算法充分发挥作用，是两个相似的研究领域，也是两个主要的技术领域。把这两个方面的问题进行综合研究，就可以得到最佳化的系统设计。

3．输出系统

信息输出的任务是把信息处理结果输出到各种不同的设备上，如打印机、步进电机、显示器等。

电子信息系统对输出系统的要求是，满足工程设计中对信息和信号输出的全部要求，同时尽量优化输出设备的组合，降低输出设备自身的功率损耗。

在电子信息系统中，还有一种比较特殊的输出系统，这就是无线通信中的发射装置。无线发射装置本身也是一种比较独立的电子信息系统，其主要功能是最大限度地保留信号信息，最大限度地优化系统功率损耗。

实际上，如果把电子信息系统划分为不同的子系统，就可以看到，每个系统都具有相应的信号/信息输入、处理和输出。因此，电子信息系统总可以在不同层次上划分为三个基本部分，对它们具有不同的要求。

例如，图 10.2-3 是一个手机系统的基本结构，其中的语音处理子系统可以进一步划分为图 10.2-4 所示的三结构系统。在图 10.2-3 中，信号/信息输入包括无线接收、信号调理、信号转换、键盘传感器、拾音等，而输出系统则包括无线发送、信号调理、信号转换、键盘、LCD 显示、扩音等，信息处理部分则由数字信号处理、图像处理和语音处理三部分构成。可以看出，无线收发实际上包括了信号输入和输出两个部分（手机信号发射和接收），与信号调理和转换电路共同构成了信息输入的一部分和信息输出的一部分。这种情况是电子信息系统的一个重要物理特征，在设计中需要认真对待。

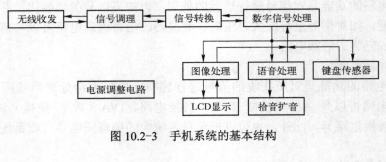

图 10.2-3　手机系统的基本结构

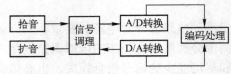

图 10.2-4　手机的语音处理子系统

图 10.2-4 是图 10.2-3 中语音处理部分的系统结构框图。可以看到，拾音与信号调理和 A/D 转换构成了信号输入，扩音、信号调理电路和 D/A 转换构成了输出系统，而编码处理则是系统的信息处理部分。

注意：以上所说的三模块结构是电子信息系统设计与分析的一种分割方法，目的是提供比较清晰的信号与信息传递和处理关系。

10.2.2　电子信息处理系统的逻辑结构

电子信息处理系统所说的逻辑结构，不是指一般意义上的数字逻辑结构，而是指系统功能与性能的相互关系。系统逻辑结构给出了系统各种不同功能之间的时间顺序和逻辑顺序关系，以及对系统功能产生影响的技术性能要求。所以说，电子信息处理系统的逻辑结构提供了系统设计的理想目标，也就是电子信息处理系统的理想模型，给出了电路设计的具体要求。

在电子信息工程实际中，各种系统都具有特殊的应用功能，同时，为了满足应用要求，系统还具有相应的性能和技术指标。电子信息系统的设计，首先必须确定具体的设计要求，其中包括系统所具有的功能、对系统性能和技术指标的要求。这种设计要求在工程上叫作设计规范。

对于设计人员来说，设计规范仅仅是工程设计的依据，而不是设计结果，工程中要根据设计规范建立相应的系统结构。在设计系统结构时，主要考虑的是信号或信息在系统中的传输路径及各种处理功能，如信号流图、数据流图等。把信号或信息的传输路径与路径中所包含的各种处理要求用图形的方式描述出来，就形成了一个电子信息处理系统的模型。这个模型并没有设计如何实现各种处理功能，也没有提供传输路径的物理条件，仅仅给出了系统所要完成的任务，以及相关的技术性能指标，如数据处理的速度要求、信号处理的带宽要求等。总之，这个描述给出了系统的理想结构，因此，叫作系统的逻辑结构。

例如，印制电路板的平顺处理过程中需要对已经制作好的印制电路板进行加热处理，通过加热加压使印制电路板平整，为电路器件安装和焊接做好准备。在加热过程中，对于不同材质的印制电路板，其加热过程（温度增加速度）有着不同的要求。所以，根据设计要求可以知道，这样的加热控制系统应当具有按升温要求实现温度控制功能，并且温度控制的技术指标则来自升温控制要求。根据这种功能和性能指标要求，可以得到如图 10.2-5 所示的系统逻辑结构（理想设计模型）。图 10.2-5 中，"T-V 转换"代表温度（Temperature）转换为电压（Voltage）功能，T-t 曲线则给出了温度控制的速度要求，$P=IV$ 则代表了功率输出以驱动执行机构。从图 10.2-5 的曲线看出，温度控制系统的设计，就是要满足温度控制的要求（曲线部分）。

又如，图片印刷系统需要一个静止图像传输的系统，其功能是把摄取的图像或保存在存储器中的图像，经过一个 2MHz 带宽的传输电缆传输到图片打印机中。根据这个要求可以绘制出系统的逻辑结构如图 10.2-6 所示，图中图像采集和图像接收分别提供了图像摄取功能和图像接收功能，二者之间通过 2MHz 的传输信道相连接。这个逻辑结构给出了图像传输系统的基本功能要求，以及对数据传输的限制。从这个逻辑结构可以看出，这个结构没有提出对图像传输的时间限制，也没有对图像提出像素数量和图像尺寸的限制要求。

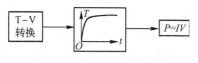

图 10.2-5　简单温度控制系统

图 10.2-6　图像传输系统

图 10.2-7 是一个数据信息处理系统的逻辑结构。可以看出，这个系统要求对保存在存储器中的 1024 个数据在 100μs 内，完成数据从小到大的顺序排列。另外，这里数据处理的字长是 32 比特。这就是说，系统的功能是对给定区域内的数据按数值大小的顺序排列，系统的性能和技术指标是处理 32 比特字长，在 100μs 内完成处理。

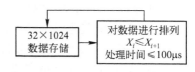

图 10.2-7　数据信息处理系统

从上述三个例子可以看出，逻辑结构反映了电子信息系统设计要求，给出了电子信息系统的任务模型，是设计物理系统的基础。

根据以上分析可知，电子信息处理系统的逻辑结构具有如下特点：

① 完全体现了设计规范对功能和技术指标的要求；
② 描述了完整的系统功能结构；
③ 描述了信号或信息的传输方向与传输过程。

10.2.3　电子信息处理系统的物理结构

有了信息系统的逻辑结构后，工程实际中下一步的工作就是利用电子系统来实现逻辑结构所代表的信息处理系统。也就是说，利用电子技术从物理上实现信息处理系统。实现逻辑结构的电子系统结构，就是电子信息处理系统的物理结构。

由于物理结构的目的是用电子系统来实现信息系统，因此，物理结构的设计目标就是实现满足设计规范要求的逻辑结构。

例如，对于图 10.2-5 所示的逻辑结构，可以建立如图 10.2-8 所示的系统物理结构。图 10.2-8 中，温度传感器电路提供了 T-V 转换功能，并能满足测量范围和线性 T-V 转换的要求。信号调理电路是根据信号处理要求而加入的电路，它对传感器电路输出的电压信号滤波、电压幅度调整，以满足 A/D 转换电路对输入信号的要求。单片机系统用来控制 A/D 电路，对温度信号按照图 10.2-3 的要求进行处理，并把处理结果转换为控制信号提供给输出驱动电路。输出驱动电路根据控制信号向执行机构（加热电路或制冷电路）提供功率控制。

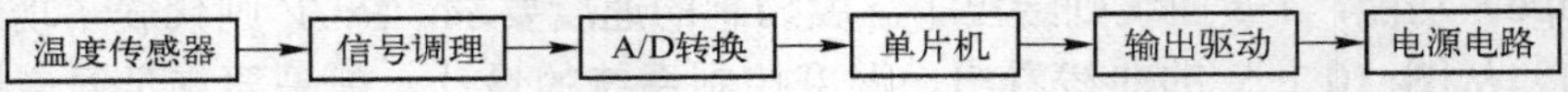

温度传感器 → 信号调理 → A/D转换 → 单片机 → 输出驱动 → 电源电路

图 10.2-8　简单温度控制系统物理结构

图 10.2-8 中的温度传感器电路、信号调理电路和 A/D 转换电路实现了逻辑结构中的 T-V 转换功能，单片机系统用来实现信号处理功能，而输出驱动用来实现 $P=IV$。为了使物理结构能正常工作，物理结构中还提供了相应的电源电路。这是与逻辑结构不同的，在逻辑结构中，并不涉及功能实现所需要的能量问题。

从这个例子可以看出，物理结构不仅实现了全部逻辑结构，而且为了保证逻辑结构所规定的功能，采用了相应的辅助电路。

用电子系统实现信号或信息处理系统时，由于各种技术和环境原因，往往不能达到逻辑结构的理想要求。例如，逻辑结构要求数据处理的时钟为 200MHz，而工程实际中的时钟电路总会存在不稳定的情况，不可能在任何时刻准确地保持在 200MHz。因此，物理结构的设计中必须充分考虑如何使得系统的技术性能指标在设计规范所要求的误差范围内。也就是说，用电子技术来逼近理想的逻辑结构。

由上述讨论可知，物理结构具有如下特点：

① 完全覆盖逻辑结构，包括功能和性能技术指标；

② 描述了系统的完整电路结构与技术要求；

③ 描述了具体电路实现方法。

10.3　电子信息处理系统中的软件工程

软件技术是电子信息系统的主要组成部分和研究领域。

电子信息系统中的软件技术包括软件分析、设计、实现与维护等内容，是实现高性能电子信息处理系统的核心技术之一。

10.3.1　软件工程的基本概念

软件工程涉及程序设计与分析、数据库设计与分析、开发工具与系统平台等方面的理论与技术。

在电子信息处理系统中，绝大多数系统的核心是微处理器系统、嵌入式处理系统或计算机系统，这些系统没有软件就无法工作，软件是这些系统的灵魂与核心。所以，从广泛的意义上看，软件在硬件的支持下完成系统各种任务，而硬件则在软件控制下完成各种电路功能。从简单意义上看，软件的功能是实现信号或信息处理算法、电路操作控制、人机界面、数据库等。

1．工程软件的基本概念

为完成某个数据处理任务，需要设计数据处理的方法和微处理器执行过程，再把这个处理过程用微处理器的指令编写成程序。这个程序还不能叫作软件，因为要保证这个程序能正确执行还需要附加一些与微处理器系统硬件设置相关的指令，这个附加了微处理器系统配置相关的程序，就叫作软件。

2．电子信息系统中的软件设计目标

在电子信息系统设计中，软件设计的目标是提供正确、可用、健壮的系统软件和功能软件。电子信息系统中的软件必须能最大限度地发挥系统硬件的能力，这样可以降低系统成本。可以在相同的硬件系统中，通过使用不同的软件实现不同的系统，这是处理器系统和一般数字逻辑系统的通用性特征，同时也说明软件具有相当大的灵活性。

由于软件具有比硬件更大的灵活性，因此，在电子信息系统设计中有一个原则，就是可以使用软件实现的功能，绝不使用硬件完成。

3．电子信息系统中的软件设计技术

软件设计技术是完成电子信息系统软件设计的基础，也是设计电子信息系统的核心技术之一。

（1）软件系统模型技术

在为电子系统设计软件时，首先应当建立完整的软件系统模型。软件系统模型可以是软件流程图，也可以使用统一建模语言（Unified Modeling Language，UML）建立软件的系统模型。建立软件模型的目的，就是为了保证软件系统在满足电子信息系统设计要求的情况下，优化软件设计。

（2）软件编程技术

编程技术是一个看起来简单、做起来复杂的技术。这是因为使用编程语言编制程序不需要高深的理论知识，但是如果要实现模型构架的软件，并且实现软件的优化，则是一项既要求经验、又要求理论分析的工作。

（3）软件分析技术

软件分析是保证软件合理可用的重要技术，是软件工程的重要研究领域。电子信息系统设计中的软件分析，不仅要充分利用软件工程研究所提供的各种代码分析和系统验证技术，还必须考虑所使用电子系统对软件的影响。

（4）软件调试技术

软件调试是一项系统性极强的工作，调试技术本身就是电子系统设计技术的重要组成部分。软件调试技术与所使用的系统硬件平台和软件开发平台直接相关，同时，也与系统逻辑结构和物理结构直接相关。一般情况下，一个电子系统设计中，完整的软件调试必须在所有硬件系统已经存在的条件下进行。软件调试不仅要检查软件的执行结果、硬件对软件的支持、软件对硬件的控制等，同时，也是对硬件系统的整体检查。因此，在电子信息系统设计

中，软件调试实际上是全系统的调试。

10.3.2 基本算法及其概念

微处理器系统硬件仅仅提供了系统基础结构，要发挥微处理器的作用，实现工程系统，还需要适当的软件。许多情况下，使用不同的软件，就可以用微处理器系统实现不同的工程系统。

对微处理器系统来说，软件就是顺序执行的微处理器指令集合，而编制软件的依据就是算法。

1．算法的基本概念

数学上把完成某个计算问题的过程和方法叫作算法，而从工程的角度看，完成数据处理所需的计算和计算的处理过程就叫作算法。没有软件，就不能发挥微处理器系统的作用，所以软件又叫作微处理器系统的灵魂。由于软件的编制基础是算法，所以软件的核心就是算法。

为了更有效地发挥硬件的作用、提高系统技术性能、缩短系统开发周期，算法设计已经成为电子信息系统的核心技术，是电子信息工程的重点研究领域。

（1）算法可实现性。算法可实现性是指算法能够在微处理器系统中顺利实现，能够满足数据处理的全部要求。算法可实现性包括两个方面的含义，一个是计算机基本理论中的可计算性，另一个是算法能够在指定的微处理器系统中执行。算法执行的可实现性体现在时间特性、空间特性和可测性上。时间特性是指给定系统能否在规定时间内完成算法执行（工程中叫作实时性），空间特性是指算法执行时对存储空间的要求（算法执行所需要的存储空间越小越好），可测性是指能否对算法的主要技术指标进行测试（例如存储器数量、调用层次、循环次数、执行速度等）。

（2）复杂性。算法复杂性包括计算复杂性和执行复杂性，计算复杂性是指数据处理所需计算方法和过程的复杂程度，执行复杂性是指所指定微处理器系统执行过程的复杂程度。复杂性不仅会影响空间特性和时间特性，还会影响可测性，严重时会影响算法的可实现性。在电子信息工程中，算法复杂性不仅与信号、信息处理的原理有关，还与微处理器系统的技术特征有关。

（3）精确性。精确性是对算法提出基本工程要求。确定了计算方式之后，由于微处理器硬件结构特性的影响，必然会引起计算精度的问题。在给定微处理器系统和计算算法后，算法的精确性就被限制了。

2．算法的结构特征

算法的结构特征，是针对用电子信息系统实现算法时的工程问题而提出的。在电子信息工程中，要用指定的电子信息系统实现算法，这时算法的结构特征就变得十分重要了。

算法的结构特征，是指算法在微处理器系统中执行时所具有系统结构特征。这是设计算法时必须认真考虑的一个问题。

（1）对系统结构的要求。对系统的要求是算法可实现的基本保证。算法正确的数学基础是一回事，而能否用电子信息系统、特别是指定的微处理器系统来实现则是另一回事。用微处理器系统实现一个算法时，微处理器系统就必须能够支持算法的时间特性、空间特性、可测性，保证这些特性能否满足算法的要求。例如图像实时处理系统中，微处理器系统的结构（包括总线结构、存储器结构、指令结构、硬件计算电路结构等）就必须能够满足算法的要求。

（2）组合特征。组合特征是指算法的运算结构及对基本计算的要求。组合特征是针对实现算法的电子信息系统提出的结构要求，也是考察一个电子信息系统能否用来实现指定算法的重要技术特征。如果算法中的计算过程是串联执行的，也就是说算法具有简单的逐步计算结构，同时，算法计算过程中没有分枝和反馈（逆向数据传输），则这个算法就具有简单组合特征。具有简单组合特征的算法对微处理器指令系统要求比较低，是最理想的组合特征。

（3）测试特征。算法的测试特征不仅与算法本身的数学原理有关，同时还与微处理器系统结构特征有关。电子信息工程要求测试特征越简单越好，设计算法时必须考虑硬件系统对测试技术的支持，以保证算法满足相应测试技术的要求。

3. 基本计算算法

算法可以分为基本计算算法和流程算法。

基本计算算法的任务是提供信号或信息处理所需要的基本计算方法，例如算术运算、代数运算、三角运算、逻辑运算等。在电子信息工程中，基本计算算法的技术特征包括空间特征、时间特征和微处理器结构特征。实际上，要完成一项任务可以有多种不同的算法，这些不同的算法会具有不同的时间特征、空间特征和测试特征。

流程算法是指建立在基本计算算法基础之上的复杂计算过程设计（例如查找流程、排队流程等），其特征和技术要求与基本计算算法相同。在工程实际中，系统管理算法也属于计算流程算法。

10.3.3 电子信息处理系统软件设计

软件设计是一项以满足信号或信息处理系统需求、达到全部设计目标为目的的工作过程。软件设计工作主要包括模型设计、技术开发、系统调试及软件维护。

1. 模型设计

模型设计的任务，是根据电子信息系统的设计规范、逻辑模型以及物理模型，建立完整的软件系统模型，这个模型描述了系统设计对软件的全部要求及限制条件，明确地给出软件系统的框架、分层模块以及模块接口定义，同时，软件模型中还必须包含信号或信息处理的算法模型。

随着计算机科学与技术的发展，一般软件工程在设计中采用的是无平台设计模式，也就是说，不需要考虑执行软件的计算设备平台。而电子信息系统设计中，特别是以微处理器和嵌入式处理器系统为核心的电子信息处理系统，其软件设计中必须考虑处理器的能力、存储器空间的限制，以及系统对软件执行条件和速度的限制。这是某些应用电子系统软件设计（例如 App 软件设计）中需要特别注意的问题。

2. 技术开发

技术开发的主要任务之一，是根据系统逻辑结构的要求设计软件系统结构，根据所选的技术平台编制相应的算法软件，同时，根据硬件物理结构设计软件结构的各种接口和辅助处理程序。

技术开发的另一个重要任务，是根据系统逻辑要求和物理结构的技术特征，确定软件的开发平台，包括选择编程语言、确定调试步骤和开发系统。

需要指出的是，随着软件工程和计算机科学技术研究的不断深入，软件编程自动化技术得到了很大的发展，这是电子信息系统软件设计中十分重要的一项技术。

3．系统调试

系统调试包含两层工作。

第一层，是在软件开发平台上对所编制的程序进行调试，以修改编程错误。

第二层，则是对已编制好的程序在制作好的物理系统中进行实际运行调试，这是检验所编程序能否满足系统要求的重要一步，任何软件都必须通过实际系统的运行才能投入使用。需要指出的是，第二层调试工作不仅要检查程序能否正常运行，更需要检查出软件中存在的漏洞，这是一项十分复杂的工作。

4．软件维护

软件维护不仅是电子信息系统运行中的一项重要工作，更是软件设计中必须认真考虑的一个问题。

一个合格的软件必须具有良好的可维护性和可移植性。

可维护性是指电子信息系统中的软件具有可测性和可修改性。可测性是指可以通过系统运行的状态和处理结果得到软件功能和特性的信息，并能指出软件问题的位置，同时，还可以通过简单的方法对软件进行修改。与其他软件产品不同的是，电子信息系统中的软件修复或修改中，必须保证不会提出更改硬件条件的要求。

可移植性则是提高软件应用范围、降低设计成本的一个重要特性，这也是电子信息处理系统对软件的一个重要要求。尤其是以嵌入式系统和微处理器系统为核心的电子信息处理系统，更要求软件具有可移植性，这可以极大地提高系统的设计速度。

由于可维护性和可移植性的要求，在设计应用电子信息处理系统的软件时，必须充分考虑硬件系统和算法的基本技术特征，充分利用模块化程序结构，以保证所设计软件具有很弱的平台相关性，并具有较高的可裁减性。

10.4　绿色电子信息处理系统的设计与应用

在第 1、5、6 这 3 章中初步讨论了电子科学与技术中的绿色技术概念，同样，电子信息处理系统的设计和应用中也存在着绿色技术概念。

绿色电子信息处理系统是一个指导系统设计、分析系统性能和实现系统的技术概念。

1．绿色电子信息处理系统

绿色电子信息系统技术包括三个方面的技术概念，即低能耗技术、零污染技术和可回收技术。

低能耗技术主要是指设计中充分考虑能量损耗，采取各种不同技术降低系统能量损耗（主要是电能损耗）。

零污染则是指电子信息系统的设备在制造和使用过程中，没有对环境的污染。电子信息系统对环境的污染主要包括水污染、大气污染和电磁污染。

可回收技术是指电子信息系统设备可以充分地回收，并且在回收中不会形成附加能量损耗和环境污染。随着电子技术应用领域的迅速扩大，消除电子垃圾已经成了一个全社会必须面对的严重问题。

2. 绿色软件

绿色软件是一个新的技术概念。从软件本身看，软件并不存在能量损耗、环境污染和可回收等问题。但是如果从软件必须通过硬件执行的角度，则软件就成为影响电子系统能量损耗、环境污染问题的一个重要因素，同时，软件的可重复利用和可移植性也会直接影响电子系统的设计过程、设计过程中所需要付出的能量损耗，以及开发设备对环境的污染。因此，绿色软件技术仍然是一个重要的研究领域。

绿色软件实际上是对电子信息系统中的软件提出了更高的要求，除了要具有可维护、可移植、可裁减等技术特性外，还必须满足有效执行功率的要求。

所谓有效执行功率，是指在对软件执行中对所有硬件系统所消耗能量的一种测量，目的是提供一个可比较、可量化的软件功率损耗分析技术。有效执行功率用有效执行功率系数来量化。有效执行功率系数，是指完成某种功能所必需的理想时间长度 T_i，与实际软件执行过程所消耗的时间 T_e 之比的对数，即

$$p_c = 20\lg \frac{T_e}{T_i} \quad (\text{dB}) \qquad (10.4\text{-}1)$$

在电子系统硬件及其所使用的电源电压固定不变的情况下，p_c 越小，说明执行软件所消耗的功率越接近理想损耗功率。

必须指出，理想功率损耗的确定与硬件电路直接有关，也与算法或软件结构直接有关。

3. 绿色电路

电子信息处理系统的硬件是由各种不同电路组成的。由于硬件电路与能量消耗、环境污染和回收利用直接相关，因此，绿色电路在绿色电子信息处理系统技术中具有核心的作用，不仅影响硬件的绿色特性，同时也影响软件的绿色特性。

由于电路集成度越来越高，近 20 年来电子技术中提出了电源管理的概念，随着电子技术的系统规模和应用领域的扩大，电源管理技术开始在电子器件、电子设备、电子系统得到应用和发展。

最后需要指出的是，绿色电子信息系统在节能环保的同时，还必须尽量保持使用中的便利特性。也就是说，不能仅考虑节能与环保，还必须最大限度地提供使用中的便利特性，而不能以牺牲应用特性和便利性为代价。例如，空调系统必须保证应用场合的舒适性，其节能环保技术不能首先以牺牲使用为代价。这是绿色电子信息处理系统所面临的一个巨大挑战。

本 章 小 结

在介绍了电子科学与技术理论与技术基本概念后，本章作为一种应用引导，对电子信息处理系统进行了简要的介绍，讨论了工程中电子信息系统的基本概念，简单讨论了电子信息

处理系统设计分析技术中的一些基本技术概念。本章的一个重要内容，是对电子信息处理系统中的软件工程技术进行了介绍，从而建立了完整的电子信息处理系统技术结构。

此外，还简单地讨论了绿色电子信息系统技术，提出了软件的有效执行功率系数概念，以此作为绿色技术分析的参考。

练习题

10-1　什么叫作电子信息系统？请举一两个实际例子。

10-2　举例说明信号与信息的关系。

10-3　什么叫作软件？软件与程序有什么区别？

10-4　为什么说算法设计与分析是电子信息系统的核心技术之一？

10-5　什么叫作逻辑结构？逻辑结构的设计依据是什么？

10-6　为什么把物理结构叫作逻辑结构的逼近？

10-7　什么叫作算法？算法与程序有什么关系？

10-8　试用你所熟悉的计算机语言编写一个排队程序，把 1、5、7、6、3、2、4 按数值大小重新排列，并用框图的方式描述你的算法。

10-9　设计一个可编程的 2 位数乘法的计算算法，并确定算法中的关键测试参数。

10-10　某工程中需要在手机屏幕上的同一行中显示"1、2、3"，设计一个完成显示功能的流程算法。

10-11　第 5 章练习题 5-5 提出设计手机万用表，如果要设计一个手机万用表，请考虑所需要的软件内容，即需要那些软件功能模块（例如电阻计算模块、电容计算模块、电压显示模块等）。

10-12　软件设计的基本技术包括哪些内容？

10-13　为什么说软件调试是对电子信息处理系统的整体调试？

10-14　电子信息系统设计中，软件设计工作包括哪些内容？

10-15　什么叫作软件的可维护性？

10-16　举例说明绿色电子系统的基本概念。

参 考 文 献

[1] 程守株，等. 普通物理学. 第 6 版. 北京：高等教育出版社，2008.

[2] David Halliday, Robert Resnick, Jearl Walker 著. Fundamentals of Physics.7ᵗʰEdition.John Wiley & Sons, Inc. June 2004.

[3] Michael Stone. The Physics of Quantum Fields. 世界图书出版社，2010.

[4] 阎守胜. 固体物理学（第二版）. 北京：北京大学出版社，2009.

[5] 曾谨言. 量子力学导论. 北京：北京大学出版社，2008.

[6] 樊映川等. 高等数学. 北京：高等教育出版社，2004.

[7] 吴崇试. 数学物理方法. 北京：北京大学出版社，2009.

[8] 张元林. 工程数学：积分变换. 北京：高等教育出版社，2003.

[9] 钟玉泉. 复变函数导论（第三版）. 北京：高等教育出版社，2010.

[10] 李翰逊. 电路分析基础（第四版）. 北京：高等教育出版社，2005.

[11] 李哲英等. 电子技术及其应用基础（模拟部分、数字部分）. 第二版. 北京：高等教育出版社，2008.

[12] KeshabK.Parhi 著. VLSI Digital Signal Processing System Design and Implementation. John Wiley & Sons, INC，1999.

[13] Wayne Wolf. Modern VLSI Design System on Silicon. 第 2 版（影印版）. 北京：科学出版社，2002.

[14] 李哲英，等. DSP 基础理论与应用技术. 北京：北京航空航天大学出版社，2002.

[15] R.J.贝克. 沈树群等译. CMOS 混合信号电路设计. 北京：科学出版社，2005.

[16] 李哲英. DSP 系统的 VLSI 设计. 北京：机械工业出版社，2007.

[17] 王志功，沈永朝. 集成电路设计基础. 北京：电子工业出版社，2004.

[18] 孙肖子，等. 专用集成电路设计基础. 西安：西安电子科技大学出版社，2004.

[19] David A. Patterson, John L. Hennessy. Computer Organization and Design（影印版）. 北京：机械工业出版社，2010.

[20] 李兴旺，等. 5G 非正交多址接入技术. 北京：机械工业出版社，2020.

[21] 李庆华. 通信 IC 设计. 北京：机械工业出版社，2016.

[22] 郭庆. 电子测量与仪器. 北京：电子工业出版社，2020.

[23] 刘恩科. 半导体物理学（第 7 版）. 北京：电子工业出版社，2017.

反侵权盗版声明

电子工业出版社依法对本作品享有专有出版权。任何未经权利人书面许可，复制、销售或通过信息网络传播本作品的行为；歪曲、篡改、剽窃本作品的行为，均违反《中华人民共和国著作权法》，其行为人应承担相应的民事责任和行政责任，构成犯罪的，将被依法追究刑事责任。

为了维护市场秩序，保护权利人的合法权益，本社将依法查处和打击侵权盗版的单位和个人。欢迎社会各界人士积极举报侵权盗版行为，本社将奖励举报有功人员，并保证举报人的信息不被泄露。

举报电话：（010）88254396；（010）88258888

传真：（010）88254397

E-mail：dbqq@phei.com.cn

通信地址：北京市海淀区万寿路 173 信箱

　　　　　电子工业出版社总编办公室

邮编：100036